구석구석

캐나다

전국

구석구석 캐나다 전국

초판 1쇄 발행 2017년 12월 12일

지은이 해리슨 정
펴낸이 이기봉
편집 좋은땅 편집팀
펴낸곳 도서출판 좋은땅
주소 경기도 고양시 덕양구 통일로 140 B동 442호(동산동, 삼송테크노밸리)
전화 02)374-8616~7
팩스 02)374-8614
이메일 so20s@naver.com
홈페이지 www.g-world.co.kr

ISBN 979-11-6222-166-2 (04980)
ISBN 979-11-6222-164-8 (세트)

이 도서의 국립중앙도서관 출판시 도서목록(CIP)은 서지정보유통지원시스템 홈페이지(http://seoji.nl.go.kr)와 국가자료공동목록시스템(http://www.nl.go.kr/kolisnet)에서 이용하실 수 있습니다. (CIP제어번호 : CIP2017032076)

7년간 쓴 단풍나라, 겨울왕국

구석구석 캐나다 전국

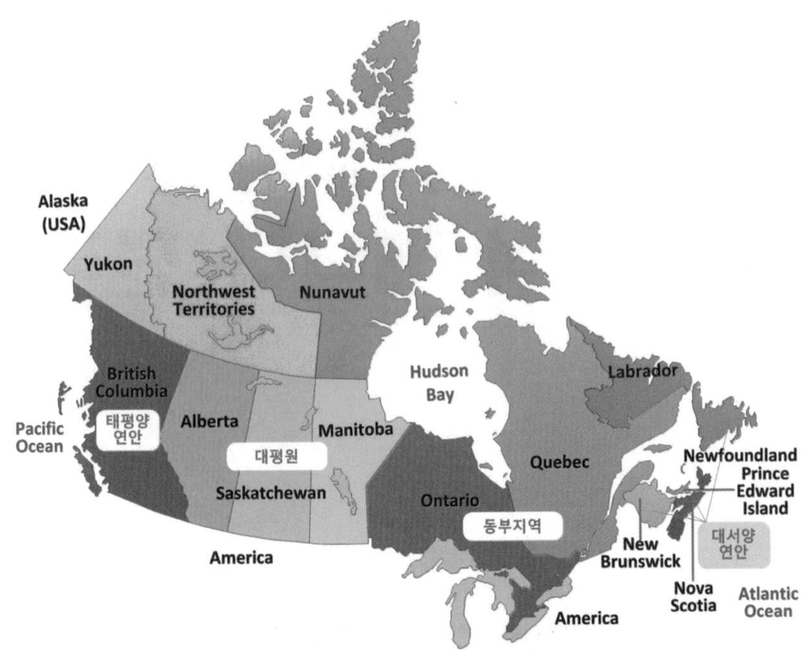

지 역	(준)주	영문	주도
동부지역	온타리오	ON (Ontario)	Toronto
	퀘벡	QC (Quebec)	Quebec City
태평양 연안	브리티시 컬럼비아	BC (British Columbia)	Victoria
대평원	앨버타	AB (Alberta)	Edmonton
	사스카츄완	SK (Saskatchewan)	Regina)
	매니토바	MB (Manitoba)	Winnipeg
대서양 연안	노바스코샤	NS (Nova Scotia)	Halifax
	뉴브런즈윅	NB (New Brunswick)	Fredericton
	프린스에드워드 아일랜드	PE (Prince Edward Island)	Charlottetown
	뉴펀들랜드 / 래브라도	NL (Newfoundland / Labrador)	Saint John's
준주	유콘	YT (Yukon)	Whitehorse
	노스웨스트 테리토리스	NT (Northwest Territories)	Yellowknife
	누나부트	NU (Nunavut)	Iqaluit

※ 캐나다의 수도는 온타리오 주의 오타와 (Ottawa)

시작할 때 드리는 글

캐나다에서 여행할 만한 곳을 추천 해달라고 하면 주저 없이 로키마운틴, 나이아가라 폭포, 올드 퀘벡시티를 소개할 것 같다. 로키마운틴은 태고의 신비를 간직한 호수와 빙하가 덮인 산, 나이아가라 폭포는 세계 3대 폭포, 퀘벡시티는 인간이 세상을 아름답게 꾸밀 수 있는 극치를 볼 수 있기 때문이다. 만약 추가적으로 시간이 더 허락된다면, 밴쿠버, 빅토리아, 캘거리 주변 드럼헬러, 오타와, 몬트리올, 킹스턴 천섬, PEI 섬, 뉴펀들랜드 섬, 노바스코샤 북부 케이프 브래턴 아일랜드, 핼리팩스 근교 페기스 코브와 루넨버그 항구타운, 뉴브런즈윅 주의 호프웰 락 등을 추천하고 싶다. 그리고 방송, 연구 등 특별한 목적을 위한 여행지로는 극지방 준주 및 래브라도를 소개하고 싶다. 캐나다 극지방은 남극 세종기지 보다 위도가 더 높지만 원주민들이 살고 있고 국립공원 대부분 빙하가 만들어내는 세계적인 피오르드 해안의 절경을 볼 수 있다.

광활한 국토를 가진 캐나다를 설명할 때 지형, 기후 등을 고려하여 5개 권역으로 나누곤 한다. 동부지역, 태평양 연안, 중부 대평원, 대서양 연안, 그리고 극지방 북쪽 준주로 구분 한다. 극지방 준주를 제외하고 나머지 지역의 주요 도시를 자동차로 여행할 경우 대략 2만 km, 2개월이 소요 된다.

한인들이 즐겨가는 캐나다 내 주요 여행지역은 정보가 풍부하지만 조금만 벗어나면 정보가 거의 없다. 만약 전혀 모르는 지역에 가서 짧은 시간 돌아볼 경우 시청을 찾으라고 권하고 싶다. 캐나다 시청은 한국과 달리 외각으로 이전하지 않아 대부분 도심 중앙에 있고 주변에 관광지 및 식당 등이 있다. 그리고 여행 중에 한국음식이 그리우면 한국식품점을 찾으라고 권하고 싶다. 한국식품점 주변은 한인들이 운용하는 식당 등 한인 가게들이 있어서 음식도 사먹고 여행 정보도 얻을 수 있다.

또한 이 책은 캐나다인들이 자동차를 직접 운전하여 종종 가는 미국 북부지역의 뉴욕, 워싱턴, 보스턴, 시카고, 시애틀, 옐로스톤 등의 여행정보도 포함하고 있다.

이 책을 쓰기 위하여 인터넷이나 책은 물론이고 전국 주요 도시들을 직접 방문하면서 해당 지역의 정보를 장기간 조사했다. 따라서 여행, 사업, 정착 등에 필요한 많은 정보를 제공하고 있으므로 한인들이 어디를 어떤 목적으로 가든 도움이 될 것을 기대하면서 이 책을 만들었다.

목 차

제 1 장

2만km 캐나다 전국

끝없이 광활한 캐나다 국토

대륙횡단 장거리 여행 준비

관광 안내 책자나 인터넷 등을 보면 추천하는 캐나다의 여행지가 너무 많아서 고민이 될 수 있다. 많은 관광지들 중에서 죽기 전에 꼭 가보아야 할 3 곳을 추천 해달고 한다면, 주저 없이 앨버타 주의 **로키 마운틴**, 온타리오 주의 **나이아가라 폭포**, 그리고 퀘벡 주의 **올드 퀘벡시티**를 추천하고 싶다. 다른 곳도 관광하기 좋은 곳이 많지만 이들 지역은 전 세계 다른 지역에서 볼 수 없는 독특한 면이 있기 때문이다. 로키 마운틴에는 신선이 살 것 같은 에메랄드빛의 호수와 웅장함을 느낄 수 있는 산이 있으며, 나이아가라 폭포는 세계 3대 폭포 중에 하나이고, 올드 퀘벡시티는 인간이 세상을 얼마나 아름답게 꾸밀 수 있는 지를 확인할 수 있는 좋은 관광지이기 때문이다.

추가적으로 시간이 더 허락된다면, 태평양 연안의 밴쿠버와 빅토리아, 캘거리 주변 드럼헬러, 동부지역 오타와, 몬트리올, 킹스턴 천섬, 그리고 대서양 영안의 빨간 머리 앤으로 유명한 PEI 섬, 뉴펀들랜드 섬, 노바스코샤 주 북부 케이프 브래턴 아일랜드, 핼리팩스 근교 페기스 코브와 루넨버그 항구타운, 뉴브런즈윅 주의 호프웰 락 등을 추천하고 싶다.

1) 2만km 대륙횡단 자동차 여행

캐나다는 끝없이 광활하여 전국 주요 도시만 대충 자동차로 돌아 볼 경우에도 약 2만km, 2개월이나 소요된다. 장기간 대륙횡단 여행하는 것은 시간과 비용 측면서 매우 부담스럽다.

베테랑 .장거리 트럭 기사가 아무런 관광 없이 경주하듯 운전하면 토론토에서 밴쿠버까지 약 4일 소요되고 토론토에서 노바스코샤 시드니까지 약 3일이 소요된다. 총 왕복 14일이 소요되지만 이는 화장실 가는 시간, 식사 하는 시간을 제외하고 순수 운전시간이 하루 12시간 이상, 1,000km 이상일 때만 가능하다.

장거리 운전을 아주 좋아하는 일반인이 중요한 관광지만 돌아보고 오는 일정은 토론토 - 밴쿠버 구간이 3주, 토론토-뉴펀들랜드 구간이 3주 정도 소요 된다.

캐나다의 주요도시 및 관광지역을 가족과 함께 돌아보면서 대륙횡단을 하고 돌아오는 일정은 대략 2개월이 소요되고 자동차 마일리지는 약 2만km 정도 늘어난다. 비용은 4일가족 기준 대략 하루 $300~$400 (기름, 숙소, 식사, 입장료 등) 정도 소요되므로 60일 기준하면 $18,000~$24,000 정도 소요된다. 숙박일이 많아서 전체 비용은 비행기를 이용하는 경우에 비하여 저렴하지 않다. 이는 북쪽 극지방을 포함하지 않은 여행 일정으로, 만약 유콘 준주의 화이트홀스 (Whitehorse) 및 도슨 (Dawson), 노스 테리토리스 준주의 옐로나이프 (Yellowknife), 앨버타 주의 포트 맥머리 (Fort McMurray), 동부지역의 래브라도 (Labrador) 시티 등을 포함하면 마일리지는 추가 1만 km가 더 늘어나고 여행일정은 약 20일 정도 더 필요하다.

비행기를 이용하여 밴쿠버, 캘거리, 토론토, 몬트리올, PEI, 핼리팩스, 세인트존스 등을 거점으로 캐나다 핵심지역만 관광하는 경우 약 20일 정도 소요된다.

<캐나다 대륙 동서 횡단 일정 - 대서양 연안, 퀘벡 주>

일차	관광 및 이동
	뉴펀들랜드
1, 2	- 세인트존스 (St John's) 시내 관광 - 세인트존스 외각 관광
3	- 트윌링게이트 (Twillingate) 이동 (450km, 6시간)
4	- 트윌링게이트 고래 및 빙하 관광 - 그로스 몬 (Gros Morn) 국립공원 이동 (390km 6시간)
5	- 그로스 몬 국립공원 호수 관람 및 등산
6	- 랑즈-오-메도우즈 (L'Anse aux Meadows) 이동 (320km 5시간) 및 관람
7	- 샤넬-포르또 바스크 (Channel-Port aux Basques) 페리 선착장 이동 (700 km, 9시간)
	노바스코샤
8, 9	- 노스 시드니 (North Sydney) 페리 이동 (184km, 7시간) - 케이프 브래턴 (Cape Breton) 국립공원 관광 (캐벗 트레일, Cabot Trail, 300km)
10, 11	- 핼리팩스 이동 (410km 5시간) - 핼리팩스 다운타운 관광 - 페기스 코브 (Peggy's Cove), 루넨버그 (Lunenburg) 관광 (핼리팩스 외각 150km, 2시간 10분)
	프린스에드워드아일랜드
12, 13	- 샬럿트 타운 (Charlottetown) 이동 (410km, 4시간 반) - 샬럿트 타운 앤 공연 관람 - 캐빈디시 앤 마을 이동 (40km, 40분) 및 방문
	뉴브런즈윅
14	- 쉐디악 (Shediac), 몽턴 (Moncton), 호프웰 이동 (200km 2시간 반) - 호프웰 락 (Hopewell Rocks Ocean Tidal) 관람
	퀘벡
15, 16	- 가스페 반도 페르세 이동 (610km, 7시간 반) - 가스페 타운, 포리옹 국립공원 이동 (100km, 1시간 반)
17, 18	- 퀘벡시티 이동 (700km, 9시간) - 올드 퀘벡시티 및 주변 관광
19, 20,	- 몬트리올 이동 (270km, 3시간) - 올드 몬트리올 및 시내 관광

(계속 이어서)

<캐나다 대륙 동서 횡단 일정 - 온타리오 및 중부 대평원>

일차	관광 및 이동
	온타리오
21	- 오타와 이동 (200km, 2시간 30분) 및 오타와 관광
22	- 킹스턴 천섬 관광 및 토론토 이동 (450km, 5시간)
25	- 토론토 시내 관광
26	- 나이아가라 폭포 이동 (130km, 2시간) 및 관광
27	- 수-생-마리 (Sault-Ste-Marie) 이동 (800km, 9시간)
28, 29	- 썬더베이 (Thunder Bay) 이동 (700km, 9시간) - 포트윌리엄 (Fort William) 관광
	매니토바
30, 31	- 위니펙 이동 (700km, 9시간) - 조폐국, 인권박물관 등 위니펙 시내 관광
	사스캐처완
32	- 리자이나 이동 (580km, 6시간) - 주 의회 및 기마경찰대 관람
33	- 사스카툰 이동 (260km, 2시간 30분) - 서부 개척 박물관 및 시내 관람
	앨버타
34	- 에드먼턴 이동 (530km, 5시간) 및 시내 관광
35	- 드럼헬러 (Drumheller) 이동 (300km, 3시간) - 공룡박물관 및 후두스 관광 - 캘거리 이동 (140km, 1시간 반)
36, 37, 38, 39	- 밴프 (Banff) 이동 (130km, 1시간 반) - 로키국립공원 관광 (100km) (밴프타운, 설퍼산, 미네완카 호수, 루이스 호수, 모레인 호수) - 요호 국립공원 이동 (150km, 2시간) 타카카우 폭포, 에메랄드 호수 관광 쿠트니 국립공원 이동 (170km, 2시간) 및 온천 - 자스퍼 타운 이동 (360km, 5시간) (보우 호수, 페이토 호수, 아이스 필드 빙하 투어) - 메디신 호수, 멀라인 호수 관광 (왕복 100km, 2시간)

(계속 이어서)

<캐나다 대륙 동서 횡단 일정 - 태평양 연안>

일차	관광 및 이동
	브리티시컬럼비아
40	- 캄루프스 (Kamloops), 호프 (Hope) 이동 (650km, 7시간)
41	- 호프 오델로 터널 (Othello Tunnels) 관광 - 밴쿠버 이동 (160km, 2시간) 및 시내 관광 (스탠리 파크, 잉글리시 베이, 카필라노 계곡 등)
42	- 스쿼미시 - 휘슬러 스키장 - 펨버튼 (왕복 700km 9시간)
43, 44, 45	- 빅토리아 페리 이동 (2시간) - 부차트 가든 및 빅토리아 시내 관광 - 체마이너스 벽화마을, 나나이모, 토피노 (330km 3시간 반) - 퍼시픽 림 국립공원 관광 (모래비치, 및 해안 투어) 나나이모 이동 (210km, 2시간) 밴쿠버 페리 귀환 (2시간)

<캐나다 대륙 동서 횡단 일정 - 귀환 일정>

일차	관광 및 이동
46, 47	캘로나 (Kelowna) 이동 (400km, 4시간) 크랜브룩 (Cranbrook) 이동 (Hwy 3 이용, 530km, 7시간)
48	앨버타 주 버펄로 절벽 이동 (270km, 3시간) 워터튼 국립공원 이동 (120km, 1시간 20분)
49	사스카츄완 주의 무스죠 이동 (680km 6시간 반) (옛날 갱의 밀주 공장 관광)
50	매니토바 주 위니펙 이동 (640km, 6시간)
51	온타리오 주 썬더베이 이동 (700km, 7시간 반)
52	온타리오 주 코크레인 (Cochrane) 이동 (740km 8시간 반)
53	퀘벡 주 몽트랑블랑 (730km, 8시간)
54, 55	퀘벡 주 사그네이 이동 (600km 6시간) 피오르드 협곡 사그네이 강 투어 퀘벡 주 생시메옹 (Saint-Siméon) 이동 (150km 2시간) 리비에르 뒤 루 (Rivière-du-Loup) 페리 이동 (30km, 2시간)
56	뉴브런즈윅 주 프레데릭턴, 세인트 존 이동 (500km 5시간)
57	노바스코샤 주 시드니 이동 (620km 6시간)
58	뉴펀들랜드 섬의 Argentia 항구 페리 이동 (16시간) 세인트존스 이동 (140km 1시간 30분)

밴쿠버에서 남쪽 미국의 북부 주요 지역을 관광을 하면서 귀환하면 대략 15일 ~20일 정도가 소요 된다. 미국으로 귀환하면 몇 가지 장·단점이 있다.

- 북미 대륙은 역 삼각형 모양으로 남쪽으로 갈 수 동서 횡단 거리가 짧다.
- 미국은 자동차 휘발유에 대한 세금이 저렴하여 캐나다 보다는 보통 기름 값이 저렴하다. 보통 10% 이상이고, 심할 경우는 30% 이상 차이가 난다. 또한 숙박, 의류 등에도 세율이 캐나다 보다 많이 낮다.
- 겨울철 운전은 캐나다 보다 따듯한 미국이 안전하다.
- 단점으로는 캐나다 화폐 가치가 미국 달러에 비하여 80% 이하로 떨어지면 환율 차이로 인해 숙박 등 대부분의 비용이 캐나다 보다 비싸다.

<캐나다 대륙 동서 횡단 일정 - 미국 관광 포함 귀환 일정>

일차	관광 및 이동
46	밴쿠버-시애틀 이동 (230km 3시간) 시내 관광
47, 48 49	옐로우스톤 이동 (1,200km, 14시간) 및 관광
50, 51	데빌스 타워, 큰 바위 얼굴 이동 (730km, 9시간) 및 관광
52, 53, 54	시카고 이동 (1,500km, 15시간) 및 시내 관광
55	디트로이트 이동 (460km, 5시간) 포드 자동차 박물관 관광
56, 57, 58	워싱턴 DC 이동 (840km, 8시간) 워싱턴 DC 광장 주변 및 시내 관광 루레이 (Luray Cavern) 동굴 등 외각 관광
59, 60	뉴욕 이동 (460km, 4시간) 맨해튼 및 주변 관광
61	보스턴 이동 (350km 4시간) 및 관광
62, 63	노바스코샤 주 시드니 이동 (1,300km, 15시간)
64	뉴펀들랜드 섬의 Argentia 항구 페리 이동 (16시간) 세인트존스 이동 (140km 1시간 30분)

2) 여행 계획 만들기

여행을 좋아하든 안 하든 캐나다의 이국적인 분위기 때문에 거의 모든 한인들은 숙박이 필요한 장거리 여행을 한번쯤 다녀왔거나 계획하고 있을 것이다. 캐나다는 한국과 달리 나라가 너무 넓어서 여행에 필요한 시간이 많이 소요된다. 짧게는 하루부터 몇 주까지 소요되는데 개인 사업을 하는 경우 장기간 시간을 내기 어려워 사업을 시작하기 전 또는 사업을 정리하고 새로운 사업을 준비할 때 여행을 많이 다녀온다.

우선 장거리 운전에 자신이 없고, 여행지역 정보가 부족한 경우 여행사를 이용하라고 권하고 싶다. 여행사에서 제공하는 상품들은 개인이 직접 자동차로 여행하는 것 보다 다소 비용이 높을지 몰라도 일정을 함축하여 여행 상품을 판매하기 때문에 낭비하는 시간 없이 짧은 기간에 많은 곳을 큰 어려움 없이 관광할 수 있다.

장거리 여행은 여러 가지 즐거움과 캐나다를 새롭게 보는 안목을 넓혀 주지만 사전 정보 없이 가면 엄청 고생하거나 위험에 처할 수 도 있다.

> 아무런 정보 없이 처음 가는 도시를 짧은 시간에 돌아보고 오려면 시청, 장거리 기차역 또는 버스 터미널을 찾으면 핵심 지역을 관광을 할 수 있다. 한국은 이들을 외각으로 이전하는 경우가 많지만 캐나다는 보통 도심에 그대로 있다. 단 태평양 연안의 밴쿠버는 장거리 기차역을 옮겨서 Waterfront 스카이 트레인 역 주변이 가장 번화한 곳 이다.

a. 안전한 장거리 운전 계획

우선 장거리 운전에 따른 교통사고 위험이다. 직업적으로 운전을 하는 사람은 잘 훈련 되어있고 손님이 관광할 동안 잠을 자거나 휴식을 취하여 졸음운전을 막을 수 있다. 그러나 일반 운전자는 가족 또는 일행과 함께 관광하고 피곤한 상태로 다른 사람들이 잠을 자는 동안 운전을 하는 경우가 많다. 가끔 장거리 여행하다 일가족 또는 일행이 모두 사망했다는 씁쓸한 뉴스를 듣곤 한다.

안전운전에 기본은 충분한 휴식이지만 빠듯한 여행 일정 때문에 보통 이를 지키기 어렵다. 여행을 떠나기 전에 운전자가 좋아하는 음악을 미리 준비하여 가는 것도 한 좋은 방법이다. 조수석의 동승자는 운전자가 졸지 않도록 이야기를 하는 것도 중요하고 필요할 경우 교대로 운전하는 것도 중요하다. 그러나 가끔은 동승자도 똑같이 잠이 오는데 고통 분담 차원에서 무리하여 교대 운전하다 큰 사고가 발생하는 경우가 있다. 이럴 경우 서로 솔직하게 이야기 하고 고속도로 휴게소 또는 일반도로로 나와서 안전한 곳에 주차하고 10분이든 20분이든 잠을 자는 것이 매우 중요하다.

또한 여행 전에 자신이 안전하게 운전 할 수 있는 최대 시간을 넘지 않도록 계획을 잘 짜는 것이 중요하며, 불가피하게 최대 안전 운전시간 이상 운전한다면 다음 날은 반드시 짧은 거리를 운전하도록 일정을 조정하는 것도 중요하다. 많은 사람들이 구글 또는 GPS에서 알려주는 소요시간을 이용하는데, 이는 실제로 운전하는 시간만 계산 한 것으로 도중에 간단한 관광이라도 하면 최소 50% 이상 더 소요된다. 또한 공사나 사고로 도로가 막히는 경우도 있고, 주유소에서 기름도 넣어야하고, 화장실도 가야하고, 식사도 해야 하기 때문에 관광을 안 해도 20% 정도는 더 소요된다. 심한 경우는 페리를 타고 강 (또는 바다)을 건너야 하지만 배 타는 시간을 포함하지 않는 경우도 있다.

초행길 이라면 일반도로 보다 가급적 고속도로를 이용하는 것이 빠르고 덜 피곤하다. 만약 일반도로를 이용하는 경우 같은 거리의 고속도로 보다 2~4배 시간이 더 소요되고 훨씬 더 피곤하다는 것을 반드시 염두에 두어야 한다.

목적지 주소를 반드시 찾아 GPS에 입력하는 것이 매우 중요하다. 대충 알고 출발하여 도착지 근처에서 원하는 장소를 못 찾아 헤매면 시간도 엄청 허비 하지만 몸이 상당히 피곤할 수 있다. 특히 퀘벡 주를 여행하는 경우 불어자판으로 변경하여 반드시 정확한 주소를 GPS에 입력해야 한다.

겨울철 운전 중 인적이 없는 도로에서 아주 심한 폭설 (2m 이상도 가능)을 만나 구조를 요청할 수 없는 경우 차안에서 대기하는 것이 생존 확률이 더 높다. 2006년 미국 오리건 주에 내린 폭설로 산속에 한인 가족이 탄 차량이 고립되었다. 가장은 구조를 요청하러 차 밖으로 나가 차에서 겨우 1.6km 떨어진 지점에서 사망하였지만 차에 남아있던 가족은 9일 만에 극적으로 모두 구조 되었다.

b. 숙소 예약하기

숙소를 미리 예약하면 가격이나 접근성이 유리한 숙소를 얻어 운전도 덜 피곤하고 경비도 절감할 수 있다. 가끔 인터넷 사이트를 통해 절반보다도 저렴한 특별 가격에 숙소를 예약할 수 있다.

장거리 여행을 위한 숙소로 호텔, 모텔, 유스 호스텔, 대학기숙사, B&B 그리고 캠핑장을 이용할 수 있다. 호텔은 수영장 등 여러 가지 편의 시설을 많이 갖추고 있어서 편리하나 숙박료 외에 인터넷, 주차비 등을 추가로 지불하는 경우가 많다. 모텔은 비교적 숙박료가 저렴하고 주차, 인터넷 등을 대부분 무료로 사용할 수 있다. 짐이 많을 경우 단층으로 되어 있는 모텔을 이용하면 방문 앞에 주차하고 쉽게 방으로 짐을 옮길 수 있다. 또한 고속도로 출입구에 모텔들이 많이 있어서 숙박만을 위하여 잠시 머무는 경우는 접근성이 좋아 여행 시간을 단축할 수 있다. B&B (퀘벡은 GITE) 민박의 경우 호텔보다 훨씬 비싼 것부터 모텔 수준까지 가격이 다양하고 요리 및 식사를 위한 공간을 별도로 제공하는 경우가 종종 있다. 번화한 도심에 있는 모텔이나 B&B는 더러운 경우가 많지만 외각에 있는 경우는 생각보다 제법 깨끗한 경우를 자주 접한다.

텐트를 이용한 캠핑은 아마도 여행비용을 가장 절감할 수 있을 것이다. 북미의 캠핑장은 전기와 샤워시설 및 기타 편의 시설을 갖추고 있어서 한번 이용한 사람은 대부분 캠핑 재미에 푹 빠진다. 장거리 여행은 물론이고 집에서 가까운 캠핑장을 찾아 하루밤 자고 오기도 한다. 더욱이 인기 있는 캠핑장은 수개월 전 예약을 해야 하는 것도 잊어서는 안 된다.

캠핑은 캠핑도구를 추가로 가지고 다녀야하는 것과 텐트를 설치하고 철수하는 번거로운 작업 때문에 자주 이동하는 경우는 불편하므로 호텔/모텔을 이용하는 것이 기동성에 유리하고, 한곳에 머무를 때는 캠핑이 경제적으로 유리하다. 경제적 여유가 되어 캠핑카를 이용하면 텐트보다 기동성이 좋고 여러 가지에서 편리하다. 캐나다 현지인들은 캠핑카를 이용하여 미국 남부 휴양지로 이동하여 긴 겨울을 보내고 돌아온다.

스키장에 있는 콘도나 리조트의 숙박시설은 대개 요리를 할 있는 부엌을 갖추고 있다. 거실은 물론 방도 여러 개가 있어서 요금이 비싸지만 인원이 많을 경우는 경제적일 수 있다.

c. 음식 준비하기

장거리 여행에서 빼 놓을 수 없는 것이 음식이다. 한국사람 대부분이 장기간 서양 음식을 먹으며 여행하는 것은 여간 곤욕이 아닐 수 없다. 따라서 전기밥통과 쌀 그리고 아이스박스에 김치, 밑반찬 등을 담아가지고 여행을 갈 수 있다. 부엌이 없는 숙소에서 요리를 할 수 없지만 밥만 하는 것은 어렵지 않고, 대부분의 숙박업소에서 무료로 얻을 수 있는 얼음을 아이스박스에서 매일 바꾸어 주면 밑반찬이 1주일 지나도 상하지 않는다. 고속도로나 주요도로 옆에 위치한 휴게소 및 공원은 식사를 할 수 있는 테이블을 잘 갖추고 있다.

다만 국경을 넘어 미국으로 갈 때는 과일 또는 요리가 안 된 식료품은 입국심사에 문제가 될 수 있으므로 이러한 것은 미국에서 직접 구입하면 된다.

> 한인들이 거의 살지 않아 한국식품점이 없는 지역이라도 캐나다 최대 식품점으로 전국에 매장이 있는 로블로스 (Loblaws)에 가면 신라면과 새우깡 정도는 구입할 수 있다.

c. 쇼핑몰 및 박물관 등 개장 시간 확인

쇼핑을 하거나 박물관 등 어떤 시설을 방문하고자 할 때는 여행전에 개장 요일과 시간을 확인하는 것이 중요하다. 먼 곳까지 갔는데 허탕 치면 이 또한 속 쓰릴 것이다. 연휴 기간에 개장 및 문 닫는 시간이 변경되기도 하고 관광객이 많지 않은 박물관은 점심 시간 잠시 문 닫는 곳도 있다.

그리고 만약 쇼핑이 목적이라면 사전에 원하는 브랜드의 매장이 있는 지 확인하는 것이 중요하다. 그리고 매장에 따라 인터넷으로 할인 쿠폰을 프린트해 가면 추가 할인이 되는 경우도 있다.

곰 등 위험한 야생동물이 출현하는 지역은 반드시 여러 명이 함께 가고 베어스프레이 (후추 가루), 베어건 (총소리), 호루라기 등의 기본적인 안전 도구라도 준비해 가야 한다.

태평양 연안의 브리티시컬럼비아 주와 중부 대평원의 일부지역은 자동차도로의 제한속도를 높게 설정하여 조금만 넘어도 과속단속에 걸려 들 수 있다. 벌금 또한 원래 제한속도를 기준으로 부과될 수 있다. 예를 들어 원래 제한속도가 100km 이고 높게 설정된 제한속도가 120km인 경우 130km로 주행하다 단속되면 30km 초과에 대한 범칙금이 부과될 수 있다.

태평양 연안의 브리티시컬럼비아 주와 일부 중부 대평원 지역은 자원보호 차원에서 공원이나 휴게소에 재래식 화장실을 운영하므로 상당히 불편할 수 있다. 따라서 많은 사람들이 도로 주변 패스트 푸드점 (McDonald, Tim Hortons, 등)에 있는 화장실을 잘 이용한다.

3) 캐나다를 대표하는 음식들

캐나다를 대표하는 음식이 메이플 시럽 (Maple Syrub) 이라는 것은 누구나 알고 있을 것이다. 퀘벡 주 또는 주변 지역에서 3월 ~ 4월초 단풍나무에서 채취한 수액을 끓여 시럽을 만든다. 겨울철 하얀 눈 위에 펄펄 끓는 메이플 시럽을 부어 굳어질 때 나무 막대기에 감아서 먹는 것으로 어린 아이들이 좋아하며, 캔으로 또는 선물로 포장되어 캐나다 전역에서 판매되고 있다.

그러나 메이플 시럽 외에 캐나다를 대표하는 음식에 대하여 많은 사람들이 딱히 기억을 못하는 경우가 흔하다.

캐나다에서 음식 문화가 가장 발달한 곳은 당연히 몬트리올이다. 프랑스, 이태리 등 서양 음식, 베트남 국수, 그리고 빵 종류 등 다양하다. 지역적으로 보면 대서양 연안에서는 바다 가재 요리가 유명하고 태평양 연안에서는 연어 요리가 유명하다.

> 블루베리 (Blueberry)는 한국에서도 일부 재배하지만 캐나다에서 특히 많이 재배하고 많은 사람들이 즐겨 먹는다. 캐나다 어느 지역이든 블루베리를 넣은 베이글, 케이크, 머핀, 아이스크림, 주스, 잼 그리고 가공하지 않은 블루베리 열매를 구입하여 먹을 수 있을 정도로 흔하다. 블루베리는 작은 포도 같이 검 푸른색 열매로 밴쿠버 주변에서 가장 많이 재배되고, 토론토나 몬트리올 주변에서도 일부 재배되며 일반인에게 수확을 체험할 수 있도록 개방하는 농장들이 많다.

a. 북미 최고의 베이글

베이글은 빵의 일종으로 캐나다 사람이면 누구나 먹어본 경험이 있을 정도로 아주 인기가 대단하고 전국에 있는 식료품 매장에서 판매하고 있다. 북미 최고의 베이글 (Bagel)로 소문난 원조 집은 몬트리올에 위치하고 있는 생 비아뙤르 베이글 가게 (Saint-Viateur Bagel Shop) 이다. 1957년 첫 가게를 오픈한 이후 동유럽 전통 기술로 빵을 만들고 있다.

263 Rue Saint Viateur O, Montréal, QC
(www.stviateurbagel.com)

1996년 플라토 몽-루아얄 (Plateau Mont-Royal) 구역과 NDG에 오픈한 유럽식 베이글 카페는 주로 젊은이들이 즐겨 찾는 곳이다. 주문한 베이글을 기다리는 동안 굽는 냄새와 모습을 직접 구경하는 것은 우리에게 즐거움을 준다. 카페에서 수프, 샐러드와 함께 곁들어 베이글을 먹을 수 있고 집에 가져와 냉동실에 보관하여 오랫동안 먹을 수도 있다.

1127 Av. du Mont-Royal E, Montréal, QC (플라토 몽-루아얄 카페)

5629 Av. Monkland, Montréal, QC (NDG 카페)

<St-Viateur Bagel>

<NDG Bagel Cafe>

b. 그냥 지나칠 수 없는 스모크 미트

<Smoke Meat>

뉴욕에서 파스트라미 (Pastrami)로 통하는 스모크 미트 (Smoke Meat)는 본래 이스라엘 음식으로 오늘날 몬트리올을 상징하는 대표적인 음식 중에 하나가 되었다.

소 가슴부위 고기인 브리스켓 (Brisket)에 향료를 넣어 장시간 훈제로 만든 후 얇게 썰어서 만드는 음식이다. 지방질이 가장자리에 약간 남아있는 연한 살코기의 맛으로 인해 입 안에서 사르르 녹는다.

스모크 미트를 대접하는 레스토랑은 캐나다 전역에 있으며, 특히 몬트리올 다운타운의 경우 한집 건너 하나씩 있을 정도로 매우 많다.

원조 레스토랑은 몬트리올 다운타운의 벤 델리 (Ben's De Luxe Delicatessen) 이었다. 1908년 리투아니아 태생 벤 (Ben Kravitz) 이 처음으로 스모그 미트 샌드위치를 만들어 판 것이 유래되었다. 이 원조 가게 내부에는 전직 캐나다 수상 트루도 (Trudeau), 폴 마틴 (Paul Martin) 등 레스토랑을 다녀 간 유명 인사들의 사진을 걸어놓고 손님을 맞이하였다. 창업주와 후손들이 손님을 최고로 모시겠다는 초창기 서비스 원칙으로 98년 동안 옛 전통을 고수하며 세월을 느낄 수 있는 흰 와이셔츠와 양복바지를 차려 입은 웨이터들이 서비스 하였다.

그러나 식당을 운영하던 2세들 마저 죽고 배우자들이 운영하다가 2006년 노조 파업이 일어나면서 폐쇄하여 역사 속으로 사라졌다. 식당 있던 장소는 (990 Boul. de Maisonnevue O, Montréal) 다운타운 메조네브 거리이지만, 현재는 전혀 다른 비스니스를 하는 장소로 변경되었다.

c. 햄버거 만큼 흔한 푸틴

푸틴 (Poutine)은 뜨거운 감자튀김 위에 치즈를 올려 녹이고 그레이비소스를 뿌려서 만드는 것으로 매우 간단하고 가격도 저렴하다. 푸틴은 Costco를 비롯하여 캐나다 전역에서 맛을 볼 수 있을 정도로 햄버거 만큼 흔하다.

처음 맛 볼 때는 별 맛을 못 느끼지만 먹으면 먹을 수 록 더욱 그 맛에 끌릴 수 있다. 푸틴으로 유명한 식당은 몬트리올 다운타운에 위치한 레스또 라 반끄 (Resto La Banquise) 식당이다.

994 Rue Rachel E, Montréal, QC (Resto La Banquise)

"아름다운 주" 라는 이름의 라 벨 프로방스 (La Belle Province) 식당은 1960년대부터 시작한 프랜차이즈 식당으로, 퀘벡 주 전역에 125개 이상의 식당을 운영하고 있으며, 푸틴을 맛 볼 수 있는 유명한 식당이다.

d. 캐나다 최고의 커피 전문점, 팀 홀튼스

팀 홀튼스 (Tim Hortons) 커피전문점의 열기는 어느 정도이냐면 캐나다 도너츠 및 커피 시장의 75%를 차지하고 전쟁 중이던 아프가니스탄까지 분점을 낼 정도로 많은 캐나다인들이 향수에 젖어 있다. 안락한 분위기, 정갈한 커피 맛과 향기, 그리고 매우 저렴한 가격과 빠른 서비스로 학생부터 중산층까지 다양한 계층을 대변하는 브랜드로 이미지를 굳혀서 세계적으로 유명한 브랜드의 커피 전문점이라도 팀 홀튼스 때문에 캐나다 시장에서 고전을 면치 못하고 있다.

<Tim Hortons>

한국의 경우도 유명한 연예인이나 스포츠 스타가 음식점을 개업하는 것을 가끔 볼 수 있듯이, 온타리오 주의 북부 광산 촌에서 태어난 팀 홀튼은 북미하키리그 (NHL)에서 6회나 올스타에 선발되어 최우수 선수 상을 수상하였다.

그의 나이 34세인 1964년 해밀턴에 프랜차이즈 1호점을 오픈하여 3년 만에 3개의 점포, 10년 만에 40개의 점포로 번창하였다. 그러나 1974년 2월 토론토에서 경기를 마치고 미국 버펄로로 가던 중 나이아가라 폭포 근처에서 교통사고로 세상을 떠났다.

65 Ottawa St. N, Hamilton, ON (1호점-토론토 서쪽 1시간)

사고 후 공동 창업자인 경찰 출신 론 조이스 (Ron Joyce)가 팀 홀튼 부인으로부터 고인의 지분을 전량 매입했다. 그 이후에도 지속적으로 번창하여 캐나다에 2,600여개의 점포와 미국에 수백 개의 점포로 늘어났다. 조이스가 세계적 패스트푸드체인 웬디스 (Wendy's)에 주식을 매각하고 은퇴한 이후, 2015년 다시 버거킹이 팀 홀튼을 인수하여 영업 중이다. 조이스의 아들 (Ron Joyce Jr)과 팀 홀튼의 딸 (Jeri-Lyn)이 결혼하여 토론토 동쪽 1시간 거리의 조그만 코보그 (Cobourg) 타운에서 팀 홀튼 커피전문점을 직접 운영하고 있다.

e. 대서양 랍스터 요리

대서양 연안은 풍부한 해산물을 이용하여 요리하는 것이 발달하였다. 그 중에서도 랍스터가 유명하며 풍년이 들면 내륙인 토론토나 몬트리올의 식품점에서도 저렴한 가격에 판매하고 있어서 누구나 쉽게 맛을 볼 수 있다. 만약 대서양 연안을 여행 중이라면 바닷가 어촌 시장에서 저렴한 가격에 랍스터를 판매 하는 곳을 만날 수 있으며, 큰 랍스터는 찜통에 한 마리만 들어갈 정도로 크다.

뉴브런즈윅 주의 몽턴 (Moncton) 근교에 랍스터 타운으로 불리는 쉐디악 (Shediac) 이라는 아주 작은 타운이 있다. 이곳에서 랍스터 요리를 즐기거나 매년 7월 10일경 약 5일 동안 열리는 랍스터 축제 때는 배를 타고 랍스터 잡는 체험도 할 수 있다.

231 Belliveau Ave, Shediac, NB
(www.shediaclobsterfestival.ca)

f. 태평양 연어 요리

캐나다는 해산물이 풍부하지만 내륙의 토론토, 몬트리올, 위니펙 등은 바다와 거리가 너무 멀어서 냉동된 해산물만 먹을 수 있고 회는 귀하고 비싸다. 그러나 연어 회는 예외적으로 흔하여 전국 어디에서든 쉽게 먹을 수 있고 가격도 저렴하다. 밴쿠버 주변에서 연어가 엄청 많이 잡혀 유명한 연어 요리 식당들도 많다.

살몬 반녹 (Salmonn' Bannock) 연어 레스토랑은 매우 신선한 해산물을 사용하는 조그마한 식당이지만 밴쿠버에서 매우 유명하며 손님 모두가 호평을 하는 곳이다.

1128 West Broadway, Vancouver, BC

피시 앤 칩스 (Fish & Chips)는 해물을 튀기고 감자를 함께 주는 영국 음식으로 한국은 물론 캐나다에도 많이 있으며 유명한 식당이 태평양 연안 밴쿠버에 2개 있다. 다운타운 남쪽 그렌빌 (Granville) 아일랜드에서 비교적 가까운 거리에 있는 고 피시 (Go Fish Ocean Emporium Restaurant)와 리치몬드의 해산물 시장에 있는 파조 (Pajo's Fish & Chips) 이다.

1505 West 1st Ave, Vancouver, BC (고 피시)
12351 3rd Ave, Richmond, BC (파조)

베트남 국수집은 캐나다 음식은 아니지만 불어를 할 줄 아는 베트남 사람들이 많이 사는 몬트리올에 세계 어느 곳에서도 맛 볼 수 없는 독특한 맛으로, 현지인은 물론이고 몬트리올 한인들을 사로잡는 포 리엥 (Pho Lien) 식당이 있다.
재료는 특별해 보이지 않지만 국물을 만드는 방법이 다른 지역 베트남 식당하고는 많이 다른 것 같다. 음식 전문가들은 인공 조미료를 많이 사용하므로 속이 안 좋은 분은 자주 가지 말라고 염려할 정도로 교민들이 즐겨 찾는 식당이다.

5703B Ch. Cote des Neiges, Montréal, QC

여행 중에 한국음식이 그리우면 캐나다 전역에 있는 한국 식품점을 찾아가라고 권하고 싶다. 거의 모든 지역에 있는 한국 식품점 주변에 한국 식당도 함께 있기 때문이다. 또한 그 지역 여행 및 생활 정보를 얻을 수 있고, 한인 사업체 연락처가 있는 지역 신문 또는 생활 정보지를 얻을 수 있다.

<온타리오 주의 한국 식품점 목록과 주소>

지역	상호	주소 (전화)
광역 토론토	갤러리아 슈퍼마켓	- 7040 Yonge St. Thornhill (905-882-0040) - 865 York Mills Rd, Toronto (647-352-5004) - 351 Bloor St. W. Toronto(블루어 한인 타운) - 2501 Hamshire Gate. #5, Oakville (서부 광역권)
	PAT 한국식품	- 675 Bloor St. W, Toronto (다운타운, 416-532-2961) - 63 Spring Garden Ave, North York (416-226-5522) - 7289 Yonge St, Thornhill (905-881-5100) - 1973 Lawrence Ave. E, Scarborough (416-288-8420) - 333 Dundas St. E, Mississauga (905-276-0787)
	H-Mart	- 5323 Yonge St, North York (416-792-1131) - 5545 Yonge St, North York (416-227-0300) - 4885 Yonge St, North York (M2M, 416-224-0001) - 9737 Yonge St, #200 Richmond Hill (905-883-6200) - 370 Steeles Ave W, Thornhill (289-597-6500) - 703 Yonge St, Toronto (다운타운) - 338 Yonge St, Toronto (다운타운)
	풍년식품	- 1370 Weston Rd, York (416-598-9826) (Etobicoke 지역)
	E-Mart	- 698 Bloor St. W, Toronto (416-534-8878) (다운타운, 구 우리종합식품)
해밀턴	없음	- 미시사가 한국식품 및 Oakville 갤러리아 슈퍼 이용 (과거 한국식품, 은혜식품 있었음)
키치너	한국마켓	- 607 King St. W, #8 Kitchener (519-576-2212)
런던	한국식품	- 334 Wellington Rd. S, #19, London (519-686-9988) (과거 중부식품, 아리랑식품 있었음)
윈저	한국시장	- 550 Pelissler St, Windsor (519-985-7093)
오타와	아름식품	- 512 Bank St, Ottawa (공항방향, 613-233-1658) (과거 그린식품 있었음)
나이아가라	없음	- 딘딘 아시안 식품 (Dinh Dinh Asian Foods) 이용 (79 Geneva St, Saint Catharines)
킹스턴	없음	- 중국 식품점 (Oriental Grocery) 이용 (429 Princess St, Kingston)

<퀘벡 주의 한국 식품점 목록과 주소>

지역	상호	주소 (전화)
몬트리올	한국식품	- 6151 Rue Sherbrooke O, Montréal (514-487-1672)
	장터	- 2116 Boul. Decarie, Montréal (514-489-9777) - 2109 Rue Ste. Catherine O, Montréal (514-932-9777) - 6785 Rue St-Jacques O, Montréal (514-489-9775)

<브리티시컬럼비아 주의 한국 식품점 목록과 주소>

지역	상호	주소 (전화)
광역 밴쿠버	한남슈퍼	- 106-4501 North Rd, Burnaby (604-420-8856) - 1-15357 104 Ave, Surrey (604-580-3433)
	한아름 H-Mart	- 100-329 North Road, Coquitlam (604-939-0135) - 200-590 Robson St, Vancouver (604-609-4567) - 19555 Fraser Hwy, Surrey (604-539-1377) - 1780-4151 Hazelbridge Way, Richmond (604-233-0496) - 5-2773 Barnet Hwy, Coquitlam (M2M 604-941-4818)
	아씨슈퍼 마켓	- 5593 Kingsway, Burnaby (604-437-8949)
	킴스마트	- 519 East Broadway, Vancouver (604-872-8885)
	현대마켓	- 3488 Kingsway, Vancouver (604-274-1651)
	호돌이 마켓	- 820 West 15th St, North Vancouver (604-984-8794)
	라슨 식품점	- 1705 Larson Rd, North Vancouver (604-980-7757)
	하이마트 (농협)	- 12-2756 Lougheed Hwy, Port Cquitlam (604-944-3243)
	윈저마켓	- 1710 Robson St, Vancouver (604-685-1532)
아보츠 포드	보람식품	- 152-31935 South Fraser Way, Abbotsford (604-864-9588)
광역 빅토리아	호돌이 마트	- 213-1551 Cedar Hill Cross Rd, Victoria (250-381-4147)
캘로나	없음	- 비한인 운영 Oriental Supermarket 이용 (2-2575 Hwy. 97 N, Kelowna)

<중부 대평원의 한국 식품점 목록과 주소>

지역 (주)	상호	주소 (전화)
캘거리 (AB)	이마트	- 3702 17th Ave. SW, Calgary (403-210-5577)
	아리랑	- 30-1324 10th Ave. SW, Calgary (403-228-0980)
	코리아나 식품점	- 15-3616 52nd Ave. NW, Calgary (403-338-0089)
에드먼턴 (AB)	한국식품	- 22-3116 Parsons Rd. NW, Edmonton (780-463-5458)
	중부마트	- 9271 34th Ave. NW, Edmonton (780-469-7017)
	아리랑	- 7743 85th St. NW, Edmonton (780-469-2770)
리자이나 (SK)	서울마트	- 2101 Broad St, Regina (306-352-1551)
사스카툰 (SK)	Victoria Fine Foods	- 1120 11th St. W, Saskatoon (306-244-6661)
위니펙 (MB)	아리랑	- 1799 Portage Ave, Winnipeg (204-831-1212)
	88마트	- 1855 Pembina Hwy, Winnipeg (204-414-9188)
	현대마트	- 1543/1545 Grant Ave, Winnipeg (204-489-5023)

<대서양 연안의 한국 식품점 목록과 주소>

지역 (주)	상호	주소 (전화)
핼리팩스 (NS)	JJ Mart	- 2326 Gottingen St, Halifax (902-425-0414)
프레더릭턴 (NB)	University Rite Stop	- 292 University Ave, Fredericton (506-454-2242)
세인트존 (NB)	코리아 마켓	- 535 Westmorland Rd, Saint John (506-652-1151)
	우리마트	- 174 Hampton Rd, Quispamsis (506-847-9504)
몽턴 (NB)	몽턴 한국식품	- 1383 Main St, Moncton (506-854-8463) (상호 Main Stop Convenience)
샬럿트타운 (PE)	한국식품	- 16 Trans-Canada Hwy, Cornwall (502-367-3189) (The Winfield Motel 겸업)
세인트존스 (NL)	없음	- 토론토 한인 식품점에서 과일, 라면, 과자류 등 상하지 않는 건조식품만 우편주문배달

4) 단기간 여행자를 위한 세금 환불

캐나다 연방 정부는 관광 산업을 활성화하기 위하여 외국인 관광객에게 구입한 물건과 숙박비에 한해 연방 판매세 GST/HST를 환불 (Refund) 해주고 있다.

a. 구입 금액

각 개별 영수증의 금액이 세금 전 최소 $50 이상이어야 하고, 모든 영수증 총금액이 세금 전 $200 이상 되어야 환불을 받을 수 있다.

b. 환불 대상

해외로 반출되는 물건과 캐나다에서 묵었던 숙소의 숙박비로 제한 한다. 숙박이 포함된 여행 상품을 이용하면 여행 상품의 가격의 50%만 인정 된다. 만약 미국과 캐나다에 걸쳐진 여행 상품을 이용하면 캐나다 숙박일 수만 비례하여 인정 된다. 여행사가 직접 환불 신청하고 나머지 금액만 여행 상품으로 판매하는 경우는 환불을 신청할 수 없다. 숙박비 영수증은 숙박 일이 표시되어 있어야 하고, 같은 숙소에서 최대 1 개월까지 만 인정 된다.

숙박비의 경우 영수증 금액을 사용하는 것 대신에 선택형으로 1박 당 5$씩, 최고 $75 까지 일률적으로 신청가능하다. 만약 캠핑사이트를 이용하면 선택형으로 1박에 $1씩, 최고 $75 까지 일률적으로 신청가능하다.

c. 구입한 물건의 해외 반출 증명

캐나다의 8개 주요 국제공항 (토론토, 오타와, 밴쿠버, 캘거리, 에드먼턴, 위니펙, 몬트리올, 핼리팩스)의 CBSA (Canada Border Services Agency) 국경서비스 기관에서 해외 반출 증명 서비스를 제공한다. 출국 전에 구입 물건과 원본 영수증을 보여주면 영수증에 간단히 스탬프를 찍어 준다. 그러나 해외 반출과 관계없는 숙박비 영수증은 스탬프를 받을 필요가 없다.

자동차로 미국을 넘어 가는 경우 국경 면세점에서 $500 이하의 경우는 바로 환불 받을 수 있다.

d. 우편 환불 신청

신청서 양식 (Application for Visitor Tax Refund)은 캐나다 공항에서 또는 인터넷에서 다운로드 할 수 있으며, 신청서와 함께 해당 영수증 원본을 첨부하여, 국경 반출일로부터 1년 이내에 우편으로 보내면 얼마 후 환불 금액에 해당하는 수표가 신청서에 기입한 주소로 배달된다.

Visitor Rebate Program
Summerside Tax Centre
Canada Revenue Agency (CRA)
275 Pope Rd, #104,
Summerside, PE C1N 6C6, CANADA

캐나다 기후와 계절

광활한 국토를 가진 캐나다를 설명할 때 지형, 기후 등을 고려하여 5개 권역으로 나누곤 한다. 동부, 태평양 연안, 중부 대평원, 대서양 연안, 그리고 북쪽 준주 지역으로 구분 한다.

1) 지역별 기후 및 날씨

a. 동부지역

동부지역에는 온타리오 주와 퀘벡 주가 있으며 남으로는 애팔레치아 산맥이 미국 국경에 동서로 길게 걸쳐 있어서 남쪽 뉴욕이나 보스턴에서 더운 공기가 올라오지 못하고 태풍도 못 올라온다. 그리고 퀘벡 동쪽과 북쪽은 산이 많아서 날씨는 동쪽과 북쪽의 영향도 거의 받지 않는다.

그러나 산이 없는 남서쪽인 미국 중부 내륙지방 디트로이트의 더운 공기에 영향을 받아 여름철은 덥지만 습하지 않고, 겨울철에도 덜 추운 날씨가 종종 있다. 온타리오 북쪽은 산이 높지 않아서 겨울철 북쪽 허드슨 만 (Hudson Bay)의 찬 공기 영향을 받아서 가끔씩 매우 추울 때가 있고 여름철도 싸늘할 때가 있다.

날씨가 더워질 때나 추워질 때 모두 온타리오 주가 먼저 영향을 받고 다음으로 퀘벡 주가 영향을 받는다. 산이 많은 퀘벡 주는 온타리오 주보다 겨울철 온도가 2~15도 정도 더 춥고 눈도 1.5배 이상 더 많이 내린다. 겨울철 토론토는 가끔씩 영상의 기온을 보여 눈이 잘 녹지만, 몬트리올의 경우는 겨울철 내린 눈이 계속해서 쌓여 있다가 이듬해 4월 중순이 지나야 녹는다.

b. 태평양 연안

태평양 연안에는 브리티시컬럼비아 주가 있으며, 이 지역의 해안가는 남쪽 바다에서 올라오는 따듯한 해류의 영향으로 밴쿠버는 겨울철에도 영상의 기온으로 가장 기후가 좋은 지역이다. 그러나 단점으로 캐나다에 강우량이 한국만큼 높은 지역으로 특히 겨울철 보슬비가 자주 내려서 사람에 따라 우울증에 시달릴 수 있다.

태평양 연안을 따라 북쪽 끝에 있는 프린스루퍼트 (Prince Rupert) 항구도시는 캐나다에서 가장 비가 많이 내리는 지역으로 연중 강우량이 한국 (서울) 보다 약 2배 정도 많다.

밴쿠버에서 동쪽으로 4시간 떨어진 오카나간 (Okanagan) 호수 주변의 캘로나 (Kelowna) 지역은 내륙으로 로키 산맥이 동쪽 앨버타에서 오는 찬 공기를 막아주고 남쪽 미국으로부터 올라오는 더운 공기에 영향을 받아 연중 온화하고 건조한 날씨가 지속되어 과일 농사가 잘되는 지역이다.

c. 중부 대평원

중부 대평원은 위도가 몽골 (울란바토르) 보다도 높지만 남쪽으로 산과 호수가 없는 평지로 미국 멕시코 만의 뜨거운 공기가 이곳까지 올라와서 여름철 농사가 잘되고 겨울철은 일교차가 심한 3한4온 같은 따듯한 날씨가 있다.

대평원지역은 위도도 중요 하지만 북동쪽에 있는 허드슨 만에서 얼마나 멀리 떨어져 있느냐에 따라 겨울철 날씨가 덜 춥다. 허드슨 만에서 멀리 있는 캘거리는 대평원에서 찬 공기 영향을 가장 적게 받아 겨울철 가장 덜 춥다. 따라서 캘거리의 1월 평균기온은 리자이나, 위니펙 보다 따뜻하여 몬트리올과 비슷하다.

중부 대평원은 겨울철 온도가 영하 20도 이하로 자주 내려가지만 건조한 날씨로 체감 온도는 좀 나은 편이고 눈은 퀘벡 주보다 덜 내린다. 그러나 토론토나 몬트리올 보다 위도가 높아 겨울이 더 길다. 11월 초나 4월말에도 영하 10도 이하로 내려가는 한 겨울 날씨가 종종 있다.

d. 대서양 연안

대서양 연안의 로렌스 만 (Bay of Lawrence) 주변은 온도가 퀘벡 주 보다 약간 높지만 습도가 높아서 실질적으로 더 추위를 느끼고 눈도 캐나다에서 제일 많이 내리는 지역이다. 또한 여름철에도 북쪽 찬 물이 유입되어 위험한 해파리들이 바닷물에 많아 해수욕을 즐기기 어렵고 겨울철은 바다물이 얼어 버린다.

그러나 미국에서 올라오는 해류에 영향을 가장 많이 받는 핼리팩스 주변은 겨울철 온도가 가장 따뜻하여 토론토와 비슷하고 인구도 제일 많다. 그 다음으로 더운 해류에 영향을 받는 곳은 뉴펀들랜드 섬의 세인트존스로 핼리팩스 다음으로 많은 인구가 살고 있으며 한 겨울에도 바다가 얼지 않는 부동항이 있다.

2) 계절별 기후 및 날씨

a. 캐나다 여름은 천국 같은 날씨

가끔 이상기후를 보일 때 말고는 캐나다 여름은 날씨가 너무 좋다. 극지방에 가까 울수록 여름철 해가 더 길고 서머 타임 (Day Time Saving) 까지 있어서 퇴근 이후에도 여가 활동을 할 수 있다. 유연한 출·퇴근 제도를 운영하는 직장에 다니는 사람은 빠르면 오후 3시 반에 퇴근할 수 있다. 이는 한국으로 따지면 오후 2시 정도 밖에 안 된다.

<어느 여름날 호숫가 공원>

초·중·고등학교의 여름방학은 꽉 채운 2달이 넘고, 대학의 경우는 4월에 기말고사를 치루고 방학에 들어가 8월 말까지 이어져서 4개월 이상 이다. 한마디로 여가 활동을 하기에 날씨와 사회 시스템이 너무 좋다.

날씨가 더워도 건조해서 피부가 끈적이는 것이 없고 나무 그늘 밑에 가면 시원하고 어떤 해는 에어컨 없이도 지낼 수 있을 정도로 좋다. 하얀 와이셔츠를 입어도 목 주변에 때가 없다. 종종 보슬비가 내리지만 양이 많지 않아서 대부분 우산을 사용하지 않고 그냥 맞는다. 가끔씩 소나기가 올 때가 있지만 잠시 약 10분 정도 기다리면 그친다. 또한 이 소나기는 자동차를 깔끔하게 세차하여 세차장을 이용하는 하는 사람이 별로 없다.

토론토 및 몬트리올이 있는 캐나다 동부지역은 무덥지도 않고 태풍도 없다. 캘거리, 리자이나, 위니펙 등이 있는 중부 대평원 지역은 여름철 더운 공기가 미국에서 올라와 농사가 잘되는 세계적으로 유명한 곡창지대 이다.

b. 짧고 변덕스런 봄, 가을

캐나다에 처음 온 한인이면 공통적으로 하는 실수가 겨울이 다 지나갔다고 생각되어 겨울 옷 들을 세탁하여 장에 넣었다가 날씨가 추워져서 다시 꺼내 입는 것이다. 물론 가을에도 반대의 경우 때문에 실수를 한다. 이는 산이 없는 중부 대평원과 동부지역은 남쪽으로부터 따듯한 공기도 잘 올라오고 북쪽의 찬 공기도 잘 내려오기 때문이다.

<어느 봄날 먹이를 찾아온 새무리들>

한인 모두가 동일하게 하는 말이 봄과 가을이 한국에 비하여 너무 짧아서 봄, 가을 옷을 입을 일이 별로 없다는 것이다. 위도가 높을수록 낮과 밤의 길이가 급격히 변화하여 한국보다 위도가 높은 캐나다는 봄과 가을이 매우 짧다. 중부 대평원의 경우 5월 첫 주에 눈이 펑펑 내리다가도 1주일 후는 여름 날씨를 보이는 경우가 있다. 기온이 심하게 변화하면서 비도 자주 내려 불편하지만 농촌 지역은 농작물 재배를 위하여 꼭 필요하다.

캐나다는 종종 하루에 30도 이상 온도가 변화 할 수 있으므로 날씨가 좋은 한 여름철에도 여분의 **긴 팔, 긴 바지**를 반드시 지참해서 여행해야 고생 안 한다.

c. 너무 춥고 너무 긴 겨울

캐나다는 거의 모든 지역이 위도가 매우 높아 겨울이 길고 엄청 추워서 가급적 덜 추운 남쪽 지역에 도시들이 발달하였다. 캐나다에서 겨울을 보낼 때 절대적으로 추운 것도 문제이지만, 그보다는 겨울이 너무 긴 것에 힘들어 한다. 겨울철 밴쿠버는 춥지는 않지만 비가 자주 내려 우울한 날씨가 장기간 이어진다.

위도가 높은 중부 대평원은 11월초에서 이듬해 5월초까지는 보통 영하의 날씨이고 종종 눈도 내린다. 반면 위도가 가장 낮은 토론토는 보통 중부 대평원 보다 적어도 한 달 정도 늦게 겨울이 시작되고 한 달 정도는 빨리 봄이 온다.

<도로 관리소의 소금 등 자재 보관 창고>

<어느 겨울날 눈 치우고 소금 뿌리는 트럭>

겨울철 가장 중요한 것은 도로의 눈을 치우는 일이지만, 다행히도 캐나다는 엄청 많은 소금 자원이 있어서 저렴한 가격에 상점에서 구입하여 집안으로 들어오는 계단이나 도로에 뿌릴 수 있다.

퀘벡 주는 고속도로 및 주요 도로의 눈을 정말 잘 치우고 출·퇴근에 큰 지장이 없도록 한다. 차도와 인도 사이에 쌓인 눈도 트럭으로 실어다 버린다. 그러나 토론토는 출·퇴근 시간대에 도로에 쌓인 눈을 잘 안 치우고 소금만 뿌려서 매우 극심한 교통 체증을 자주 겪다.

<동부지역-주요도시 온도, 적설량 (cm) 그리고 강우량 (mm)>

주	지역	1월 온도			연간 적설량	8월 온도			연간 강수량
		최고	평균	최저		최고	평균	최저	
온타리오	토론토	16.1	-3.7	-32.8	121.5	38.9	21.5	4.4	714.0
	베리	14.0	-7.7	-35.0	223.0	36.5	19.7	0.0	709.9
	킹스턴	13.5	-7.6	-34.5	157.1	33.9	19.6	3.9	808.7
	오타와	12.9	-10.3	-35.6	223.5	37.8	19.8	2.6	758.2
	런던	16.7	-5.6	-31.7	194.3	37.0	19.7	1.5	845.9
	워터루	14.2	-6.5	-31.9	159.7	36.5	18.9	1.1	776.8
	윈저	17.8	-3.8	-29.1	129.3	37.7	22.0	5.2	822.4
	서드버리	7.6	-13.0	-39.3	263.4	36.7	18.0	-1.1	675.7
	수생마리	7.8	-9.9	-38.9	320.7	36.1	17.5	-3.3	651.3
	썬더베이	8.3	-14.3	-41.1	162.9	40.3	16.9	-1.1	546.5
퀘벡	몬트리올	12.8	-8.9	-33.5	226.4	35.6	20.8	6.1	834.9
	쉘브룩	17.4	-11.9	-41.2	286.5	32.8	17.3	-1.7	847.9
	퀘벡시티	10.0	-12.8	-35.4	315.9	34.4	17.9	2.2	923.8
	트와리비에르	13.0	-12.1	-41.1	259.0	24.4	18.9	1.1	863.9
	리무스키	14.5	-11.4	-33.0	273.5	33.9	17.3	0.0	686.5
	가스페	10.9	-11.9	-35.5	380.0	34.1	15.9	-1.9	752.2

<태평양 연안-주요도시 온도, 적설량 (cm) 그리고 강우량 (mm)>

주	지역	1월 온도			연간 적설량	8월 온도			연간 강수량
		최고	평균	최저		최고	평균	최저	
브리티시 컬럼비아	밴쿠버	15.3	4.1	-17.8	38.1	33.3	18.0	6.1	1,153.1
	빅토리아	17.1	5.0	-14.4	26.3	33.4	15.9	4.4	583.1
	휘슬러	8.9	-2.1	-28.2	418.7	38.0	16.5	0	855.9
	캘로나	14.8	-2.5	-31.7	89.0	39.3	19.1	0.6	311.3
	캄루프스	15.9	-2.8	-37.2	63.5	39.6	20.9	0.6	224.3
	프린스조지	12.8	-7.9	-50.0	205.1	33.4	15	-3.9	423.6
	프린스루퍼트	17.6	2.4	-24.4	92.4	28.7	13.8	2.8	2,530.4
한국	서울	14.1	-2.4	-22.5	27.0	38.2	25.7	13.5	1,450.5

※ 1월 평균 기온

■ 0도 이상 ■ -5도 이상 □ -10도 이상 ■ -15도 이상 ■ -15도 이하

<중부대평원-주요도시 온도, 적설량 (cm) 그리고 강우량 (mm)>

주	지역	1월 온도			연간 적설량	8월 온도			연간 강수량
		최고	평균	최저		최고	평균	최저	
앨버타	캘거리	17.6	-7.1	-44.4	128.8	35.6	15.8	-3.2	326.4
	에드먼턴	11.7	-10.4	-44.4	123.5	34.5	16.9	-1.2	347.8
	포트 맥머리	15.1	-17.4	-50.0	133.8	37.0	15.4	-3.1	316.3
매니토바	위니펙	7.8	-16.4	-42.2	113.7	40.6	18.8	0.0	418.9
	브랜든	8.3	-16.5	-46.1	100.8	41.1	18.2	-3.3	360.8
사스카츄완	리자이나	10.4	-14.7	-50.0	100.2	40.6	18.1	-5.0	308.9
	사스카툰	10.0	-15.5	-48.9	91.3	38.6	17.6	-2.8	276.7
	프린스앨버트	12.0	-19.1	-50.0		36.1	16.3	-3.7	

<대서양 연안-주요도시 온도, 적설량 (cm) 그리고 강우량 (mm)>

주	지역	1월 온도			연간 적설량	8월 온도			연간 강수량
		최고	평균	최저		최고	평균	최저	
노바스코샤	핼리팩스	14.0	-4.1	-26.1	154.2	33.9	19.1	6.1	1,313.9
	시드니	16.9		-26.2	298.3	35.5		2.8	1,213.0
뉴브런즈윅	몽턴	16.1	-8.9	-32.2	325.3	37.2	18.2	0.6	875.7
	세인트존	14.5	-7.9	-31.7	239.6	34.4	16.8	-0.6	1,076.0
	프레더릭턴	14.6	-9.4	-35.6	252.3	37.2	18.4	1.3	859.1
	베더스트	12.0	-11.1	-36.1		35.0	18.2	2.0	
PEI	샬럿트타운	15.1	-7.7	-30.5	290.4	34.4	18.3	2.0	887.1
뉴펀들랜드	세인트존스	15.7	-4.5	-23.3	335.0	31.0	16.1	0.5	1206.4

<극지방 준주-주요도시 온도, 적설량 (cm) 그리고 강우량 (mm)>

주	지역	1월 온도			연간 적설량	8월 온도			연간 강수량
		최고	평균	최저		최고	평균	최저	
유콘	화이트홀스	9.3	-15.2	-52.2	141.8	31.6	12.6	-4.4	160.9
노스웨스트	옐로나이프	3.4	-25.6	-51.2	157.6	30.9	14.2	-0.6	170.7
누나부트	이콸루이트	3.9	-26.9	-45.0	229.3	25.5	7.1	-2.5	197.2

한국	서울	14.1	-2.4	-22.5	27.0	38.2	25.7	13.5	1,450.5

※ 1월 평균 기온

0도 이상 / -5도 이상 / -10도 이상 / -15도 이상 / -15도 이하

대중교통 시스템

대중교통시스템은 대륙을 횡단하는 열차나 버스, 특정 주 또는 지역의 도시들을 운행하는 시외버스, 그리고 광역권 또는 시내를 운행하는 통근열차, 버스, 지하철 등으로 구분되어 있다.

1) 대륙 횡단 장거리 열차 및 고속버스

비아 레일 캐나다 (VIA Rail Canada, www.viarail.ca)는 밴쿠버의 태평양 중앙역 (Pacific Central Station)에서 대서양 연안 핼리팩스 역까지 운행하고, 위니펙에서 북극해 허드슨 만의 처칠까지 운행한다. 또한 캐나다 주요도시에서 뉴욕 등 미국 주요도시로도 운행을 한다. 아울러 미국 장거리 열차인 Amtrack도 미국과 캐나다의 주요도시 구간을 운행한다.

<주요 도시의 장거리 기차역 위치>

지역	도시	위치
온타리오	토론토	65 Front St. W, Toronto, ON (지하철 Union역)
	나이아가라	4267 Bridge St, Niagara Falls, ON
	오타와	200 Tremblay Rd, Ottawa, ON
퀘벡	몬트리올	895 Rue de la Gauchetiere W, Montréal, QC (지하철 보나방튀르 (Bonaventure)역)
	퀘벡시티	450 Rue de la Gare du Palais, Québec, QC
태평양 연안	밴쿠버	1150 Station St, Vancouver, BC (스카이트레인 Main Street 역)
중부 대평원	에드먼턴	12360 121st St. NW, Edmonton, AB
	사스카툰	1701 Chappell Dr, #38, Saskatoon, SK
	위니펙	123 Main St, #146, Winnipeg, MB
대서양 연안	몽턴	1240 Main St, Moncton, NB
	핼리팩스	1161 Hollis St, Halifax, NS

그레이하운드 (www.greyhound.ca)는 대륙 횡단 고속버스로 밴쿠버에서 핼리팩스까지 주요도시 구간을 운행하며, 전국에 약 1,100개의 터미널과 정류소에 정차한다.

코치 캐나다 (www.coachcanada.com)는 미국 동부지역과 온타리오 주의 주요도시들 사이를 운영한다. 아울러 미국 장거리 버스인 트레일웨이스 (www.trailways.com)도 미국 동부 및 중부의 일부 도시와 토론토 및 몬트리올 구간을 운행한다.

<주요 도시 고속버스 및 시외버스 터미널 위치>

지역	도시	위치
온타리오	토론토	610 Bay St, Toronto (Dundas 지하철역)
	나이아가라	4555 Erie Ave, Niagara Falls, ON
	런던	101 York St, London, ON
	윈저	300 Chatham S. W, Windsor, ON
	해밀턴	36 Hunter St. E, Hamilton, ON
	킹스턴	1175 John Counter Blvd, Kingston, ON
	오타와	265 Catherine St, Ottawa, ON
퀘벡	몬트리올	1717 Rue Berrie St, Montréal, QC (베리위캄 (Berri-UQAM) 지하철역)
	퀘벡시티	320 Rue Abrahham-Martin, Quebec, QC
브리티시 컬럼비아	밴쿠버	1150 Station St, Vancouver, BC (대륙횡단 태평양 중앙역 RAIL 1)
	휘슬러	4230 Gateway Dr, Whistler Village, BC
	캘로나	2366 Leckie Rd, Kelowna, BC
대평원	캘거리	850 16th St. SW, Calgary, AB
	밴프	327 Railway Ave, Banff, AB
	에드먼턴	10324 103rd St. NW, Edmonton, AB
	포트 맥머리	8220 Manning Ave, Fort McMurray, AB
	사스카툰	50 23rd St. E, Saskatoon, SK
	리자이나	1717 Saskatchewan Dr, Regina, SK
	위니펙	2015 Wellington Ave, Winnipeg, MB (공항)
대서양 연안	핼리팩스	1161 Hollis St, Halifax, NS
	시드니	565 George St, Sydney, NS
	몽턴	1240 Main St, Moncton, NB
	프레더릭턴	105 Dundonald St, Fredericton, NB
	세인트존	125 Station St, Saint John, NB
	샬럿트타운	7 Mt. Edward Rd, Charlottetown, PE

큰 도시의 장거리 버스 터미널은 버스회사와 관계없이 공통으로 사용하지만 아주 작은 터미널이나 정류소는 버스회사에 따라 장소가 다를 수 있고, 심한 경우는 탑승과 하차는 가능하지만 티켓을 판매하지 않는 곳도 있다.

밴쿠버, 퀘벡시티, 핼리팩스, 몽턴은 장거리 기차역과 버스터미널이 동일한 장소에 있지만 다른 도시들은 서로 다른 장소에 위치하고 있다.

2) 지역별 시외버스

코치 캐나다는 온타리오 주의 주요 도시들 사이를 운영하고, 저렴한 메가 버스 (ca.megabus.com)를 토론토-몬트리올 구간에서 운행한다.

토론토 시는 광역권과 주변 도시들을 연결하는 대중교통망을 위하여 Go Transit (광역버스, 통근열차, www.gotransit.com)을 운영하고 있다.

브리티시컬럼비아 주의 밴쿠버-휘슬러 구간은 페리미터 버스 (www.perimeterbus.com)를 운행하고, 밴쿠버 아일랜드의 여러 지역은 토피노 버스 (www.tofinobus.com)를 운행한다. 또한 빅토리아-나이이모-공항-밴쿠버다운타운-스쿼미시-휘슬러 구간을 퍼시픽 코치 (www.pacificcoach.com)가 운행한다.

무스 트래블 네트워크 (www.moosenetwork.com)는 밴쿠버 주변 태평양 연안, 토론토 및 몬트리올에서 출발하여 뉴펀들랜드 등의 대서양 연안 등을 관광하는 패키지 상품을 (버스, 페리, 숙박) 제공한다.

앨버타 주는 캘거리-로키 마운틴의 주요 지역 (Banff, Jasper 등)을 브레스터 (Brewster, www.brewster.ca)에서 운행하고, 앨버타 주의 나머지 주요 도시들 사이는 레드 알로우 (Red Arrow, www.redarrow.ca)에서 운행한다.

대서양 연안지역 (노바스코샤, 뉴브런즈윅, PEI)의 주요 도시 사이는 마리타임 버스 (Maritime Bus, www.maritimebus.com)에서 운행하고, 뉴펀들랜드 섬은 DRL-LR (www.drl-lr.com)에서 동서 횡단 고속도로 (Hwy 1) 주변의 주요 지역을 운행한다.

3) 시내버스 및 지하철

시내버스 및 지하철 등은 티켓 1장 또는 묶음, 종일 패스 (Day Pass), 주간 패스 (Weekly Pass), 월간 패스 (Month Pass), 또는 교통카드를 구입하여 이용해야 한다. 현금도 가능 하지만 대부분 잔돈을 거슬러 주지 않고, 신용카드를 이용하여 대중교통을 이용할 수도 없다. 대부분 5세 이하 어린이는 무료이고, 토론토 시의 경우 12 이하의 어린이까지 무료이지만 학생증 제시를 요구하는 경우도 있다. 65세 이상 노인, 대학생, 중고등학생, 초등학생 등에게는 할인 혜택이 주어진다. 대도시의 경우 기본 구역을 벗어나면 추가 요금을 지불해야하거나, 별도의 광역 교통카드를 구입해서 사용해야 하는 것이 불편한 점이다.

캐나다 지하철은 토론토, 몬트리올, 에드먼턴에 있고, 밴쿠버는 스카이 트레인, 캘거리는 C-Train, 오타와는 O-Train을 운행한다.

<2015년 주요 도시 대중교통 운영기관 및 교통카드>

지역	운영기관	교통카드	기본 구역 월간패스 ($)
온타리오			
토론토	TTC	Metropass	141.50
미시사가	Mississauga Transit		120.00
옥빌	Oakville Transit		110.00
북부 GTA	YRT		132.00
동부 GTA	DRT		112.00
해밀턴	HSR		87.00
오타와	OC Transpo		100.75
퀘벡			
몬트리올	METRO	OPUS	82.00
퀘벡시티	RTC	OPUS	81.25
브리티시컬럼비아			
밴쿠버	TransLink	Compass	91.00
앨버타			
캘거리	Calgary Transit	Transit Pass	99.00
에드먼턴	ETS	ETS Pass	89.00
매니토바			
위니펙	Winnipeg Transit		86.65

<주요 도시 공항에서 다운타운 가는 시내 또는 직통 버스>

도시	버스 및 번호	소요시간	비고
토론토 - 다운타운 - 노스욕 - 리치몬드힐 - 미시사가	 TTC 버스 #192 Go Transit #34 Go Transit #40 Miway #7	 1시간 1시간 30분 50분	 다운타운 가려면 Kipling역에서 지하철로 환승
오타와	OC Transpo #97	40분	
몬트리올	STM #747	30분	
밴쿠버	#980	30분	
캘거리	#300	40분	
에드먼턴	ETS #747	1시간	
사스카툰	#12	30분	
리자이나	#8	30분	
위니펙	#15	30분	
핼리팩스	MetroX #747	1시간	

참조: 토론토의 피어슨 국제공항은 터미널이 3개가 있으며, 이중 대중교통은 대부분 캐나다 항공사들이 취항하는 터미널 1에서 출발/도착

북쪽 극지방의 도로 및 비행장

사람이 거의 살지 않는 캐나다 북쪽 매우 추운 지역은 비포장도로가 많으며 트럭이 지나갈 때 잔돌이 튀어 유리창이 손상될 수 있으므로 각별히 주의해야 한다.

북쪽 외진 곳은 자동차로 가기에는 너무 멀고 심한 경우 아예 비포장도로도 없는 곳이 많지만 인구 1,000명 미만의 작은 타운들도 경비행장을 갖추고 있어서 이를 이용하면 쉽게 갈 수 있다.

제 2 장

캐나다 경제 중심 온타리오 주

캐나다 최대 도시 토론토 고속도로 401

캐나다 최대의 상업도시 토론토 시티

토론토가 있는 온타리오 주는 2011년 센서스에서 1,285만 명으로 조사되어 캐나다 전체 인구의 38% 이상이다. 이는 퀘벡 주를 제외한 모든 주의 인구를 합한 것과 비슷하여, 한국의 수도권 인구 49% 보다 덜 할 뿐이지 인구 집중 현상이 심하다.

토론토 시는 각종 관공서는 물론이고, 수많은 회사의 본사, 명문 학교들이 몰려 있는 캐나다 제일의 상업도시 이다. 관광 및 문화 시설로는 토론토 타워, 토론토 아일랜드, 카사로마 (Casa Loma), 온타리오 사이언스 센터, 블랙 크리크 (Black Creek) 민속촌, 캐나다 동물원, 그리고 하이 파크 (High Park)를 비롯하여 도심 곳곳에 크고 작은 공원들이 많이 있다.

교통체증과 주차문제로 시민들이 대중교통을 많이 이용하지만 편리하지는 않다. 긴 지하철 노선은 2개이고 토론토 시에만 노선이 있어서 피어슨 국제공항에서 조차 지하철을 이용할 수 없다. 한국에 비하여 낡은 편이고 이동전화도 안 터진다. 버스 노선도 광역권과 통합되지 않아 불편 하다.

<토론토 지하철 노선도>

<토론토 시의 주요 지역 및 주요 도로망>

토론토 시에 접한 주변 지역이 지리적으로 매우 가까워도, 교통 체증과 불편한 대중교통으로 매일 출·퇴근 하는 시민들은 고생을 감수해야 한다. 2014년부터 교통 난 해소를 위하여 직통 버스인

Go Bus 노선과 운행 횟수를 대폭 늘리고 있다. 그러나 600만이 넘는 도시에서 직통 버스만 가지고 교통난을 해소하기 어려울 것이다. 출·퇴근 시간대 이외도 하루 종일 막히는 곳이 늘어나고 있으며 평소 20분이면 갈 수 있는 고속도로가 눈이 내리면 3시간 이상 걸리는 심각한 교통 체증이 종종 나타나고 있다.

1) 토론토 다운타운

다운타운에는 토론토 대학, 라이어슨 대학, OCAD 디자인 대학이 있고 금융, 관광, 쇼핑, 행정의 중심 역할을 수행한다.

a. 가볼 만한 곳

a) CN 타워 및 항구

1976년 준공된 토론토 CN (Canadian National) 타워는 147층 553m로 먼 곳 에서도 잘 보일 정도로 높으며, 토론토의 상징적인 건물로 다운타운 관광의 필수 코스가 되었다. 전망대 (Look Out, 346m), 투명 바닥 (Glass Floor, 2 1/2 인치 두께), 기울어진 유리벽을 통해 바닥과 주위를 전망하는 스카이팟 (SkyPod, 447m), 안전 로프에 의지하고 타워 끝 가장자리를 걷는 엘지워크 (EdgeWalk), 360도 회전 레스토랑 등이 있다.

301 Front St. W, Toronto, ON (CN 타워)

<CN 타워>

<토론토 항구>

토론토 항구는 CN 타워 근처인 베이 스트리트 (Bay St) 끝, 온타리오 (Lake Ontario) 호숫가에 있으며, 토론토 아일랜드로 가는 페리를 이용하는 시민들로 늘 분빈다.

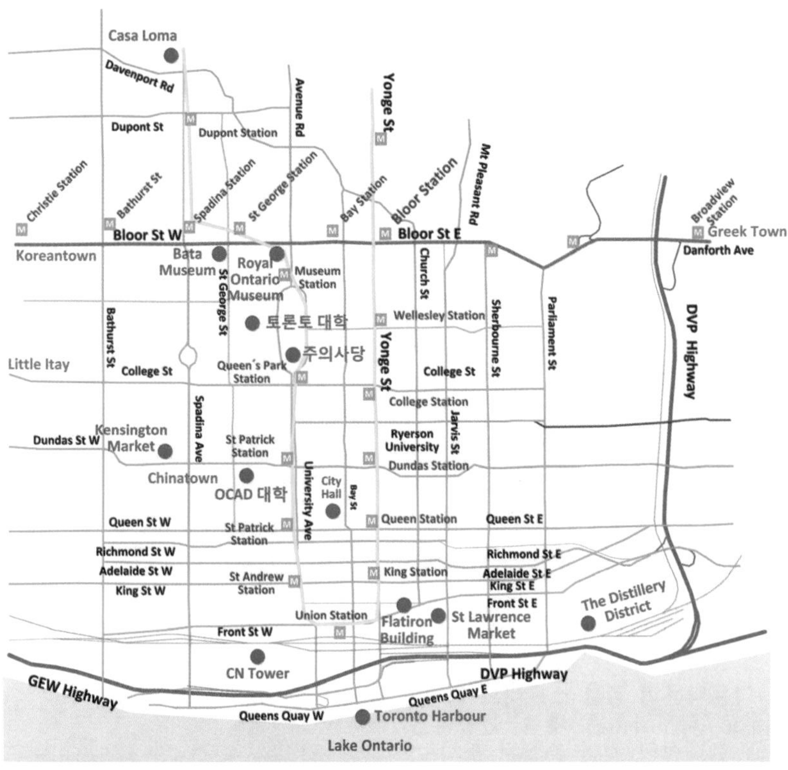

<토론토 다운타운 관광 지도>

b) 시청

이튼 센터가 있는 지하철 퀸 역에서 서쪽으로 한 블록 걸어가면 토론토 시청 광장에 도착할 수 있다. 시청 광장 주변에 1965년 건설한 신 시청 건물과 구 시청 건물 모두 있다. 시청 광장은 다운타운 관광의 중심 역할을 하며, 종종 야외 공연도 관람할 수 있다.

100 Queen St. W, Toronto, ON (다운타운 시청)

토론토 시는 인구가 많은 대도시 이므로 다운타운 시청 외에도 지역별 시빅센터 (Civic) Centre)를 함께 운영한다.

- 850 Coxwell Ave, East York, ON (East York, 동부지역)
- 399 The West Mall, Etobicoke, ON (Etobicoke, 서부지역)
- 2700 Eglington Ave. W, Toronto, ON (York, 서부지역)
- 5100 Yonge St, North York, ON (North York, 북부지역)
- 150 Borough Dr, Scarborough, ON (Scarborough, 동부지역)

<토론토 신 시청 건물>

다운타운의 명물 스트리트 카

토론토 다운타운은 옛날 전통적인 것과 현대적인 것이 혼합된 도시로, 철도 레일과 전기를 이용하는 스트리트 카를 다운타운 전역에서 시내버스 대신에 운행하고 있어서 어디서나 쉽게 볼 수 있고 이용할 수 있다.

이튼 센터에서 시청 반대 방향인 동쪽으로 2 블록 정도 가면 마약에 취하거나 노숙자들이 많고 범죄율이 높은 지역으로 거론되는 자비스 스트리트 (Jarvis St)가 있다.

c) 토론토 대학과 주 의회 의사당 건물

토론토 대학은 역사가 매우 깊은 캐나다 제일의 명문대학이고 건물들이 고풍스러워 아시아계 관광객이 특히 많이 방문한다.

27 King's College Cir, Toronto, ON (토론토 대학)

<토론토 대학>

온타리오 주 의회 의사당 ((Legislative Assembly of Ontario)은 토론토대학교 다운타운 캠퍼스에서 걸어 갈 수 있을 정도로 가까운 거리에 있는 퀸즈 공원 (Queens Park) 안에 있다. 일반인에게 무료로 개방되며 안내자를 따라 관광할 수 있다.

111 Wellesley St. W, Toronto, ON (주 의회 의사당)

2015년 온타리오 주 의회는 자유당 (Ontario Liberal Party) 59석, 보수당 (Progressive Conservative Party of Ontario) 28석, 신민당 (Ontario New Democratic Party) 20석이며, 주 수상은 캐트린 윈 (Kathleen Wynne)이다. 1867년 이후 주 수상은 보수당이 13회, 자유당이 10회, 신민당이 1회, 농민당이 1회 하였다.

<주 의회 의사당>

d) 왕립 온타리오 박물관

왕립온타리오 박물관 (Royal Ontario Museum)은 아마도 캐나다에서 규모가 가장 큰 박물관으로 지하 2층부터 4층까지 있다. 대충대충 돌아보아도 최소 1 시간 이상 소요된다. 과거 원주민의 생활, 고대 중국과 이집트의 문명, 유럽의 로마 문명, 공용 등 고생대 동물의 뼈, 그리고 보석에 사용되는 여러 종류의 광물을 전시한다. 그리고 일반인들이 보기에도 아주 귀중한 고대 유물들을 해외 박물관과 연계하여 지하 1, 2층에서 대규모 특별 전시회도 종종 개최 한다.

100 Queens Pk, Toronto, ON (왕립 온타리오 박물관)

<로얄 온타리오 박물관>

바타 신발 박물관 (Bata Shoe Museum)은 왕립온타리오 박물관에서 서쪽으로 한 블록 떨어진 곳에 있으며, 세계 각국의 신발을 전시하는 박물관으로 한국 짚신도 전시하고 있다.
327 Bloor St. W, Toronto, ON

왕립온타리오 박물관에서 블루어 스트리트 (Bloor St) 길을 건너면 다운타운 주변에서 최고의 부촌인 욕빌 (Yorkville) 타운이 시작된다.

e) 카사로마

카사로마 (Casa Loma)는 금융회사를 세우고 나이아가라 폭포에 발전소를 건설할 정도 한 때 캐나다에서 제일 잘나가는 부자였던 핸리 (Henry Pellatt)의 집 이었다. 그러나 사업이 망하고 건물은 시청에 귀속이 되어 오늘날 관광객에게 유료로 개방하고 있다.

1 Austin Terrace, Toronto, ON (카사로마)

<Casa Loma 대저택>

f) 온타리오 아트 갤러리 및 OCAD 디자인 대학

1974년 오픈한 온타리오 아트 갤러리 (Art Gallery of Ontario)는 캐나다에서 가장 큰 규모로 르네상스 및 바로크 작품을 포함하여 약 8만점 이상의 작품을 전시하고 있다. 아트갤러리 바로 옆에 디자인으로 북미에서 3대 명문인 OCAD (Ontario Collage of Art & Design) 대학이 있다.

317 Dundas St. W, Toronto, ON (갤러리)

100 McCaul St, Toronto, ON (OCAD 대학)

<Art Gallery of Ontario>

<OCAD 디자인 대학>

g) 위스키 양조장과 다리미 빌딩

디스틸러리 구역 (Distillery Historic District)은 1832년에 설립하여 1860년대 세계에서 제일 큰 규모의 위스키를 생산하였던 굿더햄 & 워츠 (Gooderham & Worts) 회사의 공장이 있는 장소이다. 오늘날 위스키는 생산 하지 않고 신발, 가방, 가구 등을 판매하는 앤티크 (Antique) 가계들과 식당들이 입주해 있다.

55 Mill St, Toronto, ON (위스키 양조장)

<디스틸러리 구역 거리 및 가계 내부>

1892년 양조장 주인인 굿더햄 (Gooderham)이 건축한 5층짜리 삼각기둥 모양의 굿더햄 빌딩은 다리미 빌딩 (Flatiron Building)으로 불리며 오늘날 토론토를 상징하는 빌딩이 되었다. 다리미 빌딩에서 매우 가까운 거리에 토론토 최대의 세인트로렌스 재래시장 (St-Lawrence Market)이 있다.

49 Wellington St. E, Toronto, ON (다리미 빌딩)

95-92 Front St. E, Toronto, ON (세인트로렌스 재래시장)

세인트로렌스 시장의 South Market은 매일 영업하는 재래시장으로, North Market은 농산물 직거래 시장 (토요일)과 벼룩시장 (일요일)으로, 그리고 St-Lawrence Hall은 행사장으로 운영하고 있다.

<굿더햄 빌딩>

<세인트로렌스 재래시장>

b. 각국의 음식 문화를 접할 수 있는 타운

a) 코리아타운

코리아타운은 블루어 (Bloor)와 배덜스트 (Bathurst)가 교차되는 지점에서 서쪽으로 크리스티 피츠 (Christie Pits Park) 공원까지 약 1km 거리에 형성되어 있다. 거리에 90% 이상이 한인 사업체들이다. 이 거리에 저렴한 한인 식당들이 많아서 여행 중 허기진 배를 채우기 좋은 곳이다.

"코리아타운" 입구에 에드 머비시 (Ed Mirvish)가 1948년 설립한 아니스트 에즈 (Honest Eds) 싸구려 잡화점이 있다. 잡화점 바로 옆 마캄 (Markham) 거리에 작은 머비시 마을 (Mirvish Village)이 있다.
581 Bloor St. W, Toronto, ON (Honest Eds)

<블루어 코리아타운>

<Honest Eds 잡화점>

b) 차이나타운

차이나타운은 교통체증이 심한 던다스 (Dundas St. W.)와 스파다이나 (Spadina Ave.) 도로가 교차되는 주위에 형성되어 있으며, 코리아타운 보다는 규모가 훨씬 크다.

켄싱턴 마켓 (Kensington Market)은 과거 가난했던 유대인들의 상점이 있어서 주이시 (Jewish) 마켓으로도 불리는 매우 영세한 재래시장으로 차이나타운과 접하고 있으며 건물 페인트가 특징적이고 인상적이다. 67 Kensington Ave, Toronto, ON

<스파다이나 차이나타운>

<켄싱턴 재래시장>

c) 이태리 타운

이태리 타운은 "리틀 이태리"로 불리며, 칼리지 스트리트 (College St)와 배덜스트 (Bathurst)가 교차되는 지점에서 서쪽으로 수 km 형성되어 있다. 즉 코리아타운에서 차이나타운 가는 중간쯤에 있다. 몇몇 상점들이 이탈리아 국기를 계양하거나 국기를 상징하는 빨강, 흰색, 초록색을 사용하여 간판을 디자인 한 것 이외에 거리는 특별하지 않지만, 한국인에게 널리 알려진 이태리 피자나 파스타 이외의 고급 메뉴를 제공하는 레스토랑들이 있다.

d) 그리스 타운

그리스 타운은 다운타운을 기준으로 코리아타운과 정반대 쪽에 있다. 다운타운에서 동쪽으로 블루어 스트리트를 따라 고속도로 돈 밸리 파크웨이 (Don Valley Parkway)를 넘어가면 도로명이 단포스 (Danforth)로 변경되고 그리스 타운이 시작된다. 토론토의 세계 각국 타운들 중에서 가장 크지 않을 까? 하는 생각이다.

다른 나라 타운들은 주로 상점들만 있지만 이곳은 상점과 주변에 그리스인들이 많이 거주하는 주택도 함께 있는 것이 특징이며, 수블라키 (Souvlaki)가 대표적인 그리스 음식으로 알려졌다.

> 우드바인 (Woodbine) 비치
> 그리스 타운의 우드바인 지하철역에서 온타리오 호숫가로 가면 토론토 시민이 가장 많이 찾는 제일 큰 비치이다.

<이태리 타운>

<그리스 타운>

c. 다운타운 주변 공원 및 문화시설

a) 써니브룩 공원과 하이파크 공원

다운타운에서 굳이 멀리 가지 않아도 훌륭한 도시 공원이 있다. 다운타운 북쪽에 써니브룩 (Sunnybrook) 공원이 있고, 서쪽에 하이파크 공원이 있다. 써니브룩 공원은 도심에 있지만 바비큐가 가능한 것은 물론이고 말 농장도 있고 대규모 인원이 야외 활동을 할 수 있을 정도로 공원 안이 생각보다 상당히 넓다.

1132 Leslie St, Toronto, ON (써니브룩 공원)

또한 이웃하는 에드워드 정원 (Edwards Gardens) 까지 충분히 길고 훌륭한 산책 및 자전거 겸용 도로가 있다. 에드워드 정원은 주차장도 충분하고 예쁘게 꾸며 놓아서 토론토 시민들은 물론이고, 토론토를 방문하는 외부 손님을 모시고 많이 온다.

777 Lawrence Ave. E, Toronto, ON (에드워드 정원)

<써니브룩 공원>

<에드워드 정원>

온타리오 사이언스 센터

토론토 시민들이 어린 자녀를 위하여 많이 찾는 과학관은 온타리오 사이언스 센터 (Ontario Science Centre)로 돈 밀스 (Don Mills Rd.)와 에글린턴 (Eglinton Ave. E.)이 만나는 곳에 있으며, 어린이들이 직접 만지고 만들 수 있는 것을 구비해 놓고 있다.

770 Don Mills Rd, Toronto, ON

<하이파크의 상징인 단풍잎 정원>

하이 파크 (High Park) 공원은 온타리오 (Lake Ontario) 호수 근처에 있지만 지대가 높아 하이 파크로 이름을 지었다. 원래의 주인이 가능하면 자연 상태로 유지하고, 시민에게 영원히 무료로

개방하고, 공원 이름을 바꾸지 않는 조건으로 토론토 시에 1873년 양도하였다. 다운타운에서 가장 가까운 큰 공원인 하이파크는 다양한 야생 생물의 서식지이자 희귀 식물종이 밀집한 공간으로, 공원의 1/3 이상을 자연 상태로 보존하고, 나머지 공간을 운동, 문화, 교육 시설과 정원, 놀이터, 동물원 등으로 사용하고 있다.

1873 Bloor St. W, Toronto, ON

b) 야구, 풋볼, 하키, 축구 구장

온타리오 호수에서 비교적 가까운 거리에 토론토 블루제이스 (Blue Jays) 야구팀과 토론토 알고노츠 (Argonauts) 풋볼팀의 홈 구장인 로저스 센터 (Rogers Centre)가 있다. 같은 건물에 리플리스 아쿠아리움 (Ripley's Aquarium) 물놀이 시설도 있다.

288 Bremner Blvd, Toronto, ON (야구 및 풋볼 구장)

> 온타리오 호수 주변에 위치한 인공 섬에는 시설 노후화로 2015/16년 대대적인 개·보수공사를 하는 온타리오 플레이스 (Ontario Place)가 있다. 플레이스 주변에는 여름철 약 2주 동안 상설 놀이공원을 운영하는 CNE (Canadian National Exhibition), 그리고 옛날 군사 요새지를 휴식 공간으로 개발한 포트 욕 (Fort York National Historic Site)이 있다.
>
> 955 Lake Shore Blvd. W, Toronto, ON (온타리오 플레이스)
> 210 Princes' Blvd, Toronto, ON (CNE)
> 250 Fort York Blvd, Toronto, ON (포트 욕)

> 토론토는 옛날 욕 카운티의 타운들 (Downtown, Midtown, Uptown, East End, West End)로 시작하였다. 1954년~1967년 East York (다운타운 동쪽), York (다운타운 북서쪽), North York (북부), Scarborough (동부), Etobicoke (서부) 지역을 합병하여 토론토 시를 만들었고, 1998년 외각 지역을 더 합병하여 거대한 토론토 광역시를 (GTA) 만들었다.

> 다운타운의 블루어 스트리트 (Bloor St.)부터 북쪽 로렌스 에비뉴 (Lawrence Ave.)까지 영 스트리트 (Yonge St) 주변을 미드타운 (Midtown) 이라고 부른다. 이 지역은 교통이 편리하고 약간의 언덕이 있는 지형으로 부촌이 형성되어 있으며, 유명 사립학교가 캐나다에서 제일 많이 몰려 있는 지역이다.

유니온 역과 토론토 항구 중간쯤에 토론토 메이플 리프스

(Maple Leafs) 하키팀 홈구장인 에어 캐나다 센터 (Air Canada Centre) 가 있다. 로저스 센터를 중심으로 에어 캐나다 센터 반대쪽, CNE 주변에 토론토 FC 프로 축구팀의 홈구장인 BMO 필드 (Field)가 있다.

40 Bay St, Toronto, ON M5J 2X2 (하키 구장)

170 Princes Blvd, Toronto, ON (축구 경기장)

c) 소니 연극 공연장과 세인트로렌스 극장

1960년에 오픈한 소니 공연장 (Sonny Centre for the Performing Art)은 캐나다에서 제일 큰 연극 공연장으로, 3,191명을 수용할 수 있다. 소니 공연장 바로 옆에 1970년 오픈한 세인트로렌스 극장 (St. Lawrence Centre for the Arts)은 876명과 498명을 수용할 수 있는 두 개의 홀로 구성되어 있다.

1 Front St. E, Toronto, ON (소니 연극 공연장)

27 Front St. E, Toronto, ON (세인트로렌스 극장)

<소니 초대형 공연장>

<세인트로렌스 극장>

토론토 다운타운은 캐나다에서 대형 공연장이 가장 많이 있으며, 상기 공연장 이외에도 다음과 같은 대표적인 공연장이 있다.

- 178 Victoria St, Toronto, ON (Massey Hall, 2,752석)
- 60 Simcoe St, Toronto, ON (Roy Thomson Hall, 2,630석)
- 190 Princes Blvd, Toronto, ON (Queen Elizabeth Theatre, 1,250석)
- 273 Bloor St. W, Toronto, ON (The Royal Conservatory, 1,140석)

2) 북부지역 노스욕

a. 노스욕 센터와 고층 콘도

노스욕 (North York)은 명문 고등학교들이 있는 전형적인 주거지역이 대부분이다. 지하철 노스욕 역 주변은 시빅 센터 (North York Civic Center), 대규모 인원을 수용할 수 있는 대형 도서관, 1,000석 이상의 예술회관 (Toronto Centre for the Arts, 1,036석), 야외공연장 등 행정, 문화 시설을 갖추고 있다.

5040 Yonge St, Toronto, ON (예술회관)
5120 Yonge St, North York, ON (대형 도서관)

> 깁슨 하우스 박물관 (Gibson House Museum)
> 노스욕 시빅 센터에서 걸어 갈 수 있을 정도로 가까운 거리에 개척 시대에 살았던 깁슨 가족의 생활을 볼 수 있는 작은 박물관이 있다.
> 5172 Yonge St, Toronto, ON

지하철을 이용하여 한 번에 다운타운으로 갈 수 있는 노스욕의 영 스트리트 (Yonge St.) 주변은 한인을 비롯하여 중국계 주민들이 많이 살고 있다. 특히 고속도로 Hwy 401에서 영 스트리트를 따라 북쪽으로 고층 콘도가 많이 들어서 있다.

<노스욕 시빅센터>

<영 스트리트 주변 콘도>

b. 토론토의 대표적인 부촌 욕 밀스

토론토의 대표적인 부촌은 고속도로 Hwy 401에서 영 스트리트 (Yonge St)를 따라 남쪽 주변에 형성되어 있으며 욕 밀스 (York

Mills) 라고 부른다. 이 지역은 영화에서나 볼 수 있었던 박물관 같은 대저택들이 종종 있다.

욕 밀스는 대규모 쇼핑몰이 들어설 자리가 부족하여 비교적 가까운 거리에 인접한 욕데일 (Yorkdale) 지역에 대형 쇼핑 몰이 있다. 욕데일 몰은 다운타운 가는 지하철과 고속도로 Hwy 401이 만나는 곳에 위치하고, 유명 브랜드의 매장이 많아 토론토 시민들이 많이 이용하기 때문에 종종 진입로가 심하게 막힌다.

<욕 밀스의 고급 주택>

<욕데일 쇼핑몰>

c. 제인 & 핀치 지역

제인 & 핀치 (Jane St & Finch Ave. W.) 지역은 노스욕의 서부지역에 속하지만 피어슨 (Pearson) 국제공항의 비행기 착륙 경로에 위치하여 집값이 저렴하고 저소득층이 많이 살고 있다.

제인 & 핀치에서 북쪽으로 한 블록 떨어진 곳에 종합대학인 욕대학교 (York University)와 광역 토론토에서 제일 큰 블랙크리크 민속촌 (Black Creek Pioneer Village)이 있다. 블랙크리크는 1860년대 사람들이 캐나다에서 어떻게 살았는지를 보여주는 훌륭한 민속촌으로 주택, 작업장, 공공건물, 농장, 대장간 등 다양한 건물이 있으며, 옛날 의상을 입고 살아가는 모습을 관광객에게 재현하고 있다.

1000 Murry Ross Pkwy, Vaughan, ON (민속촌)

<Black Creek 민속촌>

가을철 고속도로 Hwy 401을 이용하여 광역 토론토의 노스욕 지역을 관통할 때, 도로 북쪽 편에 보이는 매우 아름다운 전경이 바로 얼 베일스 (Earl Bales) 공원이다. 이 공원은 캐나다 최대의 한인 타운인 노스욕 (North York)에 위치하고 있어서 한인들이 가장 많이 이용하는 공원 중에 하나이다. 대규모 인원을 수용할 수 있는 주차장과 바비큐 테이블 들이 충분하다. 어린이 놀이터와 산책로는 기본이고, 비록 슬로프 (Slope)가 짧기는 하지만 먼 곳 까지 가지 않고 스키나 스노보드를 배울 수 있는 스키장도 있다.

4169 Bathurst St, Toronto, ON (얼 베일스 공원)

스키장만 없지 얼 베이스 공원 못 지 않은 G 로스 로드 파크가 (G Ross Lord Park)도 있다. 바비큐는 물론이고 야외 스포츠가 가능한 넓은 잔디구장, 산책로 등을 갖추고 있다.

4801 Dufferin St, North York, ON (G 로스로드 파크)

<Earl Bales Park - 여름>

<Earl Bales Park - 스키장>

3) 동부지역 스카보로

스카보로 (Scarborough)는 동부지역으로 고속도로 Hwy 401 주변에 중국계 등 이민자들이 많은 모여 사는 것이 특징이다. 스카보로 타운센터는 동부지역의 대표적인 상가이며 지하철역 및 버스 정류장도 함께 있어 교통 중심 역할도 한다.

<스카보로 시빅센터>

<스카보로 타운센터 상가>

블러퍼스 공원 (Bluffer's Park)은 동부 토론토 지역의 온타리오 호숫가에 위치하고 있으며 특이한 형상의 산 같은 작은 언덕이 있다. 공원 내에서 바비큐 파티도 가능하고 산책로도 있고 보트장 및 물놀이 할 수 있는 비치도 있다.

1 Brimley Rd. S, Toronto, ON

블러퍼스 공원에서 동쪽으로 길드 인 (The Guild Inn)까지 긴 산책로가 이어진다. 길드 인에는 토론토 다운타운의 옛날 건물 입구에 있던 건축 기둥들을 옮겨 놓았다. 201 Guildwood Pkwy, Toronto, ON

<블러퍼스 공원>

<길드 인>

행정구역상 토론토 시의 동쪽 끝에 있는 토론토 동물원 (Toronto Zoo)은 500종, 5,000마리의 동물들이 있고 87만 평의 부지에 총 7개 테마로 운영되고 있어서 캐나다에서 가장 큰 규모이지만 과천 서울대공원 동물원 같이 활성화되지 않았다. 더구나 2012년 토론토시에서 재정문제로 인해 매각을 추진한다는 뉴스가 있었다.

2000 Meadowvale Rd, Toronto, ON (Hwy 401, Exit 389 North)

4) 서부지역 이토비코

이토비코 (Etobicoke)는 험버 강 (Humber River)에서 서쪽으로 형성된 오래된 도심지역으로, 이태리, 우크라이나, 폴란드 등 유럽계 주민이 많이 거주한다. 명문으로 알려진 이토비코 고등학교 (Etobicoke Collegiate Institute)가 있다.

<던다스 거리의 벽화>

지하철이 끝나는 키플링 역과 (Kipling) 이슬링턴 역 (Islington) 에서 미시사가로 출발하는 버스 터미널이 있어서 교통의 요충지이다. 이들 역에서 멀지 않은 던다스 (Dundas) 거리에 작은 규모이지만 상점들 벽에 아름다운 그림을 그려 놓았다.

최근에는 토론토 서부지역에서 다운타운으로 들어오는 고속도로 (Gardiner Express) 옆에 위치한 험버만 (Humber Bay)에 신규 콘도들이 들어서고 있다.

<Humber Bay 콘도>

험버 강을 거슬러 올라가면 결혼식 장소로 유명한 고풍스런 목조 건물인 올드 밀 인 (Old Mill Inn)이 있다. 올드 밀인에서 험버 강을 따라 상류로 긴 산책로가 제임스 가든 (James Gardens) 까지 있다. 제임스 가든 주변은 험버 벨리 빌리지 (Humber Valley Village)로 불리며 서부 토론토 지역의 대표적인 부촌이다.

21 Old Mill Rd, Toronto, ON (Old Mill Inn)
61 Edgehill Rd, Toronto, ON (James Gardens)

<Old Mill Inn>

<James Garden>

센테니얼 파크 (Centennial Park)는 올림픽 규격의 대규모 스포츠 시설이 있어서 토론토의 국제 경기를 주로 이 공원에서 개최한다. 고속도로가 교차하는 (Hwy 427 서쪽 & Hwy 401 남쪽) 주변에 있어서 미시사가로 착각할 수 있지만 행정구역상 토론토 시티에 속해 있다.
256 Centennial Park Rd, Etobicoke, ON (센테니얼 파크)

험버 강이 온타리오 호수를 만나는 험버만 주변에 초대형 농산물 도매시장 (Ontario Food Terminal Board)이 있다. 연중 아주 특별한 날 하루 정도를 제외하고 일반인에게 개방하지 않는다.
165 The Queensway, Toronto, ON (온타리오 푸드 터미널)

5) 토론토 아일랜드

토론토 아일랜드는 다운타운의 베이 스트리트 (Bay St) 제일 끝 호숫가에 위치한 페리 선착장 (Jack Layton Ferry Terminal)에서 20분 정도면 건너갈 수 있을 정도로 가깝다.

<토론토 아일랜드 입구>

<아일랜드 공원 중심부>

공원 안은 수고스럽게 배를 타고 건너 올 만큼 잘 꾸며 놓았다. 바비큐 시설이 있어서 단체 행사를 할 수 있으며, 안전한 실외 수영장과 호숫가에 모래 비치도 있다. 섬의 중앙은 가장 많은 사람들이 몰리는 곳으로 대부분의 편의 시설이 이곳에 있다. 또한 선착장 반대편은 온타리오 호수 (Lake Ontario) 안쪽으로 들어 갈 수 있도록 전망시설을 갖추고 있다. 전망시설 입구에는 자전거 대여소도 있어서 자전거로 섬 전체를 둘러 볼 수 도 있다. 섬의 서쪽 끝은 경비행기 비행장이 있고, 동쪽 끝은 카티지들이 있다. 섬 주변 곳곳에 보트들이 많이 있다.

토론토 시티 외각 광역권

토론토 시티 외각 광역권을 캐나다 시민들은 GTA (Greater Toronto Area) 라고 부르며, 토론토 시티를 포함한 광역권 인구는 6백만 이상으로 온타리오 주의 절반 정도이며, 캐나다 전체인구의 18% 이다. GTA에 포함 되지 않지만 동일한 경제권 및 생활권을 갖는 해밀턴 (Hamilton), 키치너 (Kitchener), 베리 (Barrie), 피터보로 (Peterborough) 지역을 포함하면 인구가 7백만 이상으로 캐나다 전체 인구의 20%를 쉽게 넘는 거의 퀘벡 주 전체 인구와 비슷하다.

<2011년 토론토 경제권 및 생활권 지역의 인구>

지역 명	인구(명)	설 명
Toronto	2,615,060	- 북쪽으로 Steeles Ave, - 서쪽으로 Hwy 427, 동쪽으로 토론토 동물원까지 포함 - 다운타운, North York, Etobicoke, Scarborough
Peel	1,296,814	- 피어슨 공항 주변 - Brampton 북쪽에 위치한 농촌지역 - Mississauga, Brampton, Caledon
York	1,032,524	- 주로 Hwy 407 북쪽 지역 도시와 주변 농촌 지역 - Vaughan, Richmond hill, Markham, New Market 등
Durham	608,124	- 토론토 동물원 동쪽지역 도시와 주변 농촌 지역 - Pickering, Ajax, Whitby, Oshawa 등
Halton	501,669	- Mississauga의 서쪽 지역 Hamilton 및 Guelph과 전까지 - Oakville, Milton, Burlington 등
Hamilton	519,949	- 토론토에서 QEW 따라 서쪽으로 50분 - Burlington 옆 도시 - 이웃 Brantford 인구를 합치면 72만 이상
Kitchener	507,096	- Hwy 401 따라 토론토 서쪽 1시간 - Milton 이후 도시들 - Waterloo, Cambridge, Kitchener 등
Barrie	185,345	- 토론토 북쪽 1시간 거리에 위치한 휴양도시
Peterborough	118,975	- 토론토 동쪽 1시간 반 거리에 위치한 소도시
합계	7,385,556	

<토론토 (GTA) 광역시의 지역 구분>

캐나다 어느 지역에서나 가장 흔한 것 중에 하나가 골프장이다. 특히 토론토 및 주변은 캐나다에서 인구가 가장 많지만 산이 없어서 제한된 야외 스포츠만 즐길 수 있기 때문에 골프장이 캐나다에서 가장 발달하였다. 토론토 시와 미시사가 시에서 운영하는 저렴한 시립 골프장부터 아주 비싼 회원제 골프장까지 다양하게 많다. 회원권이 없는 일반인들이 이용할 수 있는 골프장은 퍼블릭으로 불리며 경우에 따라서는 회원제 골프장만큼 시설도 좋고 가격도 비싸다.

<광역토론토지역 시립 골프장>

소속	골프장	특징 및 위치
토론토	Humber Valley	- 18홀 (파70) - 40 Beattie Ave. (피어슨 공항주변)
	Scarlett Woods	- 18홀 (파62) - 1000 Jane St. (이토비코)
	Don Valley	- 18홀 (파72, 73) - 4200 Yonge St. (노스욕 주변)
	Tam O'shanter	- 18홀 (파72) - 2481 Birchmount Rd.
	Dentonia Park	- 18홀 (파3/홀) - 781 Victoria Park Ave.
미시사가	BraeBen	- 18홀 (파72), 9홀 (파3/홀), 드라이빙 레인지, 골프아카데미 (GTA에서 최고 시립 골프장) - 5700 Terry Fox way, Mississauga (Hwy 401 Exit 340 South)
	Lakeview	- 18홀 (파71,72) - 1190 Dixie Rd, Mississauga (Hwy QEW Exit 136 South)

<광역토론토 주요 퍼블릭 골프장>

지역	골프장	설계자, 특징 및 위치
서부지역	Glen Abbey Golf Club (옥빌)	- Jack Nicklaus (1976년) 18홀 (파73, 캐나다 55위) - 1333 Dorval Dr, Oakville
	Piper's Heath Golf Club (밀턴근처)	- Graham Cooke (2007년) 18홀 (파72) - 5501 Trafalgar Rd, Hornby
	Osprey Valley Golf Club (오렌지빌 근처)	- Doug Carrick (2001년) Hoot 18홀 (파72, 캐나다 52위) - Doug Carrick (1990년) Heathlands 18홀 (파71, 캐나다 56위) - Doug Carrick (2002) Toot 18홀 (파72, 캐나다 80위) - 18821 Main St, Caledon
	Copper Creek Golf Club (Vaughan 서쪽)	- Doug Carrick (2002년) 18홀 (파72, 캐나다 48위) - 11191 Hwy 27, Kleinburg
북부지역	Eagles Nest Golf Club (Vaughan 북쪽)	- Doug Carrick (2004년) 18홀 (파72, 캐나다 32위) - 10000 Dufferin St, Maple
	Angus Glen Golf Club (마캄)	- Doug Carrick (1995년) South 18홀 (파72, PGA 투어 2회) North 18홀 (파72) - 10080 Kennedy Rd, Markham (Hwy 404 Exit 31 E)
	Wooden Sticks Golf Club (마캄 북동 외곽)	- Ron Garl (2000년) 18홀 (파72) - 40 Elgin Park Dr, Uxbridge

<광역토론토 외각 지역 주요 퍼블릭 골프장>

지역	골프장	설계자, 특징 및 위치
베리	The Club at Bond Head (베리 남쪽)	- Michael Hurdzan/Jason Straka (2005년) South 18홀 (파72, 캐나다 96위) Nouth 18홀 (파72) - 4805 7th Line, Beeton (Hwy 400 Exit 64 W)
블루마운틴	Cobble Beach Golf Resort (오윈 사운드)	- Doug Carrick (2006년) 18홀 (파72, 캐나다 65위) - 221 McLeese Drive, Kemble
페리사운드	Rocky Crest Golf Resort	- Thomas McBroom (2000년) 18홀 (파71/72, 캐나다 27위) - 20 Barnwood Dr, MacTier (Hwy 400 Exit 207)
	The Ridge at Manitou	- Thomas McBroom (2004년) 18홀 (파72, 캐나다 40위) 드라이빙 레인지, 골프아카데미 - 160 The Inn Rd, McKellar
무스코카 호수	Muskoka Bay Club (호수 남쪽)	- Doug Carrick (2006년) 18홀 (파72, 캐나다 19위) - 1217 N. Muldrew Lake Rd, Gravenhurst
	Taboo Resort, Golf and Spa (호수 변)	- Ron Garl (2002년) Taboo 18홀 (캐나다 53위), Sands 9홀 - 1209 Muskoka Beach Rd, Gravenhurst
알콘퀸	Bigwin Island Golf Club (Dorset 전망대)	- Doug Carrick (2001년) 18홀 (파72, 캐나다 29위) - 1137 Old Hwy 117, Baysville (Lake of Bays)
	Deerhurst Resort Golf (헌츠빌)	- Bob Cupp/T. McBroom (1990년) Highlands 18홀 (파72, 캐나다 70위) Lakeside 18홀 (파64, 골프아카데미 - 1235 Deerhurst Dr, Huntsville (Hwy 11, Exit 223)
해밀턴	King's Forest Golf Course	- Matt Broman (1973년, 시립 골프장) 18홀 (파72-남자, 파73-여자) - 100 Greenhill Ave. Hamilton
온타리오 런던	Tarandowah Golfers Club (런던 동쪽)	- Martin Hawtree (2007년) 18홀 (파70) - 15125 Putnam Rd, Springfield (Hwy 401 Exit 208 S)
나이아가라	Grand Niagara Golf Club	- Rees Jones (2005년) 18홀 (파72, 캐나다 83위) - 8547 Grassy Brook Rd, Thorold (Hwy QEW Exit 27 W)
	Whirlpool Golf Course	- Stanley Thompson (1951년) 18홀 (파72) - 나이아가라 폭포 하류 강변
벨빌	Black Bear Ridge Golf Club	- Brian Magee (2005년) 18홀 (파72, 캐나다 100위) - 501 Harmony Road, Belleville (Hwy 401 Exit 544)

1) 서부 광역토론토 필 지역

필 (Peel) 지역은 토론토 서쪽에 위치하며, 피어슨공항 주변으로 기업들이 많고 인도계 및 아랍계 주민이 많이 거주 한다.

10 Peel Centre Dr, Brampton, ON (필 지역 관청)

a. 미시사가

미시사가 (Mississauga)는 한국에서 비행기로 토론토에 오면 도착하는 피어슨 국제공항이 위치한 도시로, 세계 여러 나라들로부터 입국하는 캐나다의 관문이다. 이런 이점 때문에 해외 기업의 캐나다 법인과 물류회사들이 밀집해 있다.

<스퀘어 원 쇼핑몰>

<마릴린 먼로 콘도>

미시사가는 다운타운과 30분 거리에 위치하고 있기 때문에 토론토 배후 도시로서 주거 지역 역할도 한다. 고속도로 Hwy 403과 휴론타리오 (Hurontario) 길이 만나는 곳은 미시사가에서 가장 붐비는 중심부 이다. 이곳에 스퀘어 원 (Square One) 대형 쇼핑몰, 시청, 1,315석의 공연장 (Living Arts Centre), 광역토론토 서부 지역 어디든 갈 수 있는 시내/직통 버스터미널이 있고, 이상한 모양의 건축물로 널리 알려진 마릴린 먼로 (Marilyn Monroe) 콘도가 쇼핑몰 길 건너편에 위치하고 있다.

300 City Centre Dr, Mississauga, ON (시청)
4141 Living Arts Dr, Mississauga, ON (공연장)

옥빌 (Oakville)과 경계를 하고 있는 온타리오 호수 주변은 부촌으로 부동산 가격이 높고, 교육열도 높아 학군이 좋은 지역으로 소개되고 있다.

미시사가의 주민들이 즐겨 찾는 바비큐 공원은 토론토 대학 미시사가 캠퍼스 옆에 위치한 에린데일 파크 (Erindale Park)로, 크래딧 리버 (Credit River) 강을 따라 있는 훌륭한 산책로와 넓은 주차 공간은 대규모 인원을 동시에 수용할 수 있다.

1695 Dundas St. W, Mississauga, ON

b. 브램턴

브램턴 (Brampton)은 피어슨 국제공항 북쪽, 즉 고속도로 Hwy 410 양 옆에 위치하고 있고 공항 주변 물류 회사의 장거리 트럭을 운전하는 인도계 주민들이 많이 거주한다. 이러한 환경적 요인 때문에 자동차 정비소들이 광역토론토 지역에서 가장 많이 모여 있다. 공항과 고속도로 주변은 회사와 주택들이 많은 반면 다른 한쪽은 아직도 농장들이 있어서 꽃에 도시라고 홍보한다.

이 지역에서 토론토 다운타운 까지 출·퇴근 하기는 다소 멀지만 직장이 피어슨 공항 근처나 미시사가 지역이면 다른 지역에 비하여 저렴한 가격에 큰 주택을 마련할 수 있는 지역이다.

<중심부 거리>

<꽃의 도시 홍보물>

브램턴의 중심은 시청이 있는 퀸 스트리트 이스트 (Queen St East)와 메인 스트리트 (Main St)가 만나는 곳으로 주변에 VIA Rail 역, Go Bus 터미널, 880석의 대규모 공연장 (Rose Theatre Brampton), 아트 갤러리 (Peel Art Gallery Museum and Archives) 등이 있다.

2 Wellington St. W, Brampton, ON (시청)

1 Theatre Ln, Brampton, ON (공연장)

9 Wellington St E, Brampton, ON (아트 갤러리)

c. 칼레든

고속도로 Hwy 410 끝부터 북쪽으로 칼레든 (Caledon) 지역 이다. 거의 모든 지역이 완전한 농촌으로 주변에 작은 산들과 농장들이 많아서, 주말에 토론토 시민들이 하이킹, 골프, 농장 체험 등으로 여가를 즐기는 지역이다. 이중 특징 있는 장소는 첼튼함 (Cheltenham)의 배들랜드 (Badland) 이다. 금속성 광물을 많이 포함하는 땅으로 나무 한그루, 풀 한 폭이 못 자란다.

Olde Base Line Rd. & Creditview Rd. (주소 없고 근처 교차로)

<배드랜드>

<칼레든 스키장>

배들랜드 주변에 테라코타 (Terra Cotta) 자연 보호구역과 칼레든 스키장 (Caledon Ski Club)도 있다.

14452 Winston Churchill Blvd, Terra Cotta, ON (테라코타)

17431 Mississauga Rd, Caledon, ON (칼레든 스키장)

2) 서부외각 광역토론토 홀튼 지역

홀튼 (Halton)은 미시사가 보다 더 서쪽에 있는 지역으로, 고속도로 Hwy QEW 주변에 옥빌과 벌링턴이 있고 고속도로 Hwy 401 주변에 밀턴이 위치하고 있다.

1151 Bronte Rd, Oakville, ON
(홀튼 지역 관청)

a. 옥빌

옥빌 (Oakville)의 온타리오 호수 주변은 주택들이 꽉 들어차 있으며 보트들이 정박할 수 있는 조그만 항구도 있다. 옥빌 지역은 고급주택이 많고 교육열이 높은 주민들이 많이 살고 있고 있어서 명문학교들이 많다.

1225 Trafalgar Rd, Oakville, ON (시청)

옥빌 (Oakville)에 위치한 브론티 크리크 (Bronte Creek) 공원은 입장료를 내야 하는 단점이 있지만 넓은 야외수영장이 있다. 공원 안에 농장도 있고 바비큐 시설도 있으며 산책도 할 수 있다. 또한 겨울철에는 스케이팅도 할 수 있다.

<옥빌 시가지>

<브론티 크리크 공원>

또한 포드 완성차 공장 (Ford Motor Company Of Canada

Limited)이 있어서 지역 경제의 중추적인 역할도 한다.

The Canadian Rd, Oakville, ON (Hwy QEW Exit 123S)

b. 벌링턴

벌링턴 (Burlington)은 해밀턴과 옥빌 사이에 위치한 도시로, 나이아가라 폭포로 가는 고속도로 Hwy QEW 주변에는 크고 작은 기업들이 많은 산업도시이지만, 그 외 지역은 농촌 지역이다.

426 Brant St, Burlington, ON (시청)

<로얄 보타니컬 가든>

로얄 보타니컬 가든 (Royal Botanical Gardens)은 캐나다 최대면적의 식물원으로 2,700 에이커 (Acre)에 꽃, 식물, 조류 보호구역, 수목원이 함께 있는 곳으로 어린이 및 노인 들이 많이 찾아온다. 3개의 정원 (Hendrie, Laking, Rock)과 1개의 수목원 그리고 긴 산책로가 있다. 그러나 입장료를 지불해야 하고 정원의 아름다움을 제대로 보려면 장미 꽃 들이 만발하는 시기에 가야한다.

680 Plains Rd. W, Burlington ON (로얄 보타니컬 가든)

c. 밀턴

밀턴 (Milton)은 토론토에서 제법 멀고 대형 교도소가 있는 관계로 도시 개발이 늦어져서 대부분 농촌지역 이었다. 그러나 2000년대 들어서면서 주택 건설 붐으로 인해 신도시가 생기면서 인구가 가장 급격히 증가한 곳으로 특히 인도계 이민자들이 많이 거주한다. 밀턴에는 최근 토론토 프리미엄 아웃렛 매장 (Hwy 401 Exit 328)을 대규모로 개장하였다.

150 Mary St, Milton, ON (시청)

<밀턴 신도시>

<토론토 프리미엄 아웃렛>

토론토에서 고속도로 Hwy 401 따라 서쪽으로 밀턴 (Milton)을 지나 갈 때 보이는 이상한 절벽 산 (Kelso)은 893.9km의 브루스 트레일이 지나가는 곳이다. 계단 형태의 높은 산으로 앞쪽은 절벽이지만 위는 자전거도 탈 수 있을 정도로 평지이다.

이 지역은 여러 가지 야외 활동을 할 수 있는 곳으로 대부분 고속도로 Hwy 401 Exit 312를 통해서 갈 수 있다. 고속도로 출구에서 북쪽으로 나가면 모학 경마장 (Mohawk Racetrack & Slots), 옛날 전통 방식으로 건축된 마을이 있는 컨트리 헤리티지 공원 (Country Heritage Park), 글랜 에덴 (Glen Eden) 스키장과 캘소 호수 (Lake Kelso) 공원으로 갈 수 있다.

9430 Guelph Line, Campbellville, ON (모학 경마장)
5234 Kelso Rd, Milton, ON (캘소 호수 공원, 스키장/등산로)
8560 Tremaine Rd, Milton, ON (컨트리 헤리티지 공원)

고속도로 출구에서 남쪽으로 나가면 개척시대 정착촌이 있는 크로포드 호수 (Crawford Lake)와 벌링턴의 마운트 네모 (Mount Nemo) 자연보호공원으로 갈 수 있다.

3115 Conservation Rd, Milton, ON (개척시대 정착촌)
5317 Guelph Line, Burlington, ON (마운트 네모)

<컨트리 헤리티지 공원>

<캘소 등산로>

<모학 경마장>

<개척시대 정착촌>

d. 조지타운

조지타운 (Georgetown)은 고속도로 Hwy 401 Exit 328에서 북쪽으로 약 10분 정도 운전하여 도착할 수 있는 조그마한 타운이다. 타운의 가장 번화한 곳은 메인 스트리트 (Main St.)로 약 500m 정도 밖에 안 된다.

1 Halton Hills Dr, Halton Hills, ON (시청)

조지타운 주변에 거의 평지에 가까운 실버 크리크 (Silver Creek) 자연 보호구역과 테라코타 (Terra Cotta) 자연 보호구역이 있어서 산책을 할 수 있다.

13500 Fallbrook Trail, Halton Hills, ON (Silver Creek)
14452 Winston Churchill Blvd, Terra Cotta, ON (Terra Cotta)

<조지타운>

<테라 코타 공원 입구>

3) 북부 광역토론토 욕 지역

욕 (York)은 광역토론토시의 북부지역으로 스틸스 에비뉴 (Steeles Ave)를 기준으로 북쪽에 위치한 리치몬드힐 (Richmond Hill), 반 (Vaughan), 킹 (King), 오로라 (Aurora), 뉴마켓 (Newmarket), 마캄 (Markham) 등으로 북쪽 심코 (Simcoe) 호수 아래까지 해당된다. 토론토에서 북쪽으로 가는 고속도로인 Hwy 400과 Hwy 404가 이 지역을 남북으로 관통하고, 유료 고속도로 Hwy 407이 이 지역을 동서로 관통한다.

17250 Yonge St, Newmarket, ON (욕 지역 관청)

a. Hwy 400 주변 반 타운

반 (Vaughan)은 토론토에서 캐나다 대륙횡단을 하여 서부로 가는 중요한 고속도로 Hwy 400 옆에 위치하며, 캐나다 최대의 규모의 원더랜드 (Canada's Wonder Land) 놀이 공원과 반 밀스 (Vaughan Mills) 아웃렛 몰이 있다. Hwy 400에서 서쪽으로 조금 떨어지진 했어도 넓은 야외 공원 입구에 옛날 및 현대의 예술 작품을 전시하는 아트 컬렉션 (McMichael Canadian Art Collection)이 있다.

2141 Major MacKenzie Dr, Vaughan, ON (시청)

9580 Jane St, Vaughan, ON (캐나다 원더랜드)

1 Bass Pro Mills Dr, #624, Vaughan, ON (반 밀스 아울렛)

10365 Islington Ave, Kleinburg, ON (컬렉션)

<Vaughan Mills 아울렛 몰> <캐나다 원더랜드>

b. 마캄 및 리치몬드힐

마캄 (Markham)은 고속도로 Hwy 404 동쪽에 위치하고, 리치몬드힐 (Richmond Hill)은 Hwy 404 서쪽에 위치하는 신도시 이다.

225 E. Beaver Creek Rd, Richmond Hill, ON (리치몬드힐 시청)

101 Town Centre Blvd, Markham, ON (마캄 시청)

<마캄 시청>

<퍼시픽 몰>

영 스트리트 (Yonge St)와 16th Ave. 도로가 만나는 사거리에는 리치몬드힐 최대의 쇼핑 몰, 힐크래스트 (Hillcrest)가 있다.

리치몬드힐과 마캄은 교육열이 높은 중국계 이민자들이 많이 거주하면서 많은 학교에서 중국계 학생이 2/3 이상으로 차이나타운으로 불리며 광역 토론토에서 명문 공립학교들이 가장 많다. 또한 중국인 최대의 퍼시픽 몰 (Pacific Mall)도 마캄에 있다.

4300 Steeles Ave. E, Markham, ON (퍼시픽 몰)

욕 지역의 시민 문화 시설로 약 630석의 공연장 (Richmond Hill Centre for the Performing Arts)이 리치몬드힐 타운에 있다.
10268 Yonge St, Richmond Hill, ON

유니온빌 (Unionville)은 1960대부터 예쁜 앤티크 마을을 조성하기 시작하여 오늘날 많은 사람들이 찾는 대표적인 곳이 되었다. 10분 정도면 충분히 돌아 볼 정도로 규모가 크지는 않다.

147 Main St, Markham, ON (Hwy 7 근처)

<유니온빌 입구>

c. 북부 농촌도시 지역

반, 마캄, 리치몬드힐 타운들보다 더 북쪽 지역은 뉴마켓 (New Market)을 제외하고는 한적한 농촌과 조그마한 타운들로 이루어져 있고, 세인트 앤드루 (St-Andrew High School) 등 명문 사립학교들이 위치하고 있다.

395 Mulock Dr, Newmarket, ON (뉴마켓 시청)
100 John West Way, Aurora, ON (오로라 시청)

미국, 일본 자동차 회사의 자동차를 많이 개발하고 생산하지만 한국에는 많이 알려지지 않은 세계적인 자동차 회사인 매그너 (Magna International) 자동차 회사 본사가 오로라에 있다. 고급 콘도 촌 같은 느낌으로 본사 건물들을 건축한 것이 특징적이다.

337 Magna Dr, Aurora, ON (매그너 자동차 본사)

4) 동부 광역토론토 더람 지역

더람 (Durham) 지역은 토론토 동물원을 기준으로 동쪽에 위치한 넓은 지역으로 고속도로 Hwy 401 주변에 여러 작은 도시들, 즉 피커링 (Pickering), 에이젝스 (Ajax), 윗비 (Whiteby), 오샤와 (Oshawa), 클레링턴 (Clarington) 등이 있다. 토론토 배후 산업도시 역할을 하는 지역으로 주로 백인 들이 많이 거주하는 곳이다.

605 Rossland Rd. E, Whitby, ON (더람 지역 관청)

1 The Esplanade S, Pickering, ON (피커링 시청) 65 Harwood Ave. S, Ajax, ON (에이젝스 시청) 575 Rossland Rd. E, Whitby, ON (윗비 시청) 50 Centre St. S, Oshawa, ON (오샤와 시청) 40 Temperance St, Bowmanville, ON (클레링턴 시청)

완성차를 생산하는 GM 캐나다 공장이 오샤와 (Oshawa)의 온타리오 호숫가에 있다. 과거 몬트리올 주변에서도 완성차를 생산하는 자동차 공장들이 있었으나 2000년을 전·후해서 모두 폐쇄하여 옥빌 (Orkville)의 포드 자동차 공장과 함께 캐나다에 2곳만 있다.

오사와의 GM 캐나다 공장을 중심으로 주변에 많은 협력 회사들이 있고, 이웃 도시인 피커링의 온타리오 호수 주변에 원자력 발전소도 있어서 전력을 쉽게 공급받을 수 있다.

윗비 (Whiteby) 북쪽에 작은 스키장들이 있다. - 다그마 (Dagmar) 스키장 (6개 리프트, 17개 코스, 최장 792m) 1220 Lakeridge Rd, Ashburn, ON - 레이크릿지 (Lakeridge) 스키장 (5개 리프트, 23개 코스) 790 Chalk Lake Rd, Uxbridge, ON - 스키로프트 (Skiloft) 스키장 (4개 리프트, 22코스) 722 Chalk Lake Rd. W, Uxbridge, ON

오사와는 광역토론토의 동부지역에서 가장 인구가 많아서 토론토 다운타운으로 가는 Go Train 통근열차도 운영하고, VIA Rail

장거리 열차도 정차 한다. 매우 넓은 역 광장은 누구나 편히 이용할 수 있도록 초대형 주차장으로 사용하고 있다.

<오사와 GM 캐나다>

<Via & Go Train Station>

오사와의 중심부는 시청이 있는 심코 스트리트 웨스트 (Simcoe St. W.)와 킹 스트리트 사우스 (King St. S.)가 만나는 곳에 형성되어 있으며, 자동차의 도시답게 일방통행 도로만 있어서 어느 시간대에도 막히지 않는다.

동부지역에 작지만 다양한 옛날 멋진 고급 자동차를 전시하는 박물관 (Canadian Automotive Museum Inc)과 옛날 탱크 등을 전시하는 온타리오 연대 탱크 박물관 (Ontario Regiment Museum)이 있다. 그리고 고속도로 Hwy 401에서 떨어져 있고 주로 여름철에만 개방하는 민속촌인 피커링 빌리지 박물관 (Pickering Village Museum)이 있다.

99 Simcoe St. S, Oshawa, ON (자동차 박물관)
1000 Stevenson Rd. N, Oshawa, ON (탱크 박물관)
2365 6th Concession Rd, Greenwood, ON (피커링 빌리지 박물관)

<오사와 시청>

<자동차 박물관>

동부지역 주민들이 휴식을 취하는 훌륭한 공원은 온타리오 호숫가에 있는 레이크뷰 (Lakeview) 공원 (Hwy 401 Exit 417 S)으로 야외 테이블, 놀이터, 모래비치 등을 제대로 갖추고 있어서 항상 많은 사람들이 이용한다. 또한 공원에는 1840년대 지어진 3개의 집 (Robin House, Guy House, Henry House)도 있다. 그러나 아쉬운 점은 2015년부터 바비큐를 금지하고 있다.

<레이크뷰 공원>

광역 토론토 서쪽의 도시

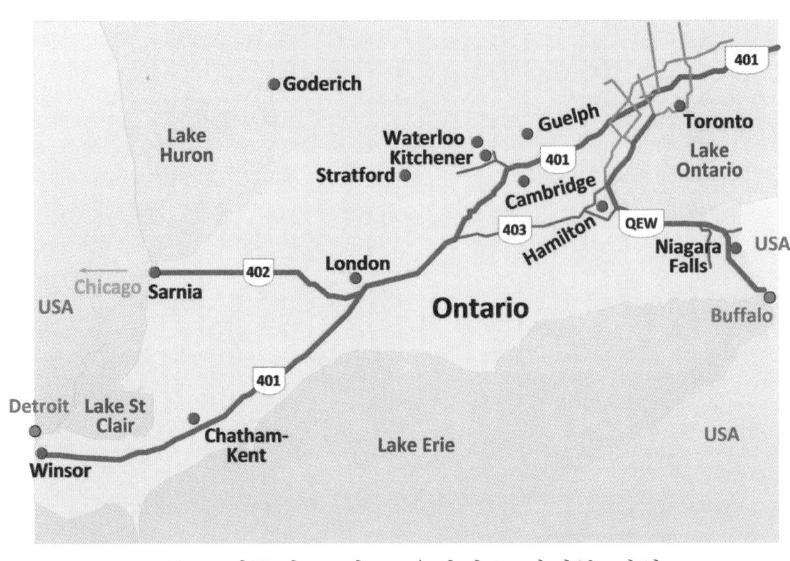

<토론토 서쪽의 도시 - 온타리오 남서부 지역>

1) 중공업이 발달한 산업도시 해밀턴

2011년 센서스에서 광역권 인구가 72만으로 조사되어 캐나다 9대 도시이다. 항구의 수심이 깊어서 스텔코 (Stelco), 도파스코 (Dofasco) 등의 제철 회사와 선박수리 회사 등이 있고, 시내 중심에는 의료분야에서 유명한 맥매스터 (McMaster) 대학이 있다.

71 Main St. W, Hamilton, ON (시청)

토론토에서 고속도로 Hwy QEW를 이용하여 나이아가라 폭포로 갈 때 해밀턴에서 산처럼 높은 다리를 지나간다. 온타리오 호수에서 항구가 있는 해밀턴만으로 대형 화물선이 접근할 수 있도록 고속도로 다리를 산처럼 높게 건설하였고, 일반도로의 다리는 상판을 하늘로 높게 들어 올릴 수 있도록 건설하였다.

<해밀턴 만 입구>

<군용 비행기 박물관>

<항구 주변의 철강 산업 단지>

해밀턴 비행장 입구에 캐나다 공군이 사용하였던 각종 군용기들을 많이 모아 놓은 군용비행기 박물관 (Canadian Warplane Heritage Museum)을 일반인에게 공개하고 있다.

9280 Airport Rd, Mount Hope, ON (군용 비행기 박물관)

해밀턴 만에 던던 캐슬 (Dundurn Castle) 공원과 세계 2차 대전과 한국 전쟁에 사용되었던 퇴역 HMCS 하이다 전함이 해밀턴 항구에 정박해 있다. (Haida National Historic Site) 좀 떨어진 곳에, 1813년 미국이 캐나다를 침공할 때 사용한 본부 건물이 Battlefield Park에 있다.

610 York Blvd, Hamilton, ON (던던 캐슬)
658 Catharine St. N, Hamilton, ON (HMCS 하이다 전함)
77 King St. W, Stoney Creek, ON (Battlefield Park)

해밀턴은 움푹 들어간 지형으로 낮은 곳은 다운타운 (Downtown), 높은 곳은 업타운 (Uptown)으로 형성된 도시이며, 브루스 트레일이 업타운과 다운타운 경계를 통과한다. 브루스 트레일은 던다스 밸리 (Dundas Valley)와 스펜서 조지 와일더니스 (Spencer Gorge Wilderness) 공원을 통과하며 셔먼 (Sherman), 티파니 (Tiffany), 웹스터스 (Webster's), 알비온 (Albion) 등의 작은 폭포들도 있다.

650 Governors Rd, Hamilton, ON (던다스 밸리 주차장)
99 Fallsview Rd, Dundas, ON (웹스터스 폭포)
52 Mud St, Hamilton, ON (알비온 폭포 근처 주소)

셔먼 (Sherman) 폭포 및 티파니 (Tiffany) 폭포 근처에 위치한 안케스터 올드 밀 방앗간 (Ancaster Old Mill)은 오늘날 결혼식 장소로 사용하고 있다.

548 Old Dundas Rd, Ancaster, ON (Hwy 403 Exit 64)

<Webster's Falls>

<Ancaster Old Mill>

해밀턴은 작은 도시이지만 타이거 캐츠 (Tiger-Cats) 프로 풋볼팀이 있고 해밀턴 팀 홀튼스 필드 (Tim Hortons Field) 홈구장이 다운타운에 있다.

64 Melrose Ave. N, Hamilton, ON (풋볼 구장)

해밀턴 서쪽에 인접한 브랜포드 (Brantford)는 작은 타운이지만 훌륭한 공연장이 있다. (The Sanderson Centre, 1,125석) 88 Dalhousie St, Brantford, ON

아프리칸 라이언 사파리 (African Lion Safari)는 행정 구역상 해밀턴이지만 과거 플램보로 (Flamborough) 지역을 통합한 곳으로 GPS가 캠브리지 (Cambridge)로도 인식할 수 도 있다. 개인 차량을 직접 운전하여 아프리카 맹수가 있는 공원으로 들어갈 수 있다는 것이 특징이지만 동물원에서 제공하는 투어버스도 이용할 수 있다. 1386 Cooper Rd, Hamilton, ON

2) 나이아가라 지역

나이아가라 지역은 관광지인 폭포 이외에도 하류에 위치한 나이아가라 온 더 레이크 (Niagara on the Lake), 고속도로 Hwy 406 주변에 위치한 세인트 캐더린스 (St. Catharines)와 웰랜드 (Welland) 등의 타운들이 더 있다. 이들 타운은 서로 근거리에 위치하여 동일한 생활권을 가지며 2011년 센서스에서 광역권 인구가 약 39만으로 조사되었다. (나이아가라 폭포 8만, 나이아가라 온 더 레이크 1.5만, 세인트 캐더린스 13만, 웰랜드 5만)

4310 Queen St, Niagara Falls, ON (나이아가라 폭포 시청)
1565 Four Mile Creek Rd, Virgil, ON (온 더 레이크 시청)
50 Church St, St-Catharines, ON (세인트 캐더린스 시청)
60 East Main St, Welland, ON (웰랜드 시청)

a. 캐나다와 미국 국경에 위치한 나이아가라 폭포

나이아가라 폭포는 남미의 이구아수 폭포, 아프리카의 빅토리아 폭포 등과 함께 세계 3대 폭포 중에 하나로, 캐나다 및 미국 사람은 물론이고 전 세계 누구나 한번쯤은 가보고 싶어 한다. 폭포는 캐나다와 미국 국경에 있지만 캐나다 쪽에서 관람하는 것이 훨씬 잘 보이고 주변 관광 시설도 훨씬 더 많다.

<캐나다에서 본 폭포>

<미국에서 본 폭포>

아주 먼 옛날 바다에서 융기하여 형성된 곳이 북미 대륙이며, 지역에 따라 각기 다른 높이로 융기를 하였는데 가장 심한 곳 중에 하

나가 나이아가라 폭포이다. 나이아가라 폭포의 높이는 약 50미터이지만 전 세계에서 유속이 제일 빠르다. 2개의 폭포 즉 오른쪽은 캐나다 홀슈 (Horseshoe) 폭포, 왼쪽은 미국 아메리칸 (American) 폭포가 있으며, 미국 고스트 (Ghost) 섬이 가운데 있다.

나이아가라 폭포 위력을 실감나게 관광하려면 유람선을 타고 폭포 밑까지 접근하거나 미국의 코트 섬 (Goat Island) 통해 바람의 동굴 (Cave of The Winds)을 거처 폭포 아래로 내려가야 한다. 아주 가까이서 폭포에서 떨어지는 엄청난 양의 물이 만들어내는 소리와 무지개를 볼 수 있다.

캐나다 나이아가라 폭포 입구에는 많은 놀이 시설이 있어서 관광객들이 폭포 관광과 함께 즐길 수 있다. 또한 실내 워터 파크 (Fallsview Indoor Water Park) 및 최신 시설을 갖춘 카지노가 있어서 사계절 많은 사람들이 나이아가라 폭포를 찾아온다. 카지노 리조트 근처에 위치한 스카일론 타워 (Skylon Tower) 전망대에 올라가면 회전 식당에서 식사를 하면 나이아가라 폭포를 전체적으로 조망할 수 있다.

5685 Falls Ave, Niagara Falls, ON (캐나다, 워터 파크)
5705 Falls Ave, Niagara Falls, ON (캐나다, 카지노)
6380 Fallsview Blvd, Niagara Falls, ON (캐나다, 카지노 리조트)
5200 Robinson St, Niagara Falls, ON (캐나다, 전망타워)
1 Goat Island Rd, Niagara Falls, NY (미국, 바람의 동굴 입구)
333 Prospect St, Niagara Falls, NY (미국, 전망대 / 선착장)

<나이아가라폭포 유람선>

<캐나다 지역 관광지>

b. 나이아가라 폭포 하류 강변 지역

나이아가라 폭포에서 강변도로를 따라 하류로 내려가면 급류 위를 운행하는 월풀 에어로카 타는 곳 (Whirlpool Aero Car), 관광용 헬리콥터 터미널 (Niagara Helicopters Limited), 수력 발전소 (Sir Adam Beck Hydroelectric), 지름이 12m나 되는 초대형 꽃시계 (Floral Clock) 등을 차례로 볼 수 있다.

3850 Niagara Pkwy, Niagara Falls, ON (캐나다, 케이블카)
3731 Victoria Ave, Niagara Falls, ON (캐나다, 헬리콥터 터미널)
14004 Niagara Pkwy, Niagara Falls, ON (캐나다, 꽃시계)

<케이블 카>

<꽃시계>

c. 와이너리 농장

대신 따뜻하고 건조한 기후로 인해 포도 등 과일 농장들이 즐비한 캐나다 최대의 와인너리 (Winery) 단지가 있다. 대표적인 곳은 토론토 가는 고속도로 Hwy QEW 근처에 있는 조단 빌리지 (Jordan Village)의 와인 상점들과 공장 견학이 가능한 포티 크릭 위스키 공장 (Forty Creek Distillery) 이다. 온타리오 호수와 함께 어우러진 포도밭이 있어 사진 촬영하기 좋은 콘젤만 와인 농장 (Konzelmann Estate Winery), 그리고 궁전 같이 건축한 콜라네리 와인 농장 (Colaneri Estate Winery)이 있다.

3836 Main St, Jordan Station, ON (와인 상점, QEW Exit 55)
297 South Service Rd, Grimsby, ON (위스키 공장, QEW Exit 74)
1096 Lakeshore Rd, Niagara-on-the-Lake, ON (콘젤만 와인농장)

348 Concession 6 Rd, Niagara-on-the-Lake, ON (콜라네리 와인농장)

술은 재료와 증류에 따라 다음과 같이 구분할 수 있다. - 포도를 발효하여 만드는 것이 와인이고 증류하면 브랜디 (코냑 등) - 보리를 발효하여 만드는 것이 맥주이고 증류하면 위스키 - 쌀을 발효하여 만드는 것이 막걸리이고 증류하면 소주

와이너리 농장들이 연합으로 세인트 캐더린스의 몬테벨로(Montebello) 공원에서 매년 9월 마지막 2번의 주말에 와인축제를 개최하고, 1월에 아이스와인 축제를 개최한다.

64 Ontario St, St-Catharines, ON (와인 축제)

<포도주 와이너리 농장>

<조단 빌리지>

<궁전 같은 와인너리 농장>

캐나다와 미국 양쪽 모두 나이아가라 관광지 근처에 쇼핑 몰 들이 있다.

- Outlet Collection at Niagara (캐나다 나이아가라, 초대형규모)
  300 Tylor Rd, Niagara-on-the-Lake, ON (Hwy QEW Exit 38B North)
- Canada One Factory Outlets (캐나다 나이아가라, 원 팩토리 아울렛)
  7500 Lundy's Ln, Niagara Falls, ON (Hwy QEW, Exit 30B North)
- Fashion Outlets of Niagara Falls (미국 나이아가라, 패션 아울렛)
  1900 Military Rd, Niagara Falls, NY (Hwy 190, Exit 22 or 23)
- Walden Galleria (미국 버펄로, 웰던 갤러리아 백화점)
  1 Walden Galleria, Cheektowaga, NY (Hwy 90, Exit 52E)

<캐나다 아울렛 컬렉션>

<캐나다 원 팩토리 아울렛>

<미국 나이아가라 아울렛>

<미국 버펄로 백화점>

포트 이어리 (Fort Erie)는 나이아가라 폭포의 상류이고 고속도로 QEW의 끝에 위치한 매우 조그만 타운이다. 미국 버펄로와 강을 중간에 두고 매우 가까운 거리에 위치하여 옛날 양국군대가 치열한 전쟁을 하였다. (Fort Erie Historical Museum) 또한 타운에서 조금 떨어진 고속도로 주변에 경마장 (Fort Erie Race Track)도 있다.

402 Ridge Rd. N, Fort Erie, ON (포트 이어리 박물관)
230 Catherine St, Fort Erie, ON (경마장)

d. 웰랜드 대운하 주변 도시

나이아가라 강변 관광지는 폭포에서 떨어지는 물 때문에 습도가 매우 높아 특히 겨울철 체감 온도가 매우 낮다. 따라서 현지 주민들은 주로 폭포에서 약간 떨어진 웰랜드 운하 주변 세인트 캐더린스 시티와 웰랜드 시티에 살고 있다.

세인트 캐더린스 시티는 전형적인 농촌 도시이지만 브락(Brock) 대학과 나이아가라 칼리지가 있어서 나이아가라에서 인구가 가장 많다. 또한 최근 개장한 대형 아울렛 쇼핑 몰인 캐나다 아울렛 컬렉션이 있다.

웰랜드 시티는 철강회사 등 약간의 산업 시설이 있고 불어를 사용하는 주민이 약 1/4이나 된다.

웰랜드 (Welland) 대운하
온타리오 호수 (Lake Ontario)와 이어리 호수 (Lake Erie)를 연결하는 강에 거대한 나이아가라 폭포 (높이 50m)가 있고 두 호수의 수면 차이는 약 100m나 된다. 따라서 1932년 계단 형태의 8개 관문 (Lock)이 있는 웰랜드 대운하 (깊이 24.4m x 폭 225.6m)를 건설하였다.

3) 키치너-구엘프 지역

a. 트라이 시티

트라이 시티 (Tri City)는 3개 도시, 즉 키치너, 워터루, 캠브리지를 합쳐서 부르는 말로 IT 산업과 자동차 부품 산업이 발달한 도시이다. 특히 이 지역은 독일계 주민이 많이 거주하고 있으며, 2011년 센서스에서 광역 인구가 48만으로 조사되어 캐나다에서 10째로 큰 도시이다.

56 Dickson St, Cambridge, ON (캠브리지 시청)
100 Regina St. S, Waterloo, ON (워터루 시청)
200 King St. W, Kitchener, ON (키치너 시청)

<캠브리지 다운타운>

<Southworks Antiques Outlet Market>

캠브리지 (Cambridge)는 트라이 도시의 제일 남쪽에 있는 도시이며, 다운타운은 옛날 고풍스런 건물들로 이루어져서 잠시 산책하기에 적당한 도시 이다. 다운타운에서 작은 강을 건너 근거리에 위치한 사우스웍스 (Southworks)는 옛날 앤티크 제품을 판매하는

마켓으로 많은 사람들의 사랑을 받으며 지역 주민은 물론 토론토에서도 앤티크를 좋아하는 사람들이 방문 한다.

64 Grand Ave. S, Cambridge, ON (엔티크 몰)

키치너는 과거에 "베를린"으로 부를 정도로 독일인들이 많이 거주하고 있으며, 매년 10월 캐나다 추수 감사절에는 바바리안 (Bavarian) 악토버페스트 (Oktoberfest) 축제를 약 9일 동안 개최하며 거리에서 퍼레이드를 할 때는 많은 인파가 몰린다.

17 Benton St, Kitchener, ON (축제 행사장)

트라이 시티의 문화 시설로 초대형 공연장 (Centre In The Square, 2,047석)이 키치너 다운타운에 있다. 101 Queen St. N, Kitchener, ON

b. 세인트 제이콥스 시장과 아미시 빌리지

트라이 시 주변 농촌에 아미시 (Amish) 들이 많이 살고 있다. 이들은종교적인 이유로 문명을 거부하며 주로 농업에 종사하며 살고 있다. 이들이 필요한 생필품과 생산품을 판매하는 세인트 제이콥스 (St Jacobs) 재래시장은 저렴한 가격에 매료된 종교와 무관한 일반인들이 상상을 초월할 정도로 엄청 나게 많이 이용한다.

878 Weber St. N, Woolwich, ON (Hwy 85 & King St N)

<전통 목조 시장 건물과 아미시 판매원>

세인트 제이콥스 시장은 농산물 이외도 여러 종류의 생활 용품이 있으며, 특히 인건비가 비싼 캐나다에서 수공업 제품은 엄청 비싸지

만 이곳 가구는 저렴하다고 소문이 나있다. 목조로 된 시장 건물과 야외 재래시장 이외에도 아울렛, 플레이 하우스, 빌리지가 있다.

> 아미시 (Amish)는 개신교의 한 분파로 17세기 이후, 독일어를 사용하는 독일인과 주변국 사람들이 종교의 자유를 찾아 북미지역으로 이주하여 정착하였다. 이들은 오늘날 까지도 공동체 생활을 하며 세속에 물들지 않으려고 문명생활을 거부하며 외부와 분리된 삶을 살고 있다. 여자는 머리에 수건을 남자는 모자를 쓰고, 학교는 중학교 (8학년) 까지만 다니며, 마을은 비포장도로이고 자동차 보다는 마차를 즐겨 이용한다. 외부인과 접촉이 많은 사람들은 주로 아미시와 종교적 뿌리가 같은 개방된 메노나이트 (Mennonite) 이다.

<야외 상설 시장과 아웃렛 몰>

재래시장에서 약 3km 떨어진 곳에 위치한 제이콥스 빌리지 (Village of St Jacobs)는 아미시의 생활상을 볼 수 있는 곳 이다.

1440 King N. St, Jacobs, ON

<Village of St Jacobs >

겨울철 다리 위에 얼음이 얼고 눈을 치우는 것이 어려워 지붕을 씌운 나무다리를 커버드 브리지 (Covered Bridge) 라고 부르며,

세인트 제이콥스 시장에서 20분 거리에서 (18km) 볼 수 있다.

5 Covered Bridge Dr, West Montrose, ON

<제이콥스 재래시장 근교 커버드 브릿지>

c. 섹스피어 공연으로 유명한 스트랏포드

인구 3만의 스트랏포드 (Stratford)는 토론토 서쪽 2시간 거리에 있으며, 다운타운의 시청, 법원 등 관공서 건물은 독특하게 건축되어 있어서 색다른 느낌을 받을 수 있다. 이 도시는 섹스피어가 태어난 영국의 고장과 지명이 동일하며 본 고장 보다도 더 잘 꾸며 놓았다는 평을 받는다.

1 Market Pl, Stratford, ON (시청)

<스트랏포드 중심지>

<퀸즈 공원 섹스피어 공연장>

다운타운에서 호수 주변을 따라 가는 긴 산책로는 섹스피어 (Shakespeare) 공연으로 유명한 퀸즈 공원 (Queens Park)까지 이어진다. 섹스피어 공연이 있을 때는 주변 도로에도 주차를 할 수 없을 정도로 많은 사람들이 이 도시를 찾는다.

55 Queen St, Stratford, ON

스트랏포드에서 서쪽으로 1시간 거리에 있는 가더리치 (Goderich)는 세계에서 소금을 제일 많이 생산한다. 겨울철 도로에 엄청난 양의 소금을 뿌리는데 그 많은 소금이 휴런 (Lake Huron) 호숫가에 위치한 시토 (Sifto) 지하 소금 광산에서 생산 된다. 그리고 이 타운을 흐르는 강에 급류를 타고 올라오는 송어가 있어서 유명한 낚시 장소이다.

d. 구엘프, 성모 마리아 성당

구엘프 (Guelph)는 2011년 센서스에서 광역 인구가 14만으로 조사되고 토론토에서 1시간 정도이지만 산업이 발달한 도시는 아니고 농촌지역에 있는 일반적인 도시이다. 캐나다에서 가장 유명한 농대인 구엘프 대학 (유콘 감자 개발)이 위치하고 있으며 이 대학의 수의학과는 캐나다에서 알아준다.

1 Carden St, Guelph, ON (시청)

외형이 아주 많은 뾰족한 지붕으로 된 매우 독특한 성모 성당 (Church of Our Lady Immaculate)이 있다.

28 Norfolk St, Guelph, ON (성당)

<구엘프 성모성당 외부>

<구엘프 성모성당 내부>

구엘프 (또는 제이콥스 시장) 북쪽 25분 거리에 채석장이었던 곳에 수영 및 다이빙이 가능한 아름다운 엘로라 퀘리 (Elora Quarry)가 있다.
319 Wellington 18, Centre Wellington, ON

4) 온타리오 런던-윈저-사니아 지역

a. 조용한 교육의 도시 런던 온타리오

런던 (London) 온타리오 광역권은 인구가 2011년 센서스에서 47만으로 조사되어 캐나다에서 11번째로 큰 도시이지만 조용한 도시이다. 토론토에서 서쪽으로 2시간 떨어져 있으며 한때 한인 유학생 부모들이 선호하던 지역이다.

런던 온타리오는 도시의 거리에 금속으로 만든 나무에 다양한 색을 입혀 세워 놓는 등 그린 에너지를 강조하는 도시이다.

다운타운에는 시청, 문화 행사를 종종 개최하는 빅토리아 공원 (Victoria Park) 및 공연장 (Centennial Hall, 1,250석)이 있으며, 지역에서 제일 큰 생 피터스 대성당 (St Peter's Cathedral Basilica)도 있다.

300 Dufferin Ave, London, ON (시청)
196 Dufferin Ave, London, ON (생 피터스 대성당)
550 Wellington St, London, ON (공연장)

<생 피터스 대성당>

<다운타운 거리>

다운타운의 서쪽 외각 템스 강 (Thames River) 주변에 있는 스프링뱅크 (Springbank) 공원에는 바비큐 및 체육시설은 물론이고 어린 자녀들을 위한 스토리북 정원 (London Storybook Garden) 까지 있어서 온타리오 주의 서남부권 시민들이 많이 이용 한다.

1958 Storybook Ln, London, ON (스토리북 정원)

<관광안내소의 태양광 나무>

<스트리북 정원>

지역 경제는 웨스턴 온타리오 대학을 중심으로 바이오산업이 활발하고, 미국의 자동차 도시 디트로이트와 2시간 거리에 있어서 외각 지역인 우드스탁 (Woodstock)에 도요다 자동차 공장과 인저솔 (Ingersoll)에 GM 자동차 공장이 있다. 또한 화학도시 사니아 (Sarnia)에서 오는 고속도로 Hwy 402와 자동차 도시 윈저 (Winsor)에서 오는 고속도로 Hwy 401이 만나는 곳에 위치하고 있고 있어서 주변 산업 도시들의 배후에서 교육, 의료, 금융 등의 서비스를 제공하는 거점 도시 이다.

> 온타리오 남부지역의 서쪽 끝, 윈저에서 동쪽 끝, 오타와까지 백색 다람쥐가 조금씩 서식하고 있다. 온타리오 런던의 북쪽 50분 거리에 백색 다람쥐 고향으로 선언한 조그마한 엑시터 (Exeter) 타운이 있다

b. 자동차의 도시 윈저

윈저 (Windsor)는 2011년 센서스에서 이 도시의 광역권 인구가 32만으로 조사되었다. 이 도시 강 건너편에 세계 제일의 자동차 도시 미국 디트로이트가 있다. 나라는 다르지만 디트로이트와 산업적으로 연결되어 자동차 부품 회사들이 많다. 이 도시의 카지노는 캐나다에서 최대 규모 중에 하나이며 디트로이트가 매우 잘 보이는 강변에 있다. 2000년대에 크라이슬러 자동차 회사가 파산하고 나머지 GM과 포드 자동차회사도 어려운 상황 이어서 이곳에 정착해서 비즈니스를 하던 한인들이 다른 어느 지역 못지않게 엄청 어려움을 겪었다. 다행히 시간이 지나면서 미국 경제도 나아지고 자동차 판매량도 상당부분 회복되면서 윈저의 지역 경제가 나

아지기 시작했다.

400 City Hall Sq. W, Windsor, ON (시청)

세계에서 4번째로 많아 팔리는 캐나디언 클럽 위스키 공장 (Canadian Club Brand Centre)이 윈저에 있고 투어가 가능하다.
2072 Riverside E, Windsor, ON

윈저 시민 문화시설로 1,200석의 공연장 (St. Clair College Centre for the Arts)이 다운타운 강변에 있다.
201 Riverside Dr W, Windsor, ON

차탐켄트 (Chatham-Kent)는 윈저와 런던의 중간에 위치한 인구 5만미만의 조그만 타운이다. 캐나다가 노예제도를 폐지한 (1833년) 이후부터 미국 남북전쟁 (1861년-65년)까지 미국 남부의 노예들이 캐나다로 도망쳐 오던 주요한 지역이다. (African-Canadian Heritage Tour) 오늘날은 삼성물산이 건설한 풍력타워가 주변 농장 곳곳에 있다.

c. 원유 정제 시설이 있는 사니아

사니아 (Sarnia)는 2011년 센서스에서 인구가 9만으로 조사되어 작은 도시이지만 휴런 호수의 제일 남단이면서 미국과 국경에 위치하고 있어서 서부 원유를 토론토 등 동부지역으로 가져 오는데 가장 짧은 루트에 위치하고 있다.

255 Christina St. N, Sarnia, ON (시청)

이 도시는 지리적인 이점을 살린 정유공장 (Refining), 화학공장, 가스시설 들이 많이 있어서 케미컬 밸리 (Chemical Valley)로 불린다. 이 도시 근교의 오일 스프링스 (Oil Springs)는 북미 대륙에서 처음으로 상업용 원유를 생산한 곳이다. 이 도시의 주요 정유회사는 Shell, Imperial, Suncor Energy 등 이고, 주요 화학회사는 NOVA Chemicals, Bayer, Cabot, Ethyl 등 이다.

또한 이곳은 오대호의 운하가 있고 토론토에서 시카고로 가는 고속도로 Hwy 402의 끝에 위치한 교통의 요충지이다. 연휴 때 이곳의 국경을 통과 하려면 적어도 1시간 이상을 기다려야 할 정도로 많은 차량들이 이곳을 경유한다.

광역 토론토 북쪽 관광 타운

해외에서 손님이 오면 서쪽 나이아가라 폭포로 관광을 가지만, 토론토에 살고 있는 시민들이 여가활동으로 가장 많이 찾는 지역은 북쪽지역이다. 따라서 북쪽으로 빠지는 고속도로 Hwy 400은 주말에 종종 교통 체증이 심하다.

토론토 북부지역 관광은 토론토에서 1시간 거리의 심코 호수(Lake Simcoe) 변에 위치한 베리 (Barrie)에서 부터 시작된다. 이곳부터 북쪽으로 산과 호수가 시작되며 수많은 숙박 시설과 야외 여가 활동을 위한 시설들이 곳곳에 산재해 있다.

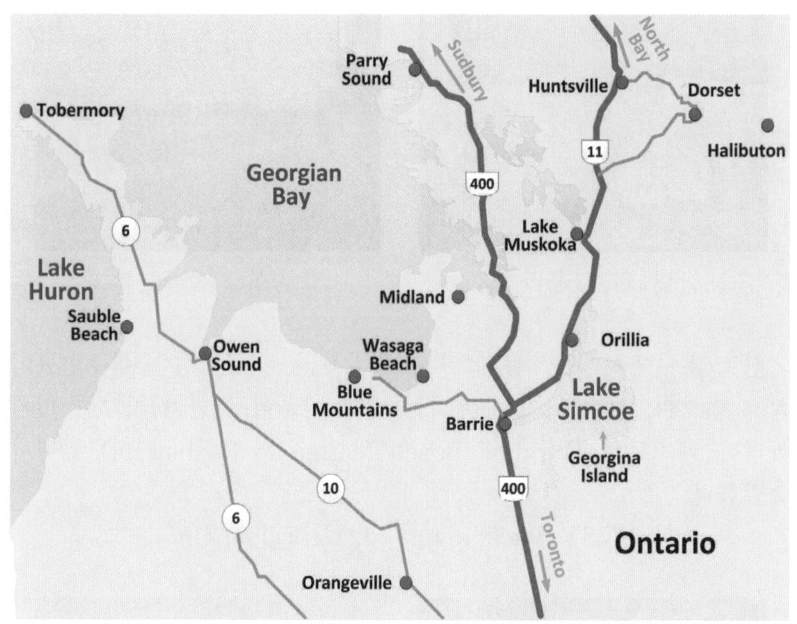

<토론토 북부지역 주요 지역 및 도로>

1) 심코호수와 주변 북쪽 지역

a. 심코호수

심코 호숫가에 있는 베리 (Barrie) 타운의 센테니얼 (Centennial) 비치는 그리 크지는 않지만 토론토에서 비교적 가까워 여름철 주말은 매우 많은 피서객 들이 몰린다. 베리는 단순히 관광타운으로만 생각할 수 도 있지만 토론토 북부지역의 중심 도시 역할도 하여 광역 인구가 제법 많은 19만이나 된다.

70 Collier St, Barrie, ON (시청)

베리 타운에서 북쪽 30km에 위치한 오릴리아 (Orillia)는 베리보다 도시가 많이 작지만 각종 숙박 및 야외 활동을 할 수 있는 시설들이 있어서 역시 많은 토론토 시민들이 이용한다.

50 Andrew St. S, Orillia, ON (시청)

<베리 다운타운>

<심코 호수>

심토 호수에서 제일 큰 섬인 조지나 (Georgina) 섬은 원주민들이 살고 있으며, 섬으로 가는 페리는 베리 타운이 아닌 버지니아 비치 마리나 레스토랑 (Virginia Beach Marina & Restaurant) 앞에서 출발한다.

7751 Black River Rd, Georgina, ON

<오릴리아 호수변 식당>

<조지나 섬 가는 선착장>

b. 블루 마운틴과 와사가 비치

블루 마운틴 (Blue Mountain)은 토론토에서 2시간 거리에 위치한 온타리오 최대의 스키 리조트 단지로, 스키, 골프는 물론이고 야외 활동을 위한 매우 다양한 시설을 갖추고 있어서 사계절 항상 많은 사람들이 찾아온다. 리조트의 숙박시설은 개인 주택 같이 요리를 할 수 있도록 부엌을 포함하여 거실, 침실 등을 제대로 갖추고 있어서 편안한 휴식 시간을 가질 수 있다.

156 Jozo Weider Blvd, Blue Mountains, ON

<블루 마운틴 빌리지>

<블루 마운틴 스키장>

나이아가라 폭포에서 토버머리 (Tobermory)까지 수백 km 구간에 거대한 계단 같이 형성 된 지형이 곳곳에 있으며, 이중 비교적 높은 지형인 블루 마운틴에 스키장을 건설하였다. 산이 아닌 언덕에 스키장을 만들다 보니 초보자, 중급자 슬로프가 많고 상급자 코스가 부족하고 무엇보다 슬로프 길이가 짧은 것이 단점이다.

<와사가 비치>

블루마운틴에서 약 30분 정도 떨어진 조지안 만 (Georgian Bay)에 토론토 시민이 가장 많이 찾는 와사가 비치 (Wasaga Beach)가 있다. 와사가 비치는 긴 모래사장이 있고 바다 같은 호수이지만 수심이 낮아서 어린이를 동반한 가족이 많이 찾는다.

90 Beach Dr, Wasaga Beach, ON

<토론토 근교 주요 스키장>

스키장	특징
Blue Mountain (조지안 베이)	- 42개 코스, 최장 1.6km, 16개 리프트 - 대규모 숙박 및 야외활동 시설
Horseshoe (Hwy 400 Exit 117)	- 29개 코스, 최장 670m, 8개 리프트 - 대규모 숙박 리조트
Mount St Louis Moonstone (Hwy 400 Exit 131)	- 40개 코스, 최장 1.6km, 13개 리프트
Snow Valley (Hwy 400 Exit 96B)	- 20개 코스 - 슬로프 높이가 81m로 작은 스키장

c. 미들랜드와 페리 사운드

조지안 베이 (Georgian Bay)에 약 3만 개의 섬들이 있다고 한다. 미들랜드 (Midland)와 페리 사운드 (Parry Sound)는 이들 수많은 섬들을 투어 하는 선착장이 있는 작은 타운이다.

177 King St, Midland, ON (Island Boat Cruises)

9 Bay St, Parry Sound, ON (Island Queen Cruise)

<미들랜드 선착장>

<페리 사운드 선착장>

페리 사운드로 가는 고속도로 Hwy 400은 검은색 돌산들이 많아서 드라이브 코스로도 훌륭한 곳이다. 또한 페리 사운드의 박물관 (West Parry Sound District Museum)에 가면 높은 전망대가 있어서 넓은 지역까지 주변 경치를 볼 수 있다.

17 George St, Parry Sound, ON (전망대)

미들랜드 반도의 호수 주변에 휴론 민속촌 (Sainte-Marie among the Hurons)과 디스커버리 하버 (Discovery Harbour)가 있다.

16164, Highway 12 E, Midland, ON (휴론 민속촌)
93 Jury Dr, Penetanguishene, ON (디스커버리 하버)

<휴론 민속촌>

<디스커버리 하버>

d. 무스코카

무스코카 (Muskoka)는 토론토 북쪽 2시간 거리에 위치하며, 증기로 운영되는 유람선 (Muskoka Steamship Cruises) 으로 유명하다. 유람선 선착장의 산책로는 이국적인 분위기를 느낄 수 있으며, 특히 가을철 유람선을 타고 호수와 붉게 물든 주변 경관을 관람 할 수 있다.

185 Cherokee Ln, Gravenhurst, ON (Hwy 11, Exit 169)

무스코카의 증기유람선 선착장에서 30분 거리의 발라 (Bala)에서 10월 크렌베리 (Cranberry) 축제가 열린다. 물을 농장에 넣어 저수지 같이 한 다음 수확하기 때문에 그 풍경이 장관이다.

3181 Muskoka 169, Bala, ON (축제)
1074 Cranberry Rd, Bala, ON (Johnston's 농장)

<무스코카 증기 유람선>

<무스코카 타운>

e. **알콘퀸** (Algonquin)

무스코카에서 북쪽으로 1시간 거리에서 시작하는 알콘퀸 국립공원은 높은 산이 거의 없고 나지막한 산과 호수로 이루어져 있다.

<돌셋 전망대에서 본 알콘퀸>

<알콘퀸 가는 고속도로>

가을철 단풍 시즌에 발밑이 훤히 보이는 철탑인 돌셋 전망대(Dorset Lookout Tower)에 올라가면 고공 공포감과 온 세상이 붉게 물든 광활한 자연의 아름다움을 더욱 실감나게 볼 수 있다.

1191 Tower Rd, Hwy 35, Dorset, ON

알콘퀸 공원의 할리버튼 (Harliburton)은 가을철 매우 아름다운 단풍마을로 종종 소개되며 많은 사람들의 사랑을 받는다.

2) 브루스 반도와 주변 지역

a. 오렌지빌과 제주 올레길

오렌지빌 (Orangeville) 근처에 비포장도로가 많은 하클리 벨리 (Hockley Valley) 자연보존지역과 모노 클리프스 (Mono Cliffs) 공원이 위치하고 있어서 등산을 즐길 수 있다. 이 지역을 지나는 브루스 트레일 (Bruce Trail) 등산로를 캐나다 올레 길로 지정 하였다. (2011년 9월 10일)

캐나다 올레길 입구는 제대로 개발하지 않아 등산로 입구를 찾는데 애를 먹을 수 있다. 등산로 입구는 Hockely Rd.와 2ND LINE EHS 도로가 만나는 곳에 있고 비포장 주차장은 약간 떨어진 곳에 있으며 입구에 “Hockely Valley" 라는 표지판이 있다.

(주차장 바로 옆 개인 주택 주소)

307375 Hockely Rd, Orangeville, ON

<올레길 공원 주차장>

<모노 클리프 등산로>

이웃하는 모노 클리프 (Mono Cliff) 주립 공원에도 올레 길과 비슷한 등산로가 있다. 공원 주차장은 종일 주차만 받고 비싼 편으로 거의 이용을 하지 않고 주로 모노 커뮤니티 (Mono Center Community Center) 주차장을 이용한다.

754483 Mono Centre Rd, Mono, ON (모노 커뮤니티 주차장)

795086 3 line E, Mono, ON (모노 클리프스 공원 주차장)

b. 브루스 반도

브루스 반도 (Bruce Peninsula)는 토론토를 기준으로 서북 방향으로 놓여 있는 반도이다. 오원사운드 (Owensound)는 반도가 시작되는 호숫가에 위치하고 있어서 여행객들이 휴식을 취하는 작은 타운이지만 반도에서는 제일 크다.

오윈사운드는 반도의 오른쪽에 있지만 반대로 반도의 왼쪽으로 가면 휴런 (Lake Huron) 호숫가에 아주 훌륭한 온타리오 최대의 샤블비치 (Sauble Beach)가 있다.

나이아가라에서 시작하는 브루스 트레일 절벽을 라이언서 헤드레드 비치 (Lion's Head Beach)에 가면 볼 수 있다. 1 Forbes St, Lion's Head, ON (비치)

브루스 반도 끝에 위치한 토버머리 (Tobermory)는 매우 작은 항구 타운이다. 주변은 한적하게 휴식을 취하기 위한 개인 숙박 시설들로 꽉 차 있어서 바닷가 드라이브나 산책이 쉽지 않다. 다만 빅 튜브 도로 (Big Tube Rd) 끝으로 가면 주차가 가능하고 호숫가로 갈 수 있다.

토버머리 항구에서 보트 투어를 이용하여 약 30분 정도면 플라워 포트 (Flower Pot) 아일랜드에 갈 수 있다. 호수의 물은 너무 맑아서 호수 바닥에 가라앉힌 배도 볼 수 있다. 섬의 선착장에서 산속 긴 산책로를 따라 가면 긴 세월 동안 풍화 작용으로 퇴적암이 깎여 생긴 플라워 포트에 도달 할 수 있다.

8 Bay St, Tobermory, ON (보트투어 선착장)

<토버머리 항구>

<플라워 포트 아일랜드>

광역 토론토 동쪽의 도시

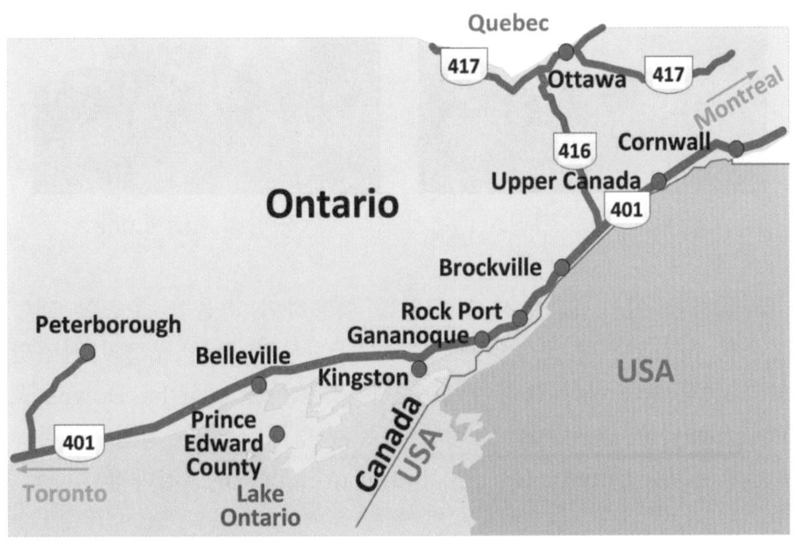

<토론토 동쪽의 도시 - 온타리오 남동부지역>

1) 광역 토론토 근교

a. 피터보로

피터보로 (Peterborough)는 아이리시 (Irish) 사람들이 많이 사는 도시이며, 시청이 있는 다운타운 “George St N” 거리는 특이한 옛 빌딩들을 최대한 살려 고풍스럽게 단정하였다. 또한 다운타운에서는 각종 공연도 종종 개최한다.

500 George St. N, Peterborough, ON (시청)

나이아가라 폭포 근처에 있는 웰랜드 (Welland) 대운하를 건설하기 전까지 사용하였던 작은 운하가 이 도시를 지나간다. 이 작은 운하는 트렌트 서번 워터웨이 (Trent Severn Waterway)로 불리며 사무엘 샹플랭 (Samuel Champlain)이 1615년 오대호 상류로 가는 뱃길을 개척한 루트이다. 이 운하에 옛날 건설한 세계 최대 수압식 거대 수문 (Lift Lock)은 오늘날 공원으로 조성하였다.

310 Hunter St. E, Peterborough, ON (Lift Lock)

<다운타운 거리>

<수압식 Lift Lock>

자동차나 기차 없던 시절 운하를 이용하여 화물을 운송할 때는 중요한 도시였으나 오늘날은 일부 항공회사와 작은 규모의 산업만 있고 성장 동력이 부족하여 1972년 경마장 (Kawartha Downs & Speedway)을 건설하고 1999년 자동차 경주 시설을 확장하였다.

1382 County Rd. 28, Peterborough, ON (경마장)

b. 벨빌

벨빌 (Belleville)은 피터보로보다 작은 도시이지만 토론토로 가는 고속도로인 Hwy 401 옆에 있어서 산업 단지가 형성되어 있다. 다운타운은 작은 시냇물 주변에 형성되어 있으며, 걸어서 20분이면 충분히 둘러 볼 수 있을 정도로 작다.

169 Front St, Belleville, ON (시청)

<다운타운 입구>

<다운타운 시청 주변>

벨빌 인근 트렌턴 (Trenton)에 공군비행기를 전시하는 박물관이 있다.
220 RCAF Rd, Trenton, ON (National Air Force Museum)

포트 호프 (Port Hope) 타운은 토론토 서쪽 1 시간 거리에 위치하며 연어 낚시로 유명하다. 태어났던 곳으로 돌아와 부화를 하고 죽음을 맡는 연어 떼들이 아주 작은 강을 따라 거슬러 올라간다. 고속도로 Hwy 401 (Exit 464) 밑으로 흐르는 작은 셋 강에 장애물인 보가 있다. 이는 피시 레더 (Fish Ladder)로 불리며 매년 9월 이면 이를 통과하기 위하여 사투를 벌이는 연어의 모습을 볼 수 있다.
1 McKibbon St, Port Hope, ON (피시 레더)
20 Queen St, Port Hope, ON (관광 안내소)

샌드뱅크스 (Sandbanks)는 토론토 주변 3대 비치로 프린스에드워드 카운티 (Prince Edward County)에 위치하고 있다. 수심이 낮고 안전하며 대규모 인원이 즐길 수 있을 정도로 모래사장이 길고 캠핑장도 함께 이용할 수 있다.

2) 킹스턴과 세인트로렌스 강변 도시

a. 킹스턴

킹스턴은 몬트리올과 토론토의 중간에 위치하고 미국과 국경을 하고 있어서 큰 도시일 것이라고 상상 것과 달리 인구 12만 정도의 작은 도시이다. 90% 이상이 백인으로 유색인종이 거의 없다. 온타리오 호수 동쪽 끝에 위치하고 있어서 이곳부터 동쪽으로 갈수록 겨울철에 눈이 많이 내린다.

킹스턴은 공공기관 의존가 높은 도시로 대표할 만큼 큰 산업이 없으며 여러 개의 작은 기업과 상점이 산재해 있는 소비도시이다. 다만 몬트리올에 본사를 두고 있는 봄바디에르 (Bombardier) 킹스턴 회사가 용인 경전철을 제작하여 한국에 일부 알려 졌다.

항구 옆에 위치한 시청 건물은 1844년 킹스턴 시가 퀘벡과 온타리오 주를 합친 "캐나다 주"의 수도였을 당시 정부 청사 건물로 사용하려고 건축 되었으나 오타와로 수도가 이전해 가는 바람에 오늘날은 킹스턴 시청으로 사용하고 있다.

216 Ontario St, Kingston, ON (시청)

<킹스턴 시청>

<초대 수상의 벨뷰 하우스>

킹스턴 지역 정치인이었던 존 아보트 맥도날드 경 (Sir John A MacDonald)은 1867년 캐나다 연방 국가를 만들고 초대 수상을 지냈다. 그가 킹스턴에 머물던 주택은 "아름다운 집" 이란 뜻의 벨뷰 하우스 (Bellevue House)로 명명되며 오늘날 역사적인 유적지로 관리되고 있다.

퀸즈 대학교에서 가까운 온타리오 호수 주변, 킹 스트리트 웨스트 (King St W) 도로를 따라 작은 관광 시설물이 여러 개 있다. 오대호 해양 박물관 (Marine Museum of the Great Lakes), 옛날 증기 기관을 전시하는 펌프 하우스 박물관 (Pump House), 호수 건너 미국의 침공을 방어하기 위한 머니 타워 (Murney Tower), 초대 수상의 집 벨뷰 하우스, 그리고 죄수들을 동원하여 건축한 대저택에 있는 교정시설 박물관 (Corrections Canada Museum) 등이 차례로 있다.

55 Ontario St, Kingston, ON (오대호 해양 박물관)
23 Ontario St, Kingston, ON (펌프 하우스)
King St. W, Kingston, ON (머니 타워)
35 Centre St, Kingston, ON 벨뷰 하우스)
555 King St. W, Kingston, ON (교정시설 박물관)

캐나다의 명문인 퀸즈 대학교 (Queen's University)는 시청에서 서쪽으로 걸어서 10분 거리, 벨뷰 하우스에서 동쪽으로 5분 거리인 중간에 위치하고 있다. 캠퍼스는 오래된 건물과 현대식 건물이 조화를 이루고 있다.

99 University Ave, Kingston, ON

<퀸즈 대학교>

<포트 핸리 군사 기지>

킹스턴은 미국과 국경을 접하고 있는 지리적인 여건으로 인하여 왕립사관학교 (Royal Military College of Canada)가 있고, 그 옆에 군사적 요충지인 포트 핸리 (Fort Henry)가 있다. 포트 핸리에서 전쟁을 한 적은 없으나 과거 미국이 독립한 이후 캐나다를 공격할 수 있는 주요 경로이므로 이곳에 방어진지를 구축하였다.

1 Fort Henry Dr, Kingston, ON

b. 킹스턴 천섬 관광지 주변

a) 카지노 타운 가나노크

카지노가 있는 가나노크 (Gananoque, hwy 401 exit 648)는 천섬 관광의 배후 타운으로 약 6천명이 거주하며, 카지노를 비롯하여 천섬 관광을 위한 숙박 및 야외 레저 서비스가 이 작은 타운의 주요 수입원이다.

b) 킹스턴 천섬 관광지

온타리오 호수가 끝나는 킹스턴에서 퀘벡 주까지 천개가 넘는 섬들로 이루어진 강이 있다. 이곳은 강 위에 떠 있는 것 같은 작은 섬들이 어울려 오늘날 반드시 거쳐야 하는 유명한 천섬 (1000 Islands) 관광지가 되었다.

천섬 관광의 하이라이트는 미국의 월도프-아스토리아 호텔 (Waldorf-Astoria Hotel)을 소유했던 미국인 부호 조지 볼트 (George Bolt)가 부인을 위하여 하트 아일랜드 (Heart Island)에 지어 놓은 볼트 성 (Boldt Castle) 이다. 볼트 성의 외부는 마치 마법의 성 같이 매우 특이하여 관광객들의 마음을 사로잡기에 충분하지만 건축공사를 시작한지 4년 만에 부인이 사망하여 내부 공사는 미완성되어 의외로 단조롭다.

1 Tennis Island Rd, Alexandria Bay, NY (미국 볼트 성)

크루즈나 보트는 킹스턴 (Kingston)에서 브락빌 (Brockville)까지 강을 따라 여러 곳에서 이용할 수 있으며 그 중 가장 많이 이용하는 곳은 킹스턴에서 동쪽으로 40분 거리의 하류에 위치한 락포트 (Rock Port)로 고속도로에서 접근이 가장 용이하다. 볼트 성이 미국 땅에 있지만 배에서 내리지 않으면 여권이 필요

<락포트 선착장>

없다.

23 Front St, Rockport, ON (Hwy 401 Exit 661 S, 락포트)

1 Brock St, Kingston, ON (킹스턴 시청 앞 항구)

47 James St, Alexandria Bay, NY (미국 뉴욕 주 출발)

시간이 허락한다면 고속도로 Hwy 401 (Exit 648과 Exit 685 사이)과 평행하게 있는 천섬 강변 도로 (1000 Island Pkwy.)를 드라이브 하는 것을 권하고 싶다. 가을철 단풍이 무르익을 때 이 도로를 달리면 붉게 물든 단풍, 강 위에 떠 있는 조그마한 섬들 그리고 섬 자락 귀퉁이에 매달린 집들은 여행자들 멈추게 할 정도로 충분히 아름답다.

<천섬 강변도로 주변>

c) 브락빌 타운

천섬 관광지 하류에 있는 브락빌 (Brockville)은 인구가 2만 명 조금 넘는 작은 도시로 식품 처리가공, 의약품, 물류 분야의 산업 시설들이 2개의 작은 공단을 이루고 있다.

1 King St. W, Brockville, ON (시청)

<브락빌 시청>

<브락빌 다운타운>

c. 콘올과 어퍼캐나다 빌리지

a) 퀘벡 주가 가까운 콘올

콘올 (Cornwall)은 인구가 5만 명이 안 되는 중소도시로, 몬트리올에 가장 가까운 온타리오 주의 도시로 1시간 정도 떨어져 있다. 이러한 지리적 여건으로 인해 가톨릭 학교가 많고 불어를 구사할 줄 아는 주민이 많다.

과거 이 도시는 목화를 가공하는 산업의 고장이었으며, 직원 3천 명의 면직 가공 회사 (Courtaulds Canada, Inc)가 1992년 까지 있었다. 또한 퀘벡에 본사가 있는 종이 회사 (Domtar)도 100년 동안 이 도시에서 공장을 가동하였다. 그러나 오늘날은 다리 하나만 건너면 미국인 지리적인 이점을 활용하여 물류산업이 이 도시에 발달하였다. 이곳의 월마트 물류시설은 캐나다에서 제일 크며, 다른 대형 물류회사들도 이 도시에 시설들을 운영하고 있다. 이도시의 또는 다른 산업 시설은 풍부한 물을 이용한 수력발전소 이다.

<콘올 다운타운>

<콘올 강변 공원>

도시의 다운타운은 1 시간이면 모두 볼 수 있을 정도로 크지 않으며, 다운타운의 강변에 크고 긴 공원을 잘 조성하여 시민들 휴식 공간으로 활용하고 있다. 이곳에 공공 스포츠시설 및 지역 헤리티지 박물관이 있다.

이 도시 주변은 팔뚝만한 민물고기들이 잡히는 곳으로 유명하며, 특히 다도해 같은 작은 섬들을 연결하는 11km 도로인, "Long Sault Pkwy" (Hwy 401 exit 770 S)는 낚시 장소로 유명하다. 여름철이면 카프 (Carp), 올아이 (Walleye), 바스 (Bass), 파이크 (Pike), 퍼치 (Perch) 등의 대형 물고기를 낚시하는 꾼들이 몰려든다. 과거 이 도로는 유로였으나 2012부터 무료로 오픈하고 대신 캠핑장 및 비치 입구에서 입장료를 받는다.

콘올 타운에서 세인트로렌스 강을 따라 하류에 위치한 서머스타운 (Summerstown, Hwy 401 Exit 804 S)에는 여름철은 물론 겨울철에도 춥지 않게 낚시를 즐길 수 있도록 꾸며 놓은 예쁜 집이 강가에 있다.

360 Pitt St, Cornwall, ON (시청)

b) 미국과 전쟁하여 승리한 어퍼캐나다 빌리지

천섬에서 세인트로렌스 강 하류로 1시간 거리에 위치한 어퍼 캐나다 빌리지 (Upper Canada Village)는 전통 민속촌이다. 1783년 미국이 독립한 이후 1812년 캐나다를 침공하여 영국과 미국 군대가 전쟁을 하였던 농장을 (Battle of Crysler's Farm War of 1812) 오늘날 전장공원으로 조성하였다. 공원 한쪽 편에 민속촌 빌리지가 있고 주변에 골프장과 야생 조류 보호구역도 함께 있다.

5591 Stormont, Ingleside, ON (Hwy 401, Exit 758 S)

<어퍼 캐나다 빌리지 입구>

<어퍼 캐나다 전장공원>

3) 캐나다 수도 오타와

a. 행정 및 IT 산업 첨단 도시

오타와 (Ottawa)는 관광으로 많이 알려졌지만 행정 도시이고 IT 산업 도시로 동일 생활권 광역인구가 2011년 센서스에서 124만으로 (인근 퀘벡 주의 가티노 (Gatineau) 지역 포함) 조사되어 캐나다 4대 도시이다. 오타와는 토론토까지 4시간 30분, 몬트리올까지 2시간 거리에 있고 오타와 강만 건너면 바로 퀘벡 주 이다.

110 Laurier Ave. W, Ottawa, ON (시청)

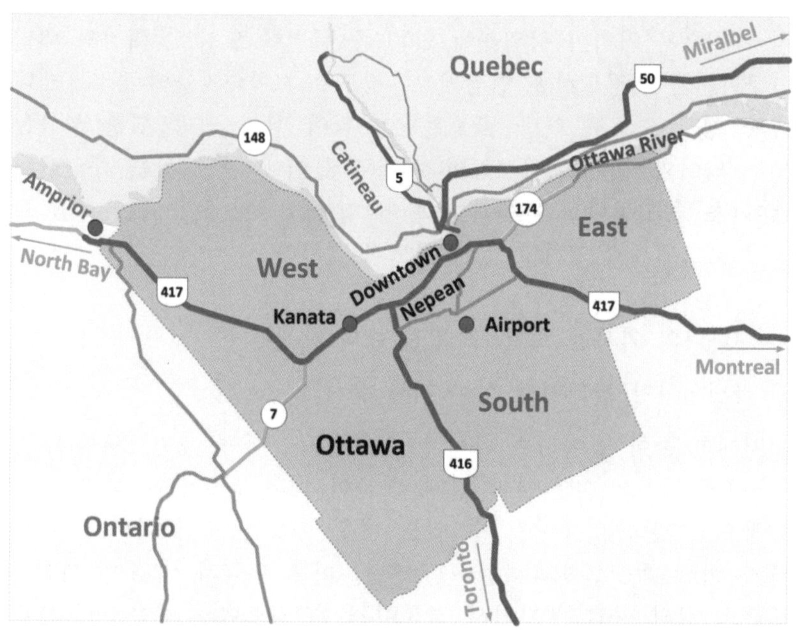

<오타와 광역권 주요 지역 및 도로>

다운타운에서 서북쪽으로 고속도로 Hwy 417을 따라 20분 정도 떨어진 카나타 (Kanata)는 첨단 IT 기업들이 몰려 있는 산업지역이다. 특히 노텔 (Nortel)은 과거 광통신 장비 분야에서 세계 1위 대기업이었다. 또한 항공 및 방위 산업 분야의 첨단 기업들도 제

법 많아 각종 군용 항공기부터 민간 항공기까지 매우 다양한 비행기들을 전시하는 캐나다 항공우주 박물관 (Canada Aviation & Space Museum)이 있다.

11 Aviation Pkwy, Ottawa, ON (Hwy 417, Exit 113B)

총독 관저의 동쪽에 위치한 락클리프 (Rockcliff) 지역은 오타와의 전통적인 부촌이며 남쪽으로 가는 고속도로 Hwy 417 옆, 시다힐 (Cedarhill) 골프장 주변도 부촌이다. 그러나 오타와는 다른 도시에 비하여 빈부 격차가 크지 않은 도시로 공무원이나 안정된 직장인이 대부분으로 부촌이나 빈민촌이 큰 의미가 없다. 학교 평가에서 대부분 지역이 상위권에 있는 좀 특별한 도시로, 대전의 대덕 연구단지와 행정도시를 연상케 할 정도로 고학력자들이 많다. 캐나다의 행정 수도로 연방 공무원들이 많이 살고 연방 행정 서류는 모두 영어와 불어로 작성해야 하므로 불어에 관심 있는 주민들이 많아 초·중·고등학교 대부분이 불어 집중 (French Immersion) 교육 프로그램을 운영하고 있는 점도 특별하다.

b. 캐나다의 역사를 느낄 수 있는 오타와 관광

a) 국회의사당 팔러먼트 힐과 리도 운하

거대한 물이 떨어지는 나이아가라 폭포가 있는 세인트로렌스 강은 미국 남부의 미시시피 강과 더불어 대형 화물선이 북미 대륙 중앙으로 깊숙이 들어갈 수 있는 매우 중요한 뱃길 이다. 그러나 과거 미국 독립전쟁 (1775~1783년) 이후 미국과 국경이 세인트로렌스 강의 중간 생기면서 강폭이 좁은 킹스턴 주변은 미국으로부터의 공격 위협 때문에 배들이 안전 운항을 할 수 없었다.

따라서 영국 존 바이 (John By) 대령은 안전한 우회 노선인 킹스턴-오타와 구간의 리도 운하 (Rideau Canal) 건설을 1826년 시작하여 1855년 완공하였다. 운하가 시작하는 장소는 운하 건설 이후 대령의 이름을 따서 바이타운 (Bytown)으로 불리다가 1855년부터 오타와로 개명하였다.

여러 도시를 떠돌던 캐나다 수도는 영국의 빅토리아 여왕에 의하여 1857년 오타와로 최종 결정되었다. 그 이유는 킹스턴은 강 건너편에 있는 미국으로부터 공격을 쉽게 받을 수 있지만, 오타와는 비교적 안전한 북쪽에 위치하고 불어권인 Lower Canada (현재 퀘벡)와 영어권인 Upper Canada (현재 온타리오)의 경계에 위치하여 상호 협력할 수 있는 상징적인 위치이기 때문이었다.

<국회의사당 팔러먼트 힐>

<리도 운하>

1916년 오타와는 초대형 화재가 발생하여, 오타와 관광의 필수 코스인 팔러먼트 힐 (Parliament Hill) 국회의사당을 포함한 도시의 큰 건물 대부분이 불에 타는 엄청난 재난이 있었다. 아직도 화재 원인은 모르지만, 누군가 고의로 불을 낸 것이 봄철 강한 바람을 타고 광범위한 지역에 대규모 피해를 입혔다. 당시는 1차 세계대전 중이었지만 팔러먼트 힐 건물은 오늘날 유명한 관광지가 될 정도로 훌륭한 모습으로 재건하였다.

> 2015년 팔러먼트 힐의 캐나다 하원은 자유당 184석, 보수당 99석, 신민당 44석, 블록 퀘벡 10석, 녹색당 1석이며, 연방 수상은 저스틴 트루도 (Justin Trudeau) 이다. 1967년 연방 탄생 이후 연방 수상은 자유당이 13명, 보수당이 10명 이였다.

b) 캐나다 국립 갤러리와 바이워드 재래시장

캐나다 국립 갤러리 (National Gallery of Canada)는 캐나다에 있는 소중한 예술 작품들을 보존, 연구 그리고 교육을 위하여 한 곳에 모아 놓은 곳이다. 총 36,000 점의 작품과 125,000 장의 사진을 지상 2층 및 지하 1층에 전시하고 있다.

380 Sussex Dr, Ottawa, ON

국립 갤러리 근처에 위치하고 있는 바이워드 시장 (Byward Market)은 지금도 많은 사람들이 이용하는 재래시장으로 한국처럼 과일도 팔고 시장 음식도 팔고 있으므로 여행 중 출출한 배를 간단히 채울 수 있는 곳이기도 하다. 또한 재래시장 바로 앞에 백화점도 있으므로 여행 중 간단한 쇼핑도 즐길 수 있다.

<캐나다 국립 갤러리>

<바이워드 재래시장>

c) 캐나다 문명박물관과 총독 관저 리도 홀

오타와 강 건너 편에 위치한 문명 박물관 (Canadian Museum of Civilization)은 과거 원주민들이 살던 시기부터 오늘날에 이르기 까지 캐나다 사람들이 살아온 것을 예술적 감각으로 표현한 박물관으로 가볼만한 곳이다.

100 rue Laurier St, Gatineau, QC (문명 박물관)

<캐나다 문명박물관>

<총독 관저 리도 홀>

총독 관저가 있는 리도 홀 (Rideau Hall)도 많은 캐나다인 들이 찾는 곳으로, 여름철은 군악대 들이 연주하는 것을 관람할 수 있고 가을철은 넓은 정원의 단풍이 인상적 이다.

1 Sussex Dr, Ottawa, ON (총독 관저)

d) 전쟁 박물관과 원주민 상징 이누크슈크

국회의사당에서 오타와 강을 따라 2km 정도 올라가면 전쟁 박물관이 있다. 캐나다의 전쟁역사를 알 수 있도록 전쟁에 사용된 무기와 군인들 복장을 전시하고 있다. 캐나다는 과거 신민지 개척시대에 1759년 영국이 승리할 때 까지 프랑스와 여러 차례 전쟁을 하였다. 그 이후 얼마 지나지 않아 다시 미국의 독립전쟁 (1975년 ~ 1783년)으로 영국과 미국이 치열하게 싸워서 미국과 캐나다가 나뉘었다. 그 이후 캐나다는 1, 2 차 세계 대전, 한국 6.25 전쟁, 그리고 아프가니스탄 전쟁 등에 참전하였다.

1 Vimy Pl, Ottawa, ON

개인 예술가가 취미로 돌을 쌓아서 만든 이누크슈크 (Inukshuk)라는 작품들을 오타와 강가에서 볼 수 있다. 이누크슈크는 캐나다 원주민 이누이트 족의 문화적 상징물로 "어떤 사람이 여기에 있었다."는 뜻이다. 정확한 위치는 전쟁 박물관에서 Ottawa River Pkwy를 따라 상류로 올라가면 퐁 샹플랭 (Pont Champlain) 다리 조금 못 미쳐 있는 Remic Rapids Park의 강가에 있다.

<Canadian War Museum>

<Inukshuks>

c. 오타와 시민을 위한 대중교통과 문화 시설

오타와는 지하철이 없고 남쪽 공항 근처에서 시작하여 지상구간을 달리는 아주 짧은 5개 전철역만 있는 O-Train을 운행하고 있다. 향후 다운타운을 지하 구간으로 하는 LRT (Light Rail Train) 경전철을 추가로 건설할 예정 이다.

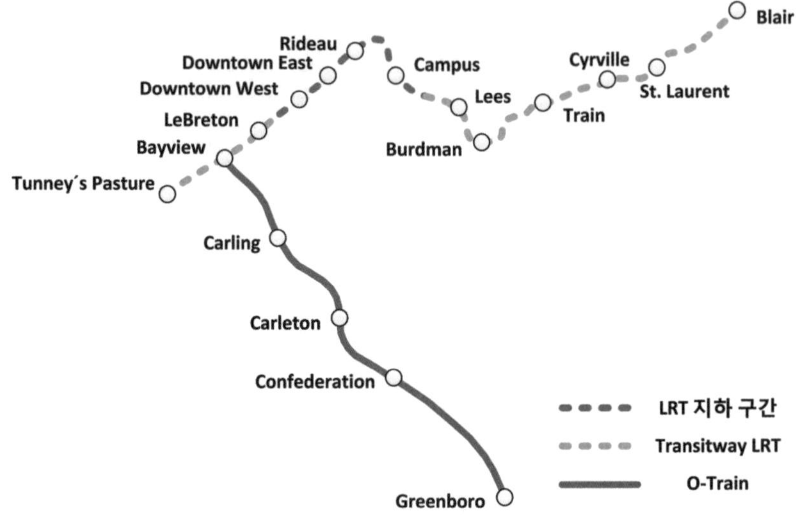

<오타와 O-Train과 LRT 노선

오타와 광역권은 인구가 백만이 넘는 도시이지만 쇼핑몰이 발달하지 않은 도시 중에 하나이다. 아쉬운 대로 갈 수 있는 곳은 다음과 같다.

- Rideau Centre (다운타운 관광지 운하 근처, 바이워드 시장 앞)
  50 Rideau St, Ottawa, ON
- St. Laurent Centre (Hwy 417 Exit 115 & St-Laurent blvd.)
  1200 St. Laurent Blvd, Ottawa, ON
- Place D'Orléans (오타와 강 하류, 다운타운에서 20분 거리)
  110 Place D'Orléans Dr, Orleans, ON (Hwy 174 & Champlain st.)

오타와 시민이 이용할 수 있는 온타리오 주의 스키장은 고속도로 Hwy 417의 북쪽 끝에서 508번 도로를 따라가면 나타나는 칼라보기 피크스 리조트 (Calabogie Peaks Resort) 스키장 (29개 코스, 최장 2km, 3개 리프트)으로 1시간 20분 떨어져 있다.

30 Barret Chute Rd, Calabogie, ON

오타와는 관광으로 유명하지만 정작 오타와 시민들에게는 의외로 단조로운 도시로 심심할 수 있다. 동물원도 놀이동산도 없고 산도 없다. 다만 몬트리올 가는 고속도로 옆에 칼립소 워터 파크 (Calypso Theme Water Park)가 있다.

2015 Calypso St, Limoges, ON (Hwy 417 Exit 79)

따라서 오타와 시민들은 야외 스포츠 활동을 위하여 오타와 강 건너편에 있는 퀘벡 주의 가티노 지역으로 많이 가고 상당수 주민들은 휴식을 할 수 있는 카티지 (Cottage)까지 소유하고 있다.

다행인 것은 오타와 시네이터스 (Senators) 프로 하키팀과 오타와 레드블랙스 (RedBlacks) 프로 풋볼팀이 있다. 하키팀 홈구장은 캐나다디언 타이어 센터 (Canadian Tire Centre)로 서쪽 외각 카나타 (Kanata) 지역에 있고, 풋볼팀 홈구장인 TD 플레이스 스타디움 (Place Stadium)은 오타와 관통 고속도로 (Hwy 417) 남쪽 칼튼 대학 (Carleton University) 주변에 있다.

1000 Palladium Dr, Ottawa, ON (하키 구장)

1015 Bank St, Ottawa, ON (풋볼 구장)

오타와 시민들을 위한 기타 문화시설로 대형 공연장 (National Arts Centre, 2,323석)이 시청 근처에 있다. 53 Elgin St, Ottawa, ON

<퀘벡 주의 가티노 지역 스키장>

스키장	특징
Camp Fortune Ski (Hwy 5 Exit 12 W)	- 20개 코스, 최장 1.6km, 8개 리프트
Varlage Ski Centre (Hwy 5 끝 주변)	- 12개 코스, 최장 1.219m, 6개 리프트 - 슬로프 높이가 81m로 작은 스키장
Edelweis (Hwy 5 끝 주변)	- 18개 코스, 최장 1.5m, 4개 리프트
Mont Cascades	- 19개 코스, 최장 2km, 4개 리프트

<오타와 및 주변 주요 퍼블릭 골프장>

지역	골프장	설계자, 특징 및 위치
Kanata 북쪽	Eagle Creek	- Ken Venturi (1990년) 18홀 (파72, 캐나다 81위) - 109 Royal Troon Ln, Dunrobin
오타와 강 건너편 퀘벡 주	Club de Golf Le Sorcier (퀘벡 주)	- C. Chenier (2004년) 18홀 (파71) - 967 Montée Dalton, Gatineau, QC (Hwy 50 Exit 366 N)
오타와 동쪽 1시간 퀘벡 주	Le Chateau Montebello Club De Golf (퀘벡 주)	- Stanley Thompson (1929년) 18홀 (파70) - 300 Chemin du Chalet, Montebello, QC (Hwy 50 Exit 323 S)

노던 온타리오의 광산 도시

노던 온타리오는 서드버리 (Sudbury)에서 썬더베이 (Thunder Bay) 까지만 따져도 약 1,000km, 12시간이 소요되는 광활한 지역이다. 돌산이 많고, 겨울에 추운 것은 당연하고 여름철에도 날씨가 뜨겁지 않아서 농경지가 발달하지 않아 땅은 매우 넓으나 거주하는 인구가 적다. 고속도로도 대부분 왕복 2차선으로 특히 겨울철 운전은 주의가 필요하다. 다만 불어사용 인구 비중이 온타리오 주의 다른 지역보다 높아 불어 지명이나 도로명이 종종 있다.

임업, 광산, 원주민 그리고 물류수송을 위한 도로 및 항만 등이 지역의 중요한 키워드이고, 특히 다양한 색깔의 돌산이 많아 캐나다에서 광물 광산이 제일 많다. 2010년 기준 캐나다는 연간 니켈 149톤 (세계 1위), 금 97톤 (세계 3위)을 생산하였다.

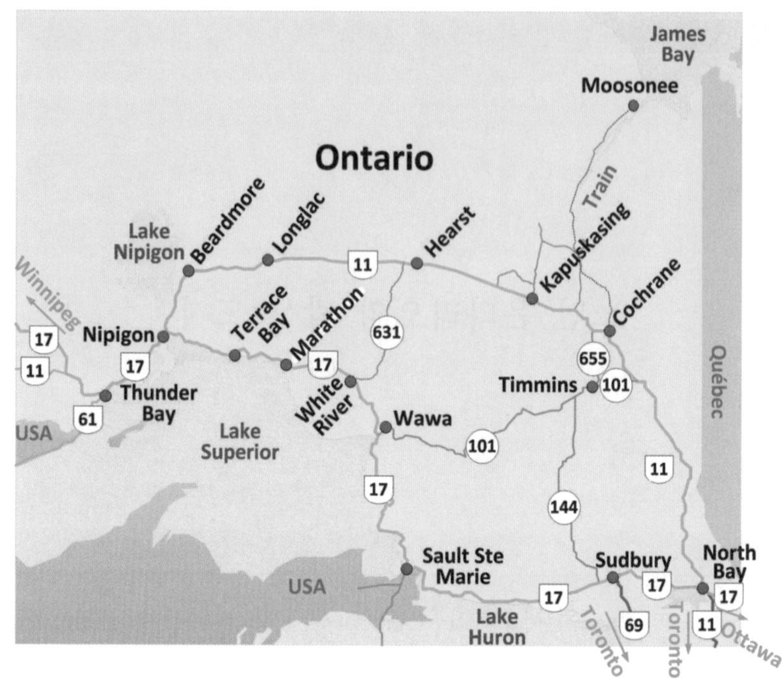

<노던 온타리오의 주요 지역 및 도로>

1) 서드버리와 노스베이

a. 서드버리

서드버리 (Sudbury)는 토론토 북쪽 4시간 30분 거리에 있으며, 2011년 센서스에서 광역 인구가 16만으로 노던 온타리오에서 최대 도시이다. 검정색 돌과 흙이 많을 뿐만 아니라 니켈과 백금 등 광물이 많아서 노던 온타리오의 광산 전진 기지 역할을 한다.

200 Brady St, Sudbury, ON (시청)

또한 지역 주민의 교육을 위한 로렌시안 대학 (Laurentian University), 서드버리 영·불어 대학 (University of Sudbury), 노던 온타리오 의대 (Northern Ontario School of Medicine)가 이 도시의 람지 호숫가 (Ramsey Lake)의 동일한 캠퍼스에 있다.

<로렌시안 대학교>

<서드버리 영·불어 대학교>

서드버리는 세계 제일의 니켈 광산 도시답게 박물관 (Big Nikel & Dynamic Earth) 입구에 거대한 니켈 동전을 세워 놓아서 이 도시를 방문하는 사람이면 누구나 거쳐 간다. 또한 이 도시는 사이언스 노스 (Science North)도 운영하고 있다. 그러나 금속 성분이 많이 포함된 지형으로 과거 강물이 붉은 색을 변한 적도 있다.

122 Big Nikel Mine Dr, Greater Sudbury, ON (니켈 박물관)
100 Ramsey Lake Rd, Greater Sudbury, ON (노스 과학관)

<니켈 박물관>

<사이언스 노스>

밸 (Vale)은 브라질에 본사를 두고 세계 여러 곳 계열사를 가지고 있고 글로벌 광산 대기업으로, 약 4,000명의 직원이 근무하는 서드버리에 코퍼 클리프 (Copper Cliff) 공장이 있다. 빅 니켈 박물관 언덕에서 볼 때 멀리 보이는 거대한 굴뚝의 연기는 돌을 부수고 녹여 구리, 니켈, 코발트 등을 생산과정에서 발생하는 것이다.

킬라니 (Killarney) 주립 공원은 조지안 베이 (Georgian Bay) 호숫가에 위치하고 넓은 면적이지만, 소수의 원주민들만 사는 킬

라니 선착장 마을이 유일하다. 선착장 마을은 서드버리 남서쪽으로 가는 637 도로 끝에 위치하고 있어서 고속도로 Hwy 69 출구에서도 약 1시간 소요된다. 공원의 입구는 선착장 마을을 10분 정도 못 미친 거리에 있는 조지 호수 (George Lake) 이다.

960 Highway 637, Killarney, ON (공원 입구)

공원등산로는 호숫가 캠핑장을 거쳐 안으로 가면 질퍽하고 매우 긴 100km를 한 바퀴 도는 코스 이다. 등산로도 별로이고 길지만 입구에서 약 1시간 정도 들어가면 주변은 유리를 만드는데 사용되는 규암만 있는 흰색 차돌 산들이 나타난다. 차돌 산들이 많아서 불어로 단색 종이란 뜻의 라 클로시 실루엣 (La Cloche Silhouette) 으로 등산로 이름을 사용하고 있다.

<유리 재질의 차돌 산>

<조지 호숫가 비치>

b. **노스 베이**

노스 베이 (North Bay)는 토론토에서 북쪽으로 3시간 30분 거리에 있으며 이웃도시 서드버리와 1시간 30분 거리이며 2011년 센서스에서 인구가 약 6만으로 조사되었다.

노스 베이는 니피싱 (Nissiping) 호숫가에 발달한 도시이고 예날 개척시대에 탐험가들이 오타와에서 카누를 이용하여 이 호수를 거쳐 오대호로 갔다. 오늘날은 주민들 휴식을 위하여 호숫가에 공원을 조성하고, 호숫가 공원 옆은 철도와 디스커버리 노스 베이 (Discovery North Bay) 박물관이 있다. 박물관은 과거 기차역을 사용하였던 장소이므로 다운타운도 인접하고 있다.

200 McIntyre St. E, North Bay, ON (시청)
100 Ferguson St, North Bay, ON (디스커버리 노스 베이)

<니시핑 호수>

<디스커버리 노스 베이>

노스 베이에서 고속도로 Hwy 11을 따라 북쪽 1시간 거리에 있는 테마가미 (Temagami)는 호숫가 휴양지로도 유명하지만, 호수의 중앙부터 서쪽 서드버리 방향으로 다양한 광물 즉 금, 구리, 코발트, 철광석, 은 등이 다량으로 분포 되어있는 곳으로 알려 졌다.

<테마가미 호수 선착장>

<테마가미 마을>

테마가미 마그네틱 어노말리

테마가미 마그네틱 어노말리 (Temagami Magnetic Anomaly)는 우주에서 날아온 거대한 별이 떨어져서 만들어진 독특한 지형으로 노스베이 북쪽지역 (Lake Wanapitei와 Bear Island 사이)에 위치한다. 얼마나 큰 별이 떨어졌는지 오늘날 까지도 길이 58km, 폭 19km의 계란 모양을 하고 있으며 이곳에 다양한 광물이 엄청 묻혀 있다.

2) 슈퍼리어 호수 주변

a. 운하의 도시 수 생-마리

서드버리에서 고속도로 Hwy 17을 따라 3시간 30분 정도 서쪽으로 가면 수생마리 (Sault Ste-Marie) 라는 인구 9만의 도시를 만난다.

99 Foster Dr, Sault Ste-Marie, ON (시청)

이 도시는 휴런 (Huron) 호수와 슈퍼리어 (Superior) 호수가 만나고 미국과 국경을 접하고 있어서 교통의 요충지이며, 대형 화물선이 통과하는 운하가 있다. 운하는 작은 역사 공원으로 조정하여 잠시 정차하여 구경할 수 있다.

1 Canal Dr, Sault Ste-Marie, ON (운하 역사공원)

<운하 역사 공원>

<스테이션 몰>

수생마리는 가을철 경치가 매우 아름다운 아가와 캐논 (Agawa Canyon)으로 가는 단풍열차가 출발하는 타운으로 유명하다. 아가와 캐논은 자동차도로가 없는 협곡으로 운하 근처에 있는 스테이션 몰 (Station Mall)에서 아침 8시에 출발하여 저녁 6시에 돌아오는 열차를 이용해야 한다. 이 지역 관광은 토론토 보다 가까운 거리의 디트로이트 및 시카고에 사는 미국인들도 많이 온다.

129 Bay St, Sault Ste-Marie, ON (스테이션 몰)

b. 거위 마을 와와

수 생-마리에서 북쪽으로 1시간 20분 거리에 고속도로 Hwy 17과 Hwy 101이 만나는 곳에 거위 마을 와와 (Wawa)가 있다.

수 생-마리에서 와와 가는 길은 오대호 중에서 가장 북쪽 위치한 슈퍼리어 호수 (Lake Superior) 주변을 지나가는 고속도로 Hwy 17로 전혀 지루하지 않는 매우 훌륭한 드라이브 코스이다.

와와 주민들은 대륙횡단 고속도로 (Trans Canada Highway)가 타운의 중심에서 약 2km 정도 떨어져 지나가도록 건설되자, 비즈니스 활성화를 위하여 고속도로 (Hwy 17 & Hwy 101)가 만나는 마을 입구에 거위 상징물과 함께 관광 안내소를 설치하였다. 그러나 지역의 광산들이 문을 닫으면서 1990년대 4천명이 이상이던 인구가 2011년 3천명 이하로 줄어들었다.

<고속도로 주변 슈퍼리어 호수>

<와와 거위 마을 휴게소>

c. 화이트 리버 마을

화이트 리버 (White River)는 인구 600명의 매우 조그만 타운이지만, 토론토와 위니펙의 중간에 위치하고 있어서 기차역이 있다. 또한 이 마을에서 북부 허스트 (Hearst) 광산타운으로 가는 도로가 분기되는 지점이다.

세계적으로 유명한 곰돌이 푸우 아기 곰을 1차 세계 대전 당시 한 영국 군인이 이곳에서 발견하였다. 그 군인이 영국으로 돌아갈 때 아기 곰도 함께 데려가면서 곰은 군인의 아들과 절친한 친구가 되었다. 훗날 그 아들이 성장하여 작가가 되면서 어린 시절 곰의 행동을 유난히 보아왔던 것을 재미있는 글로 쓴 것이 세계적으로 유명한 곰돌이 푸우 이다.

화이트 리버 마을에서 고속도로 Hwy 17을 따라 북쪽으로 30분 정도 가면 아주 작은 무스 호수 (Moose Lake) 옆에 윌리엄 기업의 금 광산 (William Gold Mine)이 있다.

<화이트 리버 마을>

<윌리엄 금 광산>

d. 마라톤 타운

화이트 리버에서 북쪽 썬더베이 방향으로 약 1시간 정도 가면 인구 3,353명 (2011년)의 제법 큰 마라톤 (Marathon) 타운이 있다. 그러나 고속도로는 타운을 우회하기 때문에 여행객은 보통 휴게소에서 잠시 머물고 지나간다. 이 타운은 호수 주변에 위치하고 주변보다 상대적으로 고도가 높아 토론토-썬더베이 구간에서 날씨가 가장 나쁘다. 겨울철은 물론이고 여름철에도 날씨가 안 좋아 안개도 많고 비도 잘 내린다. 이곳을 통과하여 북쪽으로 30분 정도 더 가면 종종 날씨가 다시 좋아진다.

e. 테라스 베이 타운

테라스 베이 (Terrace Bay)는 인구 1,471명 (2011년)의 호숫가 작은 타운으로, 작은 여러 섬들과 등대, 폭포 등이 있다. 이 타운에서 좀 더 북쪽으로 가면 붉은 색 돌과 거대한 절벽 산들이 나타나기 시작한다.

3) 썬더베이와 니피곤

a. 오대호 최북단 항구도시 썬더베이

유럽으로 수출할 중부 대평원의 농작물이 모이는 썬더베이(Thunder Bay)는 오대호에서 제일 북쪽에 위치하고 있는 항구도시로 지리적으로 매우 중요하며 광역 인구가 12만이다.

500 Donald St. E, Thunder Bay, ON (시청)

썬더베이 항구는 마리나 공원 (Marina Park or Pagoda Park)으로 조성하여 요트 선착장과 함께 지역주민 휴식 공간으로 활용하고 있다. 옛날 장거리 유니언 기차역도 (CPR Union Station) 항구 근처에 있었지만 정반대편 서쪽 시청 근처로 이전하였다.

2200 Sleeping Giant Pkwy. Thunder Bay, ON (마리나 공원)
440 Syndicate Ave. S, Thunder Bay, ON (CPR 유니언 기차역)

<항구와 마리나 공원>

<대륙 횡단 철도>

테리 팍스 전망대 (Terry Fox Scenic Lookout)는 썬더베이 동쪽, 토론토 가는 고속도로 (Hwy 11/17) 옆에 있다. 자신도 암에 걸려서 인조 다리를 하고 있었지만 다른 암 환자들을 위한 모금 활동으로 캐나다 대륙 횡단 마라톤을 시도하다가 건강이 악화되어 전망대 근처에서 세상을 떠난 테리를 기념하여 만든 공원이다. 테리에게 많은 캐나다인들이 감동받아 엄청 많은 기금이 모금되어 많은 암 환자들을 위해서 쓰여 지고 있다.

1000 Hwy 11/17, Thunder Bay, ON (테리 팍스 전망대)

포트윌리엄 역사공원 (Fort William Historical Site)은 썬더베이 서쪽, 공항에서 비교적 가까운 미국 미네소타 주로 가는 고속도로 (Hwy 61) 주변에 위치하고 있다. 이 역사공원은 서부 개척을 위해 옛날 노스웨스트 (North West) 기업이 슈피리어 호수로 흘러 들어가는 카미니스티퀴아 (Kaministiquia) 강변의 천연 요새에 건설한 세계 최대 모피 무역 장소 이다.

1350 King Rd, Thunder Bay, ON
(상기 주소를 GPS가 못 찾을 경우,
입구 개인주택 주소는 1620 번지)

카카베카 폭포 (Kakabeca Falls)는 포트윌리엄 역사공원 보다 더 상류에 있으며, 썬더베이 북쪽, 위니펙 가는 고속도로 (Hwy 11/17)와 카미니스티퀴아 강이 만나는 곳에 있다.

<포트윌리엄 역사 공원>

<카카베카 폭포>

썬더베이 항구나 테리팍스 전망대에서 거대한 섬 같이 보이는 것은 스리핑 자이언트 (Sleeping Giant) 주립공원으로 반도이다. 공원의 등산로는 100km가 넘어 많은 시간이 소요된다.

b. 니피곤

썬더베이에서 동쪽으로 약 1시간 정도 떨어진 니피곤 (Nipigon)에 붉은 색을 띠는 돌산이 특히 많다. 거대한 퇴적암 절벽으로 된 산들이 여러 개 있으며, 가장 유명한 곳은 위메트 캐논 주립 공원

(Ouimet Canyon Provincial Park)으로 주소는 없고 Dorion 지역으로 고속도로에서 약 20분 떨어졌다.

<고속도로 옆 붉은 바위>

<위메트 캐논 주립공원>

위메트 캐논 주립공원에서 서쪽 썬더베이 방향으로 좀 더 가면 유명한 자수정 파노라마 광산 (Amethyst Mine Panorama)이 있다. 500 Bass Lake Rd, Shuniah, ON (썬더베이 근교 광산)

c. 썬더베이에서 위니펙 가는 대륙 횡단 고속도로

썬더베이에서 위니펙 (Winnipeg) 가는 뱃길은 더 이상 없고, 700km가 넘는 거리를 기차나 자동차로 가야 한다. 대부분의 구간이 온타리오 주이고, 자동차를 이용할 경우 중앙 분리대 없는 왕복 2차선 대륙 횡단 고속도로 (Hwy 17)을 이용해야 한다. 고속도로 주변은 분지이고 추운 날씨로 사람들이 거의 살지 않아 조그마한 마을조차도 거의 없다.

<드라이든 거리>

<캐노라 타운>

다만 중간 지점에 드라이든 (Dryden, 2011년 7,617명)이라는 조그만 타운이 형성되어 있어서 장거리 트럭 운전자나 여행자들이나 이곳에서 하루 밤 자고 간다. 드라이든이 산골 지역에 위치하지만 숙박업소와 식당은 물론이고 월마트 및 제법 큰 식품점 등이 있는 것이 조금은 신기해 보일 수 있다.

캐노라 (Kenora, 2011년 15,348명)는 썬더베이-위니펙 구간에서 가장 큰 타운이고 여러 호수들 사이에 조금씩 끼여 있는 땅에 형성된 매우 아름답고 타운이지만 대륙 횡단 고속도로 (Hwy 17)가 외각으로 우회하기 때문에 보통 여행객들은 모르고 지나간다.

4) 팀민스와 북부 내륙 고속도로 주변

a. 팀민스

퀘벡 주가 비교적 가까운 팀민스 (Timmins)는 내륙 고속도로 (Hwy 11)에서 떨어지긴 했어도 강물이 북극해 허드슨 만으로 흘러 들어가는 지역 중에서 가장 남쪽에 있고 2011년 센서스에서 인구가 4만 3천명으로 가장 큰 도시이다. 다운타운, 버스터미널, 도서관 등 공공건물과 상점들이 대부분이 주로 시청 앞에 도로 건너편에 몰려 있지만 그리 크지 않아서 걸어서도 20분 정도면 모두 돌아볼 수 있다.

220 Algonquin Blvd. E, Timmins, ON (시청)

<팀민스 다운타운>

<팀민스 공공 도시관>

세계 제일의 금 광산으로 유명하며, 금을 채굴하면서 만들어진 호수 웅덩이들이 도시 주변 여러 곳에 있다. 골드코프 (Gold Corp) 회사는 공공도서관 뒤편에 위치한 폐광을 이용하여 금을 채굴·생산하는 과정을 과거에 관광 상품으로 제공한 적이 있다.

320 Second Ave, Timmins, ON (공공 도서관)

b. 노던 온타리오 내륙 고속도로 Hwy 11 주변

노던 온타리오 내륙 고속도로는 썬더베이 동쪽 1시간 거리에 위치한 니피곤 (Nipigon)에서 시작하여 베어드모어 (Beardmore), 롱락 (Longlac), 허스트 (Hearst), 카푸스카싱 (Kapuskasing), 코크레인 (Cochrane) 등을 거쳐 노스 베이 (North Bay) 까지

990km 11시간 이상 소요된다. 니피곤 주변은 원주민들이 상당히 많이 거주하고 있어서 노던 온타리오에서 기름 값이 가장 저렴하다. 니피곤에서 동쪽으로 롱락까지 주로 원주민 마을들이 있고 허스트부터 동쪽으로 코크레인까지는 주로 광산 타운들이 많다.

<고속도로 Hwy 11 주변 작은 타운>

<table>
<tr><th>구 분</th><th>타 운</th><th>2011년
인구 (명)</th><th>비 고</th></tr>
<tr><td rowspan="3">서부산악
원주민
타운</td><td>Nipigon</td><td>1,631</td><td>슈퍼리어 호수변</td></tr>
<tr><td>Beardmore</td><td rowspan="2">4,724
(통합)</td><td rowspan="2">유명한 원주민 화가 고향</td></tr>
<tr><td>Longlac</td></tr>
<tr><td rowspan="4">동부평지
광산타운</td><td>Hearst</td><td>5,090</td><td></td></tr>
<tr><td>Kapuskasing</td><td>8,196</td><td></td></tr>
<tr><td>Smooth Rock Falls</td><td>1,376</td><td></td></tr>
<tr><td>Cochrane</td><td>17,580</td><td>제임스 베이행 열차 출발역</td></tr>
</table>

니피곤에서 베어드모어까지 약 1 시간 정도는 산악 도로이지만 그 나머지는 끝임 없이 내려가는 왕복 2차선 고속도로로 상태가 그리 나쁘지는 않다. 이 지역에서 북극해 제임스 만 (James Bay) 방향으로는 산이 없는 평지에 가까워 겨울철은 러시아의 시베리아 같이 매우 춥다. 주로 원주민들과 광산 개발하는 사람들만 거주하여 인구가 적다. 또한 겨울철 눈을 제때 잘 치우지 않아 이곳을 통과 하는 차량은 상당한 애를 먹을 수 도 있다.

<원주민 마을의 눈사람 동상>

<내륙의 직선 고속도로>

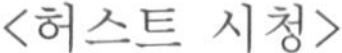

<허스트 시청>

<카푸스카싱 박물관>

허스트 (Hearst)와 카푸스카싱 (Kapuskasing)은 지역에서 그래도 큰 광산 타운에 속한다. 이곳은 자원 산업이 각광을 받으며 많은 사람들이 몰리고, 장거리 화물차 운전자들이 잠을 자고 가는 중요한 곳이기도 하다.

카푸카싱에서 동쪽에 1시간 반 거리에 위치한 코크레인 (Cochrane)은 팀 홀튼스 커피 전문점 창업자의 고향인 조그만 광산 타운이다.

5) 북극해 허드슨 만 주변의 로랜드

온타리오 주의 최북단 지역을 흐르는 강물은 모두 북극해 허드슨 만 (Hudson Bay)로 흘러 들어가며, 해발 고도가 높지 않은 평지로 작은 호수, 늪지대, 땅이 섞여 있는 로랜드 (Lowland)로 가끔은 강물이 범람하기도 한다. 로랜드 면적은 온타리오 주의 전체 해안지역과 매니토바 주 및 퀘벡 주의 일부 해안지역을 포함하여 남·북한을 합친 것 보다 넓다.

로랜드에는 매탄 가스와 탄소 등의 지하자원이 대량으로 묻혀 있는 것으로 알려지고 있고 있으나, 날씨가 매우 춥고 개발이 매우 어려운 지형 때문에 원주민 타운들만 있는 미개발 지역이다.

일반인들이 로랜드를 통과하여 북극해로 갈 수 있는 방법은 자동차도로가 없어서 코크레인 (Cochrane)에서 출발하여 무소니 (Moosenee) 타운에 도착하는 기차가 유일하다.

<온타리오 허드슨 베이 원주민 타운>

구 분	타 운	2011년 인구 (명)	비 고
Moose 강 하구	Moosonee	1,725	
	Moose Factory	1,458	Moosonee 타운 인접 섬
Albany 강 하구	Kashechewan	약 1,700	
	Fort Albany	약 900	
Attawapiskat 강 하구	Attawapiskat	1,549	추정 2,800명
Winisk 강 하구	Peawanuck	237	
Severn 강 하구	Fort Severn	334	

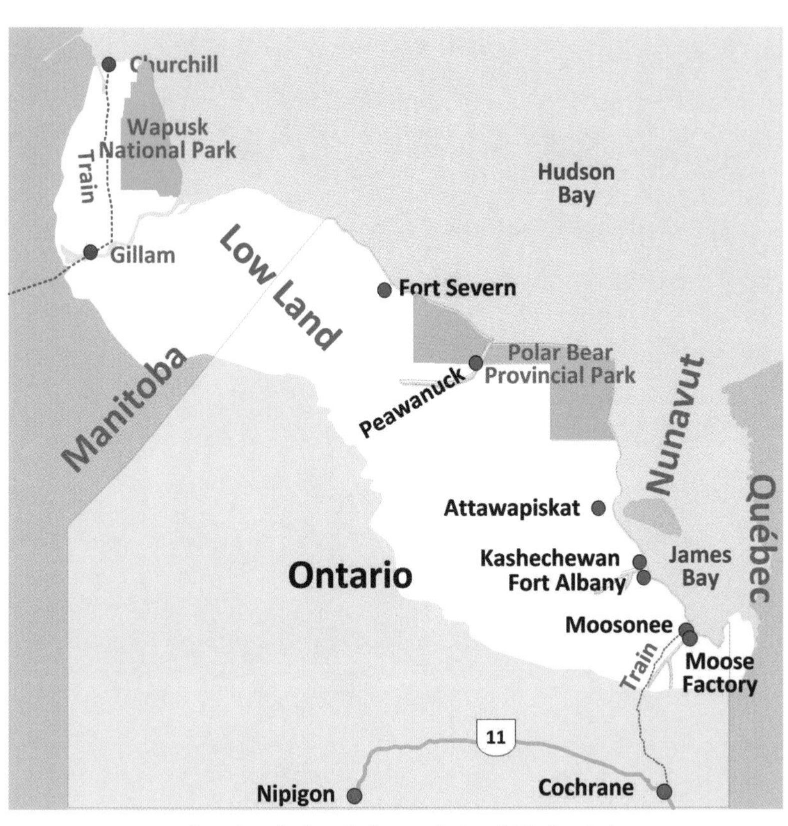

<허드슨 만과 제임스 베이 원주민 마을>

제 3 장

프랑스 문화의 불어권 퀘벡 주

캐나다 역사가 시작된 뉴 프랑스의 퀘벡 주

프랑스 밖에서 가장 큰 불어 도시, 몬트리올

몬트리올은 12월에서 4월 중순까지 겨울 내내 눈이 쌓여 있을 정도 춥지만 그래도 퀘벡 주에서 가장 덜 추운지역으로 도시가 발달하였다. 1970년대 퀘벡독립이 이슈 되기 이전까지는 캐나다에서 제일 큰 도시였지만 현재는 토론토에 이어서 캐나다에서 2번째로 큰 대도시이다. 퀘벡독립 이슈 때문에 인구가 줄어들지는 않았지만 인구 증가율이 장기간에 걸쳐 토론토에 밀리면서 오늘날은 토론토가 인구나 경제 규모에서 약 2배 정도 크다.

몬트리올 광역권 인구는 2011년 센서스에서 382만으로 조사되었고, 몬트리올 섬만은 189만으로 조사되었다.

몬트리올은 바나나 모양으로 된 섬의 항구도시이며, 다운타운은 섬 중간의 남쪽 생로랑 (St-Laurent) 강가에 위치하고 있다. 다운타운에서 서쪽지역은 영어권으로 첨단 IT산업이 발달 하였고 트루도 (Trudeau) 국제공항이 위치하고 있으며, 동쪽지역은 불어권으로 앙주 (Anjou)를 중심으로 정유공장 등 굴뚝 산업이 있다.

<바나나 모양의 몬트리올 섬>

몬트리올 섬은 2002년 27개의 작은 시들을 통합하려다가 실패하여, 2006년 선거를 통해 찬성하는 시들만 몬트리올 시로 통합하였다. 다운타운 바로 옆에 위치하고 퀘벡 최고의 부촌인 웨스트마운트 (Westmount)를 포함하여 15개의 작은 시들은 몬트리올 시와 다른 별도 행정 구역이다.

몬트리올 다운타운 및 주변 시청

- 275 Rue Notre-Dame E, Montréal, QC (몬트리올 시청)
- 4333 Rue Sherbrooke O, Westmount, QC
- 50 Av. Westminster S, Montréal-Ouest, QC
- 10 Rue Cleve, Hampstead, QC
- 90 Av. Roosevelt, Town of Mount Royal (TMR), QC

몬트리올 섬의 동부지역 시청

- 11370 Rue Notre Dame E, Montréal Est, QC (동부지역)

몬트리올 섬의 웨스트 아일랜드 지역 시청

- 60 Av. Martin, Dorval, QC
- 451 Boul. Saint-Jean, Pointe-Claire, QC
- 12001 Boul. de Salaberry, Dollard-des-Ormeaux (DDO), QC
- 17200 Boul. Hymus, Kirkland, QC
- 303 Boul. Beaconsfield, Beaconsfield, QC
- 20477 Rue Lakeshore, Baie-d'Urfé, QC
- 109 Rue Sainte-Anne, Sainte-Anne-de-Bellevue, QC
- 35 Ch. Senneville, Senneville, QC

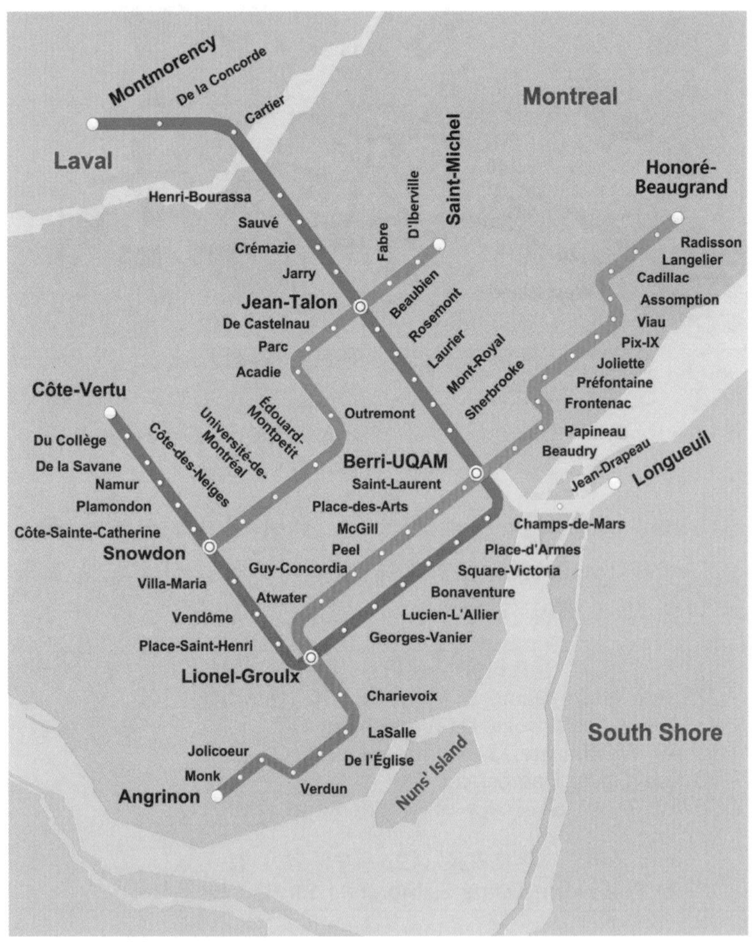

<몬트리올 다운타운과 주변 지하철 노선>

버스 노선은 행정 구역과 관계없이 몬트리올 섬 전체를 통합하여 운영하고 지하철과 연계도 잘 되어 있다. 그러나 지하철의 경우 5개 노선이 있어서 토론토 보다는 사정 좋지만 노선이 충분하지 않고 짧아서 트루도 국제공항을 비롯하여 많은 지역에서 여전히 이용할 수 없다. 그리고 토론토와 마찬가지로 지하철 안에서 휴대전화도 안 터진다.

<다운타운 르네 레베스크 (René-Lévesque) 거리>

1) 몬트리올 다운타운

a. 번화한 거리

다운타운 (옛 Ville Marie)은 남산 같은 몽로얄 (Mont-Royal) 산 남쪽 아래에 위치하며 상업, 교육, 관광, 행정, 항구, 교통 등 모든 것이 집중되어 있다. 퀘벡 주의 총 7개 대학교 중 규모가 큰 4개 대학이 다운타운 또는 근처에 있다. 다운타운은 퀘벡 주에서 관광객이 제일 많고, 주의 행정기관 대부분이 있고, 퀘벡 주 최대 항구도 다운타운 주변 올드 몬트리올에 있다.

몬트리올은 옛날 항구도시였다. 유럽에서 대서양 거쳐 몬트리올 항구까지 초대형 선박이 운하를 통과하는 것 없이 항해 할 수 있다. 대형 운하가 없던 옛날 몬트리올에서 화물을 작은 배로 옮겨 실어서 이동해야 하기 때문에 자연스럽게 몬트리올은 항구도시로 발달하였다. 옛날 올드 몬트리올의 항구 주변은 번화가 이므로 조용히 공부할 수 있는 몽로얄 산자락에 세계적인 명문 매길 대학교 (McGill University)를 설립하였다.

845 Rue Sherbrooke O, Montréal, QC (매길 대학교)

<몬트리올 항구>

<매길 대학교>

다운타운 생 카트린 (St-Catherine) 거리는 전체가 관광지라고 해도 과언 아닐 정도로 몬트리올에서 가장 번화한 거리이다. 과거와 현재가 공존하며 쇼핑객과 관광객이 어우러진 곳으로 자동차로 천천히 드라이브하면서 관광하면 좋다. 단 각종 축제 때문에 일부 구간에서 자주 자동차 통행을 금지 한다.

<St-Catherine 거리 >

<재즈 페스티벌 공연장>

생 카트린 거리에 위치한 쁠라스 데자르뜨 (Place des Arts)에는 대규모 실내 공연장 2개 (2,996석, 1,900석)와 야외공연장이 있으며, 여름철 재즈 페스티벌 (Jazz Festival)은 몬트리올 최대의 공연으로 자리를 굳혔다. 또한 몬트리올 현대 미술관 (Musée d'art contemporain de Montréal)도 같은 장소에 있다.

175 Rue Sainte-Catherine O, Montréal, QC (공연장)

185 Rue Sainte-Catherine O, Montréal, QC (현대 미술관)

라이브 콘서트 공연으로 유명한 더 올림피아 (The Olympia, 1,302석) 쁠라스 데자르뜨에서 동쪽 1km 거리의 게이 빌리지에 있다.

1004 Rue Sainte-Catherine E, Montréal, QC (라이브 공연장)

고전적이고 전통적인 작품과 대규모 전시회를 하는 몬트리올 미술관 (Museum of Fine Arts)은 전혀 다른 미술관으로 다른 장소에 있다.

1380 Rue Sherbrooke O, Montréal, QC (몬트리올 미술관)

<차이나타운 거리>

< 프린스 아더 거리>

다운타운과 올드 몬트리올을 연결하는 생로랑 (St-Laurent) 거리

의 차이나타운, 콩코디아 대학 근처 크레센트 거리 (Rue Crescent), 매길 대학 동쪽 프린스 아더 거리 (Rue Prince Arthur O) 등에 있는 이국적인 레스토랑들은 가볼 만한 곳이다.

> 몬트리올 캐나디언스 (Canadiens) 하키팀의 벨 센터 (Bell Centre) 홈구장과 몬트리올 (Alouettes) 풋볼팀의 몰슨 스타디움 (Percival Molson Memorial Stadium) 홈구장이 모두 다운타운에 있다.
> 몬트리올 시민들을 위한 다운타운 문화 시설
> 475 Av. des Pins, Montréal, QC (풋볼 구장)
> 1909 Av. des Canadiens-de-Montréal, Montréal, QC (하키 구장)

> 몬트리올은 내륙 깊숙한 곳에 있어서 해산물이 귀한 도시로 횟감 등 해산물을 구하는 것이 쉽지 않다. 다운타운에 위치한 작은 라메르 해산물 마켓 (Poissonnerie La Mer)까지 가야 한다.
> 1840 Boul. René-Lévesque E, Montréal, QC

b. 올드 몬트리올 관광구역

몬트리올 시청 (Hotel de Ville) 앞에 있는 작 까르띠에 광장 (Jacques-Cartier)은 올드 몬트리올의 관광 중심지이다. 시청 건물은 구리 지붕이 오래되어 녹색으로 변해 더욱 이국적으로 보이고, 작 까르띠에 광장에서는 예술가들이 연주를 하거나, 마술을 하거나, 그림을 그리는 것을 볼 수 있다. 이곳은 몬트리올에서 가장 많은 관광객이 몰리는 곳으로 몬트리올 방문객이면 반드시 가는 장소이다.

275 Rue Notre-Dame E, Montréal, QC (몬트리올 시청)

<몬트리올 시청 앞 광장>

<봉구스 마켓 빌딩>

옛날 물건을 판매하는 봉구스 마켓 (Marche Bonsecours)은 작까르띠에 광장 옆에 있으며 밤에 빌딩 외관이 특히 아름답다.

350 Rue St-Paul E, Montréal, QC (봉구스 마켓)

몬트리올 시청 앞 광장에서 도로를 건너가면 몬트리올 올드 항구와 공원으로 볼거리들이 많아 항시 많은 인파로 북적 인다. 또한 약간 떨어지긴 했어도 걸어 갈만한 곳에 위치한 노트르담 성당 (Notre Dame Basilica)은 건물 내부가 환상적으로 아름다운 곳 이다. 건물 외관은 다른 성당들에 비하여 특별하지 않지만, 내부는 입장료가 아깝지 않을 정도로 정말 화려하고 세련된 아름다움을 보여 주며, 측면 벽화는 매우 뛰어난 세계적 유산이다.

110 Rue Notre Dame W, Montréal, QC (노트르담 성당)

<몬트리올 항구 앞>

<노트르담 성당>

어린 자녀가 있는 몬트리올 시민들이 많이 이용하는 사이언스 센터 (Montréal Science Centre)가 올드 몬트리올 항구에 있다.

2 Rue de la Commune O, Montréal, QC

올드 몬트리올 자전거 대여 및 도로

걸어서 여러 곳을 관광하는 것이 힘들 경우, 관광지 곳곳에 배치된 무인 자전거 렌탈시스템을 이용할 수 있다. 도심 한복판에서도 차선과 자전거 도로를 분리하여 안전하게 즐길 수 있으나, 단 안전모 착용을 잊지 말아야 할 것이다.

c. 성 요셉 성당과 몽-루아얄 전망대

프랑스계가 다수인 몬트리올에는 많은 성당들이 있으며, 그 중 대표적으로 북미에서 제일 크고 검소하게 건축된 성 요셉성당 (St-Joseph Oratory)이 있다. 이곳을 처음 찾는 이들은 옛날 건물이지만 매우 높고 큰 것에 놀랄 것이다.

3800 Ch. Queen Mary, Montréal, QC (성 요셉 성당)

몽로얄 (Mont-Royal) 산은 서울의 남산과 같이 다운타운에 위치하고 전망대가 있어서 먼 곳까지 볼 수 있다. 전망대는 자동차로 올라 갈 수 도 있고, 매길 대학교 뒤쪽에서 걸어 올라갈 수 도 있다. 산 정상에는 호수가 있어서 겨울철에 눈썰매장을 운영한다.

1260 Ch. Remembrance, Montréal, QC (전망대)

<성 요셉 성당>

<Mont Royal 전망대>

d. 카지노와 놀이공원이 있는 장 드라뽀 섬 공원

장 드라뽀 공원 (Parc Jean-Drapeau)은 올드 몬트리올 앞에 흐르는 거대한 강 위에 있는 2개의 작은 섬으로, 롱게일 (Longueuil)로 가는 지하철을 이용할 수 도 있고 자동차로 갈 수 도 있다.

생텔렌 (Île Sainte-Hélène) 섬에는 라 롱드 (La Ronde) 놀이공원, 바이오 (Biosphère) 환경 박물관, 스튜어트 (Stewart) 군사요새 박물관, 야외 수영장 (Aquatic Complex)이 있고, 노트르담 (Île Notre-Dame) 섬에는 카지노, 요트경기장, 자동차 경주장, 모래 비치이 있다.

22 Ch. MacDonald, Montréal, QC (놀이 공원)

20 Ch. du Tour de L'isle, Montréal, QC (스튜어트 박물관)
160 Ch. Tour-de-L'Isle, Montréal, QC (환경 박물관)
Chemin du Tour de l'île, Montréal, QC (야외 수영장)
1 Av. du Casino, Montréal, QC (카지노)
1 Gilles Villeneuve Circuit, Montréal, QC (모래 비치)

<Jean-Prapeau 카지노>

<La Ronde 놀이공원>

몬트리올의 구경거리 중 또 다른 하나가 불꽃놀이 이다. 라 롱드 놀이 공원에서 여름철 매주 1~2회 밤 10시에 음악에 맞추어 불꽃놀이 폭죽을 하늘로 쏜다. 약 밤 9시경부터 작 카르티에 다리 (Pont Jacques-Cartier)를 전면 통제하여 차량 통행이 금지되고, 관광객들이 안전하게 다리 위로 올라가서 불꽃놀이를 무료로 감상 할 수 있다. (FM 라디오 105.7 MHz로 배경음악 전송)

몬트리올 사람들이 즐겨 찾는 백화점은 다운타운의 이튼 센터와 The Bay 이고 북쪽 1 시간 거리의 생소뵈르 아웃렛 매장 이다.

- 다운타운 백화점
  705 Sainte-Catherine St. W, Montréal, QC (Eaton Centre)
  585 Sainte-Catherine St. W, Montréal, QC (The Bay)
- 몬트리올 북쪽 1시간 거리의 아울렛
  19001 Ch. Notre-Dame, Mirabel, QC (Hwy 15 Exit 28)
  170 Ch. du Lac-Millette, St-Sauveur, QC (Hwy 15 exit 60)

몬트리올에서 남쪽으로 1~2 시간 거리의 미국 국경을 넘어가면 캐나다인 들이 많이 찾는 쇼핑몰이 있다.

- 뉴욕 주, 피츠버그 샴플레인 센터 (Plattsburgh, Champlain Center)
  60 Smithfield Blvd, Plattsburgh, NY, USA (Hwy 87 exit 37)
- 버몬트, 벌링턴 쇼핑몰 (Burlington Essex Shoppes & Cinema)
  21 Essex Way Essex Junction, VT, USA

2) 다운타운 인접 지역

다운타운은 어느 도시나 할 것 없이 번화한 상업지구 이므로 일반 주택은 거의 없고 아파트나 콘도 등 공동 주택이 대부분 이다. 따라서 학생들이나 어린 자녀가 없는 가족들이 주로 거주하고 나머지 가족이 있는 경우는 인근 주거지역에 살고 있다.

<올드 몬트리올까지 자전거 전용 도로가 있는 라신 운하>

a. 서쪽지역 (웨스트 마운트, 버든, NDG, 라살, 라신)

a) 웨스트 마운트와 버던

다운타운 바로 서쪽 산언덕은 퀘벡 주 최고의 부촌이며, 영어를 사용하는 웨스트 마운트 (Westmount) 이다. 그러나 산 아래쪽 고속도로 (Hwy 720)에서 생로랑 강변까지는 저소득층이나 실업자들이 많이 사는 버던 (Verdun) 지역이다. 고속도로 (Hwy 15) 옆에 교도소가 있고, 생로랑 강변에는 정신병원도 있고, 과거 총기 보복살인을 하는 사건이 발생하는 등 지역발전을 가로 막는 원인들이 있어서 좋은 지역은 아니다. 그러나 불법이 난무하는 아주 위험한 지역은 아니고, 단지 집 값 또는 임대비가 저렴하고 교육 열기가 뜨겁지 않다는 것이다. 이 지역에 엣워터 (Atwater) 재래시장이 있고, 한인들에게 인기 있는 비앙달 (Viandal) 정육점도 있다.

138 Av. Atwater, Montréal, QC (재래시장)

550 Rue de L'Eglise, Verdun, QC (정육점)

생로랑 강가에 있는 작은 섬 넌스 아일랜드 (Nun's Island)는 행정 구역상 버던에 속하지만 다른 분위기 이다. 깨끗하게 정돈된 주택들이 있어서 한인들이 선호하는 주거지역이다.

몬트리올 시티는 2017년부터 개장을 목표로 다운타운에서 인접한 버던 강변에 모래비치를 준비하고 있다.

b) NDG와 꼬생룩 주변

다운타운에 웨스트 마운트 (Westmount) 보다 더 먼 서쪽은 퀘벡 주에서 한인들이 제일 많이 모여 사는 NDG (Notre-Dame-de-Grace)와 꼬생룩 (Cote-St-Luc) 등이 있다. 이 지역은 20분 정도면 다운타운으로 갈 수 있으며, 중산층 유태인들이 많이 사는 지역으로 한인들이 가장 선호하는 지역이다. 한인 많이 거주하는 지역으로 한인을 상대로 비즈니스를 하는 식품점, 식당, 미용실, 교회 등이 있다.

<Atwater 재래시장>

<파크 앙그리뇽 공원>

c) 라살과 라신

NDG 더 먼 서쪽에 라살 (Lasalle) 및 라신 (Lachine)이 있으며,

이 지역은 NDG 보다는 집값이 약간 저렴하고 특히 라살은 지하철이 있어서 다운타운 접근이 용이하다. 라살은 한인들이 단체 행상에 가장 많이 이용하는 앙그리농 (Parc Angrignon) 공원이 있다. 훌륭한 나무숲과 넓은 주차장이 있고 바비큐 파티를 즐길 수 있는 다운타운 인접 공원이다.

3400 Boul. Trinitarian, Montréal, QC (앙그리농 공원)

다운타운 올드 몬트리올에서 안전하게 라신 운하 (Lachine Canal)까지 갈 수 있는 긴 자전거 전용도로가 있다. 라신 타운의 운하 주변은 매우 훌륭한 공원으로 외부 관광객은 많지 않지만 항시 많은 지역 주민들이 매우 많이 찾는 곳이다.

500 Ch. des Iroquois, Lachine, QC (운하 입구)

b. 몽로얄 산 넘어 북쪽지역 (꼬데네지, 우트르몽, TMR)

a) 꼬데네지

몽로얄 (Mont-Royal) 산 넘어 북쪽지역은 몬트리올 대학이 있는 꼬데네지 (Côte-des-Neiges) 지역으로 불어를 사용하며, 여러 큰 병원들이 있다. 대학이 있고 다운타운 접근이 용이하여 아파트 및 콘도들 등이 공동주택이 많고 유태인들이 많이 거주한다. 또한 꼬데네지 거리에는 줄을 서서 기다려야 먹을 수 있는 유명한 베트남 칼국수 식당들이 있다.

<몬트리올 대학>

<베트남 칼국수>

b) 불어권 중산층 거주지 우트르몽과 TMR 타운

꼬데네지의 동쪽은 우트르몽 (Outremont) 이고, 북쪽은 TMR (Town of Mont-Royal) 타운으로 몬트리올에서 불어권 최고 부촌이다. 우트르몽의 한쪽은 다운타운과 접하여 다운타운에 비즈니스를 갖는 불어 사용 주민이 선호하는 지역이다. TMR 타운의 한쪽 코너가 고속도로 (Hwy 40)와 접하고 있어서 이곳에 대형 쇼핑 몰 (Rockland Mall)이 있다.

2305 Ch. Rockland, Montréal, QC (쇼핑몰)

c. 다운타운 동쪽 게이 빌리지와 르플라토 몽로얄 지역

a) 게이 빌리지

게이 빌리지 (Gay Village)는 몬트리올에서 가장 긴 2개 지하철 2개 노선이 교차되는 베리위캄 역에서 동쪽으로 지하철 2개 역까지 이며 중심지에 보드리 (Beaudry) 역이 있다. 이 지역은 특별한 행사 기간이 아니더라도 상가나 동네 분위기에서 금방 동성애자들이 많이 살고 있는 것을 느낄 수 있다.

b) 플라토 몽로얄

르플라토 몽로얄 (Le Plateau-Mont-Royal)은 몽로얄 산 동쪽에 위치한 지역으로 중심지는 몽로얄 거리 (Av. du Mont-Royal E.)와 생드니 거리 (Rue St-Denis)가 만나는 곳이다. 예술 하는 사람들이 많이 사는 타운답게 건물 밖으로 만들어 놓은 나선형 철제 계단, 섬세한 발코니 등이 서구적으로 멋있고 특이하다. 그러나 몬트리올은 눈이 많이 내리기 때문에 직접 살고 있는 주민은 상당히 불편할 수 있다.

장탈롱 농산물 재래 시장
TMR 타운과 르플라토 몽로얄 타운 사이에 리틀 이태리 타운이 있으며 중심부에 몬트리올 최대 규모의 농산물 재래시장인 장탈롱 시장 (Marché Jean-Talon)이 있다. 7070 Av. Henri Julien, Montréal, QC

3) 서부지역 웨스트 아일랜드

몬트리올 사람들은 트루도 (Trudeau) 국제공항의 서쪽 지역을 웨스트 아일랜드 (West Island) 라고 부르며 주민들 대부분 영어가 통한다. 다만 웨스트 아일랜드의 많은 타운들이 통합 몬트리올 시에 편입되는 것을 반대하여 대부분 별도의 행정구역이다.

웨스트 아일랜드에서 몬트리올 섬의 중심이나 다운타운으로 가는 지하철은 없고 버스와 통근 열차를 이용할 수 있지만 한국과 비교하면 대중교통이 불편한 편이다. 그러나 개인 승용차를 이용할 경우 출·퇴근 시간대를 제외하고 한산한 편으로 30분 정도면 어디서 출발하든 다운타운 까지 갈 수 있다.

웨스트 아일랜드는 영어를 사용하는 안정된 직장을 생활을 하는 주민들이 대부분 사는 조용한 도시지역이다.

<웨스트 아일랜드 중심을 관통하는 고속도로 hwy 40>

a. 트루도 국제공항 및 주변 지역

트루도 국제공항 앞은 돌발 (Dorval)지역으로 주변에 항공기 제작 기업, 화물열차 터미널, 물류회사들이 몰려 있다. 돌발 타운은 토론토 및 오타와로 가는 장거리 기차 및 통근 열차도 정차하고 다운타운까지 한 번에 가는 시내직통버스 노선 (211번)도 있어서 대중교통이 편리한 편이다.

<트루도 국제공항>

<돌발 VIA 장거리 기차역>

b. 웨스트 아일랜드의 중심 포인트 클레어

웨스트 아일랜드의 중심지역은 포인트-클레어 (Pointe-Claire)로 시내버스 터미널, 쇼핑몰, 종합병원, 그리고 호텔 등이 있다. 고속도로 Hwy 20 주변 지역이 상대적으로 영어를 더 많이 사용하고 고속도로 Hwy 40 주변은 IT 기업들이 많다. 서부지역의 단점은 넓은 면적에 비하여 인구가 약 20만 정도 밖에 안 되기 때문에, 포인트-클레어 (Pointe-Claire)의 페어뷰 몰 (Fairview Mall) 이외는 비즈니스가 그리 활발하지 못하다.

<Pointe-Claire 시청>

<Stewart Hall 문화센터>

1900년대 부호들이 살았던 웨스트 아일랜드의 대저택이 재개발 위기에 처해 있을 때, 월터 (Walter)와 스튜어트 (Beatrice Stewart)가 구입하여 포인트-클레어 시에 단돈 1달러에 기증하였

다. 이 건물은 오늘날 스튜어트 문화센터로 사용하고 있다.

176 Ch. du Bord-du-Lac, Pointe-Claire, QC (문화 센터)

c. 몬트리올 섬의 서쪽 끝

웨스트 아일랜드 서쪽 끝에 위치한 생탄 드 벨뷰 (Ste-Anne de Bellevue, Hwy 20, exit 39 south) 타운은 오타와에서 내오는 강이 나이아가라 폭포에서 내오는 강을 만나는 곳에 위치한다. 오타와 강이 몬트리올 섬을 만나면서 급류가 형성되는 데, 옛날 배는 급류를 거슬러 오라 가는 것이 너무 어려워서 운하를 건설하여 사용했었다. 오늘날에는 운하를 따라 예쁜 식당들이 들어서서 여름철이면 가족 동반 또는 연인 끼리 많은 시민들이 보트를 타고 몰려와서 운하를 따라 정박하고 외식을 즐긴다.

매년 6월이면 대규모 자동차 쇼를 생탄 드 벨뷰 타운의 메인 거리에서 개최하여 캐나다 동부지역에서 수백 대의 옛날 자동차들이 참가 한다. 옛날 자동차이지만 마니아들이 관리를 너무 잘 하여 금방 출고 된 자동차 같이 윤이 반짝 반짝 나는 것은 물론이고 작은 부품 하나라도 모두 새것 같이 관리 한다. 1920대부터 생산된 수백 종류의 차량을 한 번에 다 만날 수 있다. 많은 차량이 행사에 참가하다 보면 동일 기종이 있을 수 있지만, 소유주들이 대부분 자동차 마니아다 보니 동일 기종이 전시되는 것은 극히 드물다. (www.cruisinattheboardwalk.ca)

<생-탄드 밸브 운하>

<옛날 전통 자동차 쇼>

운하 이외에도 타운 주변에 매길대 농장, 모간 수목원 (Morgan

Arboretum), 락 생장 (Lac St-Jean) 호수 주변의 요트장, 군인병원, 그리고 매주 토요일만 개방하는 옛날항공기 제작센터 (Canadian Aviation Heritage Center) 등이 있다.

d. 웨스트 아일랜드 북쪽 강변

라발 섬과 인접한 삐에르퐁 (Pierrefonds), 일 비자드 섬 (Île Bizard), 락스보로 (Roxboro) 지역은 웨스트 아일랜드의 유일한 불어권지역으로 영어가 통하기는 하지만 주민들이 불어를 선호한다. 웨스트 아일랜드 다른 지역에 비하여 집값이 상대적으로 덜 비싸다. 일 비자드 섬은 경제적으로 시간적 여유가 있는 사람들이 조용하게 살 수 있는 곳이며 섬 동쪽 끝에 자동차와 함께 배를 이용하여 라발 섬으로 가는 선착장이 있다.

99 Av. des Érables, Montréal, QC (선착장)
99 Rue les Érables, Laval, QC (선착장)

락스보로 타운은 저소득층이 많이 살고 있고, 삐에르퐁의 강변에 위치한 캡 생자크 (Cap St-Jacques) 공원은 몬트리올 섬에서 유일한 모래비치가 있다.

<캡 생-작 모래 비치 공원>

4) 몬트리올 섬의 북부지역

a. 생로랑

생로랑 (St-Laurent) 타운은 트루도 국제공항 북쪽 뒤편에 위치하며, 불어권 지역으로 북쪽 라발 섬이 가깝고 세계적인 봄바디에르 항공기 제작사의 대규모 공장이 있으며 2000년대 신규 주택이 많이 건설된 지역이다.

생로랑 타운은 봄바디에르 회사를 기준으로 신규 주택이 많은 서쪽은 비교적 중산층이 많이 살고 반대편 동쪽 (Côte-Vertu)는 저소득층이 많이 거주한다. 봄바디에르 회사 관련 작은 회사들이 있고 고속도로 (Hwy 40 & Hwy 15)가 교차하는 위치에 있어서 식품 등을 도매하는 유통기업이나 물류 창고들이 있다.

b. 생네오나르와 몽레알 노르

생네오나르 (St-Leonard) 및 몽레알 노르 (Montréal Nord) 타운은 Hwy 40과 Hwy 15번이 만나는 지점에서 동북쪽에 위치한다. 동부지역처럼 불어를 사용하지만 다른 점은 흑인들이 많이 살고 있다. 경제적으로 낙후되고 작고 영세한 기업들이 많다.

몽레알 노르의 비지따시옹 (Visitation) 섬 공원 입구에 북미 대륙에서 최초로 전기를 생산한 댐이 있지만 오늘날은 부서진 시설만이 있고 근처에 새로 건설한 댐이 있다.

서커스 메카로 육성하기 위한 공연 및 전시관인 TOHU가 인근에 있다. 2345 Rue Jarry E, Montréal, QC

<생-네오나르 시청>

<Montréal Nord의 수력 댐>

5) 몬트리올 섬의 동부지역

동부지역 주민들은 대부분 쉬운 영어도 거의 못 하고 종교는 서부지역이 대부분 개신교인 것에 반하여 대부분 가톨릭이다. 그 이유는 결혼이며, 교육이며, 생활에 필수적인 것을 국가를 대신하여 성당이 아주 오래 동안 퀘벡 주를 통치해 왔기 때문이다. 이들은 한국의 결혼 예식장 같은 것을 한 번도 본 적이 없기 때문에 종교가 없으면 결혼을 어떻게 하느냐고 물을 정도이다.

a. 한국 최초로 금메달을 획득한 동부지역 올림픽 공원

동부지역은 완전한 불어권으로 옛날 저소득층이 많이 살아서 특별히 이 지역을 재개발하고자 1970년대 올림픽을 개최할 때 올림픽 스타디움과 세계적으로 훌륭한 공원을 만들었다. 옛날 조성한 공원이지만 잘 가꾸고 관리하여 항시 많은 시민들이 이용한다. 이곳은 한국 최초로 양정모 선수가 올림픽 경기에서 금메달을 딴 역사적인 장소이기도 하다.

<올림픽 돔>

<올림픽 선수촌 아파트>

올림픽 경기에 사용된 스타디움 경기장, 올림픽 선수촌 아파트 (Olympic Village) 그리고 올림픽 정원 등은 모두 가까운 거리에 있다.

- 올림픽 정원 (Jardin Botanique)
  4101 Rue Sherbrooke E, Montréal, QC
- 올림픽 스타디움 (Stade Olympique) 경기장
  4141 Rue Pierre De Coubertin, Montréal, QC
- 올림픽 선수촌 (Olympic Village) 아파트
  5111 Rue Sherbrooke E, Montréal, QC

올림픽 공원은 지역 주민을 위한 일반 공원은 무료이지만 식물원, 중국정원, 일본정원 등이 있는 올림픽 정원은 유료이다. 그러나 입장료가 아깝지 않을 정도로 잘 가꾸고 관리하여 한인들이 강력 추천하는 장소이기도 하다. 또한 올림픽 정원 내에는 매우 다양한 곤충이 있는 곤충생태관 (Insectarium)도 있다.

메인 스타디움이 있는 올림픽 경기장은 종종 큰 경기를 유치하며 165m의 타워가 있어서 몬트리올 시내의 먼 곳 까지 볼 수 있다. 부속건물에 있는 바이오돔 (Biodôme)은 자연 생태관으로 살아 움직이는 펭귄들을 만날 수 있다. 또한 경기장 옆에 있는 플라네타리움 (Planétarium)은 세계적인 광산기업 리오 틴토 알칸 (Rio Tinto Alcan)이 2000년대 새로 개장한 전시관으로 우주와 광물에 관하여 전시하고 있다.

4777 Av. Pierre-de Coubertin, Montréal, QC (바이오돔)
4801 Av. Pierre-de Coubertin, Montréal, QC (플라네타리움)

다운타운에서 올림픽 공원까지 지하철 그린라인이 있어서 대중교통도 편리하다. (Station Pie-IX역, Viau역)

b. 동부지역 경제의 중심지 앙주

동부지역은 여전히 정유공장 등 굴뚝산업이 주류이지만 쇠퇴하여 빈 공장 터가 곳곳에 있는 낙후된 지역이었다. 주정부는 앙주 (Anjou)를 중심으로 집중 투자하여, 앙주에서 고속도로 (Hwy 25)를 북쪽 라발 (Laval) 섬과 연결하고 남쪽으로 바다 같은 생로랑강 밑으로 터널을 만들어 롱게일 (Longueuil) 지역과 연결하여 발전할 수 있는 인프라를 구축하였다.

<앙주 중심지 빌딩>

<Montréal Est의 정유공장>

몬트리올은 시립골프장이 2개 뿐 이며, 그나마도 하나는 회원제이고 나머지 하나는 몬트리올 섬의 동쪽 끝 불어권에 있어서 골프를 좋아한다면 골프를 즐기는 것이 부담스러울 수 있다고 생각할 수 있지만 전혀 걱정할 필요 없다.
원주민 보호 구역의 골프장 및 저렴한 퍼블릭 골프장들이 상당히 많아 아마도 몬트리올은 캐나다에서 제일 저렴하게 골프를 즐길 수 있는 도시 중에 하나이다.

<몬트리올 시립 및 교민 애용 골프장>

지역	골프장	특징 및 위치
동부지역	Golf municipal de Montréal	- 9홀 (파3/홀) - 4235 Rue Viau, Montréal (올림픽 공원)
웨스트 아일랜드	Club de Golf Municipal Dorval	- 18홀, 회원제 골프장 - 1455 Av. Cardinal, Dorval
	Golf Dorval	- 18홀 (파72) - 2000 Av. Reverchon, Dorval
원주민 보호구역 및 주변	Caughnawaga Golf Club	- 3개 9홀 Front - Back (파70) Back - Red, Red - Front (파69) - Ch. 207 S, Kahnawake
	Club De Golf Bellevue	- Course Bellevue 18홀 (파72) Woodlands 18홀 (파72) - 880 Boul. de Léry, Léry (Châteauguay)
한인 타운 인접	Club de golf meadowbrook	- 18홀 (파72) - 8370 Ch. Cote St, Luc, Montréal

<퀘벡 주의 주요 퍼블릭 골프장>

지역	골프장	설계자, 특징 및 위치
몬트리올 동부지역	Club de Golf de L'Ile de Montréal	- Pat Ruddy (2001년) 18홀 (파70) - 3700 Rue Damien Gauthier, Montréal
몽트랑블랑 (Mont Tremblant)	Le Maitre	- F. Couples/G. Cooke/D. Huxham (2001년) 18홀 (파72, 캐나다 49위) - 650 Rue Allée Grande, Mont-Tremblant
	Le Geant Golf (몽트랑블랑 리조트)	- Thomas McBroom (1995년) 18홀 (파72, 캐나다 62위) - 8630 Montée Ryan, Mont-Tremblant
	Le Diable Golf (몽트랑블랑 리조트)	- M. Hurdzan/D. Fry (1998년) 18홀 (파71, 캐나다 78위) - 8630 Montée Ryan, Mont-Tremblant
	Golf Gray Rocks	- La Bête 18홀 (파71, 72) La Belle 18홀 (파72, 73) - 100 Ch. Champagne, Mont-Tremblant
몬트리올 서쪽외각	Club De Golf Falcon	- Graham Cooke (2001년) 18홀 (파72) - 59 Rue Cambridge, Hudson (Hwy 40 Exit 28)
몬트리올 북쪽외각	Club de Golf les Quatre Domaines	- Graham Cooke (2001년) 18홀 (파72) - 18400 Ch. Notre-Dame, Mirabel (Hwy 15 Exit 28 W, 공항 근처)

몬트리올 섬 외각 광역권

몬트리올 시와 동일한 경제권과 생활권을 가지지는 섬의 외각 광역권은 일-빼롯 (ile-Perrot) 섬을 포함하는 서부지역, 라발 (Laval) 섬, 오카 (Oka), 미라벨 (Mirabel) 공항이 있는 북부지역 동부지역, 남쪽지역 사우스 쇼 (South Shore)로 나누어 생각할 수 있다.

몬트리올 섬 밖 광역권은 도시와 농촌이 혼재된 지역으로 전체 인구가 몬트리올 섬의 인구와 비슷한 약 200만이 거주한다. 대표적으로 인구가 많은 지역은 남부지역 롱게일 (Longueuil)과 북쪽 라발 섬이다.

<몬트리올 광역권>

1) 몬트리올 섬 서부 외각

a. 일-빼롯 섬

일-빼롯 섬 (Île-Perrot)은 몬트리올 섬을 벗어난 서쪽 첫 번째 지역으로 2011년 인구가 약 3.7만이며 주민 대부분 영어와 불어를 구사한다. 이 섬을 지나가는 산업도로 같은 고속도로 (Hwy 20)에서 시작되는 돈키호테 일반도로 (Boul. Don Quichotte)를 따라 끝까지 가면 풍차가 있는 작은 유료 공원에 도착한다.

2500 Boul. Don Quichotte, Notre-Dame-de-l'Île-Perrot, QC
((Parc Historique Pointe-du-Moulin 공원)

신도시 주택단지가 있고 과일 및 채소를 수확하는 즐거움을 만

낄할 수 있는 유명한 퀸 (Quinn) 농장도 있다. 또한 이 섬에는 교통의 장점으로 인해 자동차 판매 대리점들이 몰려 있다.

110 Boul. Perrot, L'Île-Perrot, QC (일-빼롯 시청)

b. 보드레일-도리옹

보드레일-도리옹 (Vaudreuil-Dorion)는 몬트리올 섬의 서쪽 밖에서 일-빼롯 섬 다음에 위치한 타운으로 고속도로 (Hwy 20, 30, 40)들이 주변을 지나가도 인구가 33,305명이며 불어권으로 영어를 전혀 못하는 사람들이 상당히 많다. 몬트리올 섬 밖 서부지역 주민들의 생활 중심타운으로 쇼핑을 위한 상가들이 고속도로 (Hwy 40) 주변에 많으나 일반 산업체 미미한 편이다.

c. 솔랑지 운하 주변

보드레일-도리옹에서 더 서쪽으로 생로랑 강변에 옛날 솔랑지 운하 (Soulanges Canal)가 위치한다. 운하는 푸앙트-데-깨스깨드 (Pointe-Des Cascades) 지역에서 시작하며 운하를 따라 만들어진 자전거 전용도로가 30km 이상으로 제법 길고 주변은 완전한 농촌 지역이다.

<퀸 농장>

<솔랑지 운하>

d. 수로마을 생조띠크

온타리오 주의 경계에 가까운 생조띠크 (Saint-Zotique) 수로마을은 매우 특이한 주택 단지로 구성되어 있다. 집 앞은 도로가 있고, 집 뒤쪽은 수로가 있다. 수로를 따라 보트를 타고 강에서 집 뒤 정원까지 들어오도록 설계된 주택단지 이다. 수로도 많다 보니 도로 표지판 같이 수로 표지판이 곳곳에 있다.

Notre-Dame des-Riviéres, QC (Hwy 20 Exit 6 South)

수로 마을에는 작지만 모래 비치도 있어서 지역 주민들이 여름철 물놀이를 충분히 즐길 수 있다.

81e Av. Saint-Zotique, QC (Hwy 20 Exit 6 South)

<수로 마을>

<모래 비치>

몬트리올 주변 발전소 견학
생로랑 강물이 몬트리올 서쪽 광역권에 도착하는 곳에 거대한 발전소 (Beauharnois Generating Station)가 있다. 이 발전소는 Hwy 30 Exit 17과 Exit 22 사이)에 있으며, 몬트리올 주변 발전소들 중에서 발전 용량이 제일 크고 일반인 견학이 가능하다. 80, boul. de Melocheville, Beauharnois, QC

e. 영어권 허드슨

몬트리올 섬을 벗어난 서부지역 중 오타와 방향에 위치한 허드슨 (Hudson)은 인구가 약 5천 명으로 영어권 타운이다. 이 타운에서 오타와 강 건너편 오카 (Oka)로 가는 페리를 이용할 있다. 허드슨 주변 몽리고 (Mont Rigaud) 산에는 스키장, 페인트 볼, 등산로가 있다. 몬트리올 섬은 흙만 있는 평지이지만 이곳에서 건축자재인 자갈과 모래를 공급 받을 수 있다.

158 Rue Main, Hudson, QC (허드슨 선착장)

184 Rue des Anges, Oka, QC (오카 선착장)
321 Ch. des Erables, Rigaud, QC (몽 리고 스키장)

<허드슨 -오카 왕복 페리>

<몽-리고 스키장>

2) 북부 라발 섬

몬트리올 섬을 벗어난 북부지역의 첫 번째는 라발 (Laval) 섬으로 인구가 약 40만이고 모두 불어지역이다. 라발 섬에도 과거 수십 개의 작은 시들이 있었으나 몬트리올 주변에서 가장 일찍 섬 전체를 하나의 시로 통합하였다. 2000년대 중반에 라발 섬까지 지하철 연장 공사가 완료되어 대중교통 상황이 나아지고는 있지만, 자가용을 이용할 경우 몬트리올 섬의 남북을 관통하는 고속도로 (Hwy 13, 15)가 매우 혼잡하다.

289 Boul. Cartier O, Laval, QC (라발 시청)

라발 (Laval) 섬은 강남 사우스 셔 (South Shore) 지역과 달리 산업 시설이 거의 미미하고 몬트리올의 배후 주거지역 역할만 한다. 섬의 서쪽은 신규 주택들이 많고 강변에 부촌이 형성되어 있지만 대중교통이 발달한 지역은 저소득층이 많이 살고, 섬의 중앙과 동부지역은 여전히 농장이 많은 시골이다.

서비스 유통 산업은 이 섬의 유일한 산업으로 고속도로 Hwy 15와 Hwy 440이 만나는 주변에 대형 쇼핑센터들이 있다. 이 쇼핑센터 주변에 작은 규모의 우주 센터 코스모돔 (Cosmodome), 골로쥬스 (Colosus) 영화관 및 스카이다이빙을 체험하는 스카이벤처 (Skyventure) 등이 있어서 라발 주민은 물론이고 몬트리올에서도 많은 시민들이 찾아 간다.

2150 Autoroute des Laurentides, Laval, QC (우주 센터)

<라발 시청>

<라발 콜로쥬스 영화관>

3) 북부 및 동부 외각

a. 원주민들이 많이 거주하는 오카

오카는 원주민들이 살고 있고, 주변은 그림 같은 농촌으로 들과 언덕 같은 작은 산들이 있어 드라이브 코스로 아주 훌륭하다. 주변에는 승마장, 사과 등 과일 농장, 호박 등 식품 농장, 꿀벌 농장이 있으며 10월에 많은 손님들이 찾아온다. 앙떼르밀 (Intermiel) 꿀벌 농장에는 유리벽 속에 벌집을 넣어 꿀벌들이 벌통에서 어떻게 살고 있는 지를 생생하게 볼 수 있다.

<사과 농장>

<벌꿀 농장>

몬트리올 광역권은 거대한 강이 흐르지만 홍수가 없어서 자연적으로 모래 비치가 잘 생기지 않아 대부분 변변찮다. 그래도 오카 공원에 있는 모래비치는 광역권에서 제일 좋은 편이고 바비큐도 할 수 있어서 한인들이 많이 이용 한다. 또한 오카 공원에서 동쪽으로 약간 떨어진 곳에 물놀이 공원 (Super Aqua Club)도 있다.

<오카공원 모래비치>

10291 Rang de la Fresnière, Mirabel Saint-Benoît, QC (꿀벌농장)
2020 Ch. d'Oka, Oka, QC (오카 모래비치)
322 Montée de la Baie, Pointe-Calumet, QC (물놀이 공원)

b. 미라벨 공항 주변

라발 섬 보다 더 북쪽 지역은 전형적인 농촌 지역이고 완전한 불어권이고, 고속도로 (Hwy 15)를 따라 Sainte-Thérèse (2.6만), Blainville (5.4만), Saint-Jérôme (6.8만) 등의 타운들이 있다.

2000년대 말에 GM 완성차 대규모 공장이 이 지역에서 완전 철수 하였지만, 벨 헬리콥터 (Bell Helicopter), 봄바디에르 등의 여러 첨단 기업들이 여전히 있다.

과거 몬트리올이 캐나다 제일 도시였을 때 1시간 거리 외각에 훌륭한 미라벨 (Mirabel) 국제공항을 건설하였다. 그러나 몬트리올의 성장이 활발하지 못하고 여객 수요가 많지 않아 오늘날 화물기만 이용하고 비상사태 때 예비 공항으로 활용하고 있다. 다만 중형 항공기 제작 기업인 봄바디에르 등이 있다.

c. 동부 떼르본느

떼르본느 (Terrebonne, Hwy 25 Exit 22E)는 라발 섬 동쪽 밖에 있는 첫 번째 타운이며 인구가 10.6만으로 완전한 불어권으로 영어가 전혀 안 통한다.

<일데물렝 물레방아 공원>

과거 강을 막은 보와 물레방아가 있던 일데물렝 (Ile des-Moulins) 섬을 중심으로 예쁘게 꾸며 놓아서 여름철 많은 사람들이 찾아와서 연극도 보고 분위기 있는 식당에서 식사도 하고 주변 산책도 즐긴다.

d. 동부 샤르망

샤르망 (Charlemagne)은 몬트리올 섬 동쪽 밖에 있는 첫 번째 타운으로 인구가 6천 명인 아주 조그마한 타운이다. 역시 완전한 불어권이고 몬트리올 섬 밖에 거주하는 주민들이 꼭 몬트리올 진입하지 않도록 생활 편의 시설들과 쇼핑 몰들이 있다.

4) 몬트리올 섬 남부 외각

남부지역은 다운타운에서 강 건너편으로 보이는 곳으로 사우스 쇼 (South Shore) 라고 부르며, 2011년 75만 이상으로 인구가 조사되었다.

a. 통합 롱게일 시티

사우스 쇼 지역은 2006년 롱게일 (Longueuil) 주변에 있던 여러 작은 시들을 통합하여 광역 롱게일 시티 (Urban agglomeration of Longueuil)를 만들었다.

4250 Ch. de la Savane, Longueuil, QC (롱게일 시청)

2001 Boul. de Rome, Brossard, QC (브라사드 타운 홀)

<2011년 통합 롱게일 시티의 지역별 인구>

통합된 시티	인구 (명)	비 고
Boucherville	40,753	
Brossard	79,273	
Longueuil	231,409	전체인구의 57.98%
Saint-Bruno-de-Montarville	26,107	
Saint-Lambert	21,555	
전체	399,097	

<롱게일 시청>

<브라사드 타운 홀>

모두 불어를 사용하는 지역이지만 다운타운이 가까워서 제법 많은 인구가 거주하고 있다. 롱게일은 주위의 다른 지역 보다 먼저

발달한 도시로 인구가 많이 살지만 주변지역에 비하여 저소득층이 많이 살고 있다. 그러나 브라사드 (Brassard)와 생뚜베르 (St-Hubert) 지역은 새롭게 들어선 주택 단지가 많아서 신도시 지역으로 불리고 있다.

<생-뚜베르의 신규 주택단지 주변 La-Cite 공원>

남부지역은 지하철이 들어가기는 하지만 생로랑 강 근처에 롱게일 (Longueuil)역 딱 하나만 있어서, 출·퇴근 시간 강을 건너는 차량들로 혼잡하여 버스 전용차선을 운영하고 있다. 다운타운과 연결되는 가장 중요한 고속도로 Hwy 15의 퐁 샹플랭 다리 (Pont Champlain)는 건설한지 너무 오래되고, 몬트리올에서 교통 혼잡이 가장 심한 지역 중에 한 곳이다. 롱게일에서 다운타운으로 들어오는 중요한 자크 까르띠에 (Jacques Cartier) 다리는 인도 및 자전거 겸용도로가 있어서 다리 위에서 몬트리올과 남부지역을 전망할 수 있다.

<롱게일 지하철역 주변>

<작 까르띠에 다리>

강남지역은 항공 산업이 가장 크지만 중공업, 경공업, IT 등 다양한 분야의 걸쳐서 큰 기업부터 작은 기업까지 많이 있다.

<사우스 쇼 지역의 주요 기업 및 기관>

기업 및 기관	제품 및 서비스
Pratt & Whitney Canada	항공기 엔진
Héroux-Devtek	항공기 랜딩 기어
National Defence	캐나다 국방부
National Aero-Technical School (École nationale d'aérotechnique)	항공기술학교
Aerospace Technology Centre (Centre technologique en aérospatiale)	항공 관련 실험시설
Canadian Space Agency	캐나다 우주연구소

<사우스 쇼 지역의 주요 산업단지>

지 역	공 단	기 업 (수)	직 원 (명)
Boucherville	Édison industrial park	345	12,700
	Lavoisier industrial park	200	9,000
Brossard	Brossard industrial park	200	3,300
	Autoroute 30 industrial park	20	700
Saint-Hubert	Pilon industrial park	160	3,300
	L.-Gérard-Leclerc industrial park	60	1,100
	Litchfield industrial park	35	700
	Saint-Hubert industrial park	40	1,500
	Airport zone	45	2,700
Vieux-Longueuil	Longueuil industrial park:	400	9,900
	Sector d'Auvergne	40	6,400
	Sector Pierre-Dupuy	5	25
	Sector Jacques-Cartier, Delorimier, Papineau	20	340
Saint-Bruno-de-Montarville	Gérard-Fillion	80	3,700
	Écoparc Saint-Bruno-de-Montarville	3	350
Saint-Lambert	Industrial zones	10	125

사우스 쇼는 몬트리올 다운타운이 가깝고 넓은 땅이 있어서 발

전할 가능성은 많지만 아직 풀어야 할 교통 문제가 있다. 몬트리올 다운타운으로 가는 다리가 여러 개 있지만 절대적으로 부족하고 고속도로 Hwy 25를 제외한 나머지 모든 다리가 매우 낡아서 연중 공사 중인 것이 커다란 장애로 작용하고 있다.

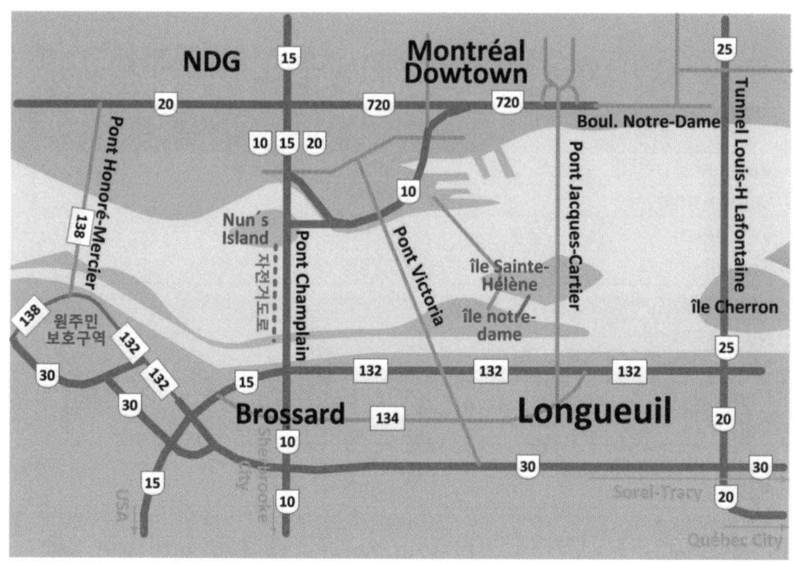

<사우스 쇼와 몬트리올 연결 다리>

b. 롱게일 시티 외각

통합 롱게일 시티외각은 도시와 동촌이 혼합된 지역으로 5천에서 3만 정도의 작은 여러 개의 시가 넓은 지역에 산재해 있다.

사우스 쇼의 서부지역에 위치한 생콩스탕 (Saint-Constant)과 델송 (Delson) 경계에 캐나디언 철도 박물관 (Canadian Railway Museum)인 엑스포레일 (Exporail)이 있어서 기차와 관련 역사를 볼 수 있다.

110 Rue Saint-Pierre, Saint-Constant (or Delson), QC

카나와크 (Kahnawake)는 라신 및 라살 강 건너 편에 위치하는 원주민 보호구역으로 한인들이 많이 사는 NDG에서 가까운 편으로 자동차로 15분 정도이면 갈 수 있다. 원주민들의 사업체에서 제공하는 서비스나 상품 (골프, 주유소, 슈퍼마켓 등)에는 세금이 면제되어 다른 지역보다 가격이 저렴하지만 보호구역 밖에서 다시 재판매할 경우 불법이다.

<2011년 몽게일 광역권 외각 주요 지역 인구>

주요 지역	인구	비 고
Varennes	20,994	동부외각
Sainte-Julie	30,104	
Verchères	5,692	
Beloeil	20,783	
Chambly	25,571	남부외각
McMasterville	5,615	
Mont-St-Hilaire	18,200	
Candiac	19,876	서부외각
Delson	7,462	
La Prairie	23,357	
Saint-Constant	24,980	
Kahnawake	9,000 (추정)	원주민 보호구역
Châteauguay	46,264	원주민 보호 구역 서쪽

<엑스포레일 철도 박물관>

<원주민 보호구역 골프장>

레제땅 가랑 낚시터 (LES ÉTANGS GARAND)

바비큐가 가능한 개인 공원의 연못에서 하는 여름철 낚시터이며 잡은 고기는 반드시 구매해야 한다. 이곳은 주로 교민들이 자녀들을 위하여 종종 가는 곳이다.

834 Rang Chartier, Mont-Saint-Grégoire, QC
(Hwy 10 Exit 37 South)

파크 사파리 (Parc Safari)

몬트리올에서 남쪽 69km, 50분 거리의 미국 국경 근처에 있으며, 자동차로 직접 운전을 하여 온순한 동물 들을 매우 가까이서 볼 수 있다. 간단한 풀장과 놀이시설도 함께 있어서 어린 자녀들을 데리고 하루 다녀오기에 적당한 곳이다.

850 Rte. 202, Hemmingford, QC (Hwy 15 Exit 6 West)

몬트리올 광역권 밖

1) 아름다운 북쪽 로렌시아 고원지대

몬트리올에서 북쪽으로 1시간 정도 가면 로렌시아 고원이 시작되고 여가를 즐길 수 있는 스키장을 비롯하여 각종 휴양시설들이 곳곳에 산재해 있어서 사계절 엄청 많은 시민들이 찾는다. 특히 가을 단풍이 곱게 물들었을 때 고속도로 Hwy 15 번을 드라이브 하면 탄성이 저절로 나올 정도로 매우 아름답다.

a. 여가활동의 중심지 생소뵈르

로렌시아 고원이 시작되는 생소뵈르 (St-Sauveur) 지역은 각종 야외 활동을 위한 중심지역으로 다양한 시설을 갖추고 있다. 겨울철은 스키 애호가들이 많지만 여름철은 워터파크, 카누, 골프, 그리고 산악 스포츠 등을 즐기는 사람으로 붐빈다. 생소뵈르는 동부지역의 밴프 타운으로 생각 될 정도로 스포츠 시설 이외에도 자연과 잘 어울린 숙박시설들과 눈에 띄게 예쁜 아웃렛 매장들이 있어서 관광과 쇼핑만 하러 오는 사람들도 제법 많다.

<생소뵈르 아울렛>

<생소뵈르 주변 식당>

<로렌시아 고원 고속도로 주변 스키장>

중심지역	고속도로 Hwy 15	스키장 및 특징
생소뵈르 (St-Sauveur)	Exit 58	Mont Avila 스키장
	Exit 60	Mont St Sauveur 스키장 (여름철 Water Park) Mont Habitant 스키장 Ski Morin Heights 스키장 Mont Olympia 스키장 St Sauveur 아웃렛 매장 로렌시아 고원 휴양지의 중심지 역할
생타델 (Sainte Adéle)	Exit 64	Ski Mont Gabriel 스키장
	Exit 72	Ski Chantecler 스키장 Lac Pond 호수를 중심으로 각종 휴양시설
발모렝 (Val-Morin)	Exit 76	Belleneige 스키장
발다비드 (Val-David)	Exit 80	Vallée Bleue 스키장
생타가트데몽 (Sainte Agathe des Mont)	Exit 86	Mont Alta 스키장 Lac Des Sables 호수 및 모래 비치
생포스텡 락카레 (St-Faustin-Lac-Carré)	Exit 101 (Rte. 117)	Mont Blanc 스키장
몽트랑블랑 (Mont-Tremblant)	Exit 116 (Rte. 117)	Mont-Tremblant 스키장 (동부지역 최대 종합 스키 리조트) · 95개 코스, 최장 6 km · 리프트 14개 · 해발 875m · 연간 적설량 3.95m · 630 Acres 면적

b. 북미 동부지역 최대의 스키리조트 몽트랑블랑

생소뵈르에서 북쪽으로 1시간 40분 정도 더 올라가면 동부지역에서 제일 긴 스키 코스를 자랑하는 몽트랑블랑 (Mont-Tremblant) 리조트가 있다.

<스키 리조트 중심지 및 호수>

<야외 상설 공연장>

<리조트 주변 호수>

한물 간 스키리조트를 1990년 인트라웨스트 (Intrawest) 회사가 9억 달러를 재투자하여 자연과 정말 잘 어울리게 꾸며놓았다. 스키리조트에 도착하는 순간 먼 곳까지 오는 피로를 단번에 잊게 해 줄 정도 이다. 겨울철은 물론이고 연중 관광객이 엄청 몰리는 곳으로 몬트리올은 물론이고 멀리 토론토 및 미국에서 관광객과 스키 애호가들이 많이 찾아온다.

2) 애팔래치아 산중에 있는 남쪽 이스턴 타운십

이스턴 타운십은 (Eastern Townships) 몬트리올에서 한강보다 훨씬 더 큰 생-로랑 강을 건너 남쪽 평야 지대를 지나 산들이 막 시작하는 브로몽 (Bromont) 부터 동쪽 미국 국경까지 광활한 지역에 조그만 타운들이 여기 저기 분포되어 있는 전형적인 교외의 농촌이다. 이스턴 타운십은 거대한 애팔래치아 산맥에 위치한 산악지역으로 호수와 산이 많아서 여가 활동을 위한 골프장, 스키장, 공원 등이 여기 저기 많다. 몬트리올에서 시작하여 이스턴 타운십을 관통하는 고속도로 (Hwy 10)는 산악 지형을 통과하지만 대부분 직선이고 겨울철에도 위험하지 않다.

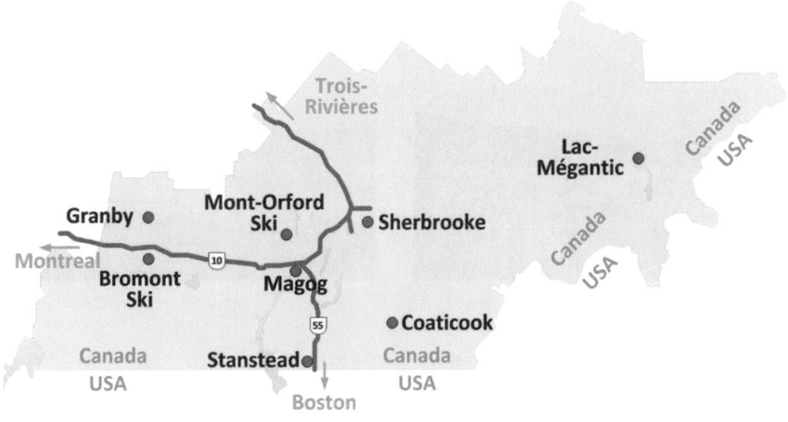

<이스턴 타운십 주요 지역 및 고속 도로>

<이스턴 타운십 관통 고속도로> <온통 산인 이스턴 타운십>

a. 브로몽과 그랜비

이스턴 타운십이 시작되는 브로몽 (Bromont)은 몬트리올 다운타운에서 약 40분 정도의 가까운 거리에 위치하고 있고, 비행장 주변에 첨단 산업단지를 조성하여 2013년까지 IBM, GE, DALSA, Thomas & Betts 등 세계 유수의 기업들이 입주하였다.

브로몽 주변에 워터 파크가 함께 있는 그랜비 동물원 (Granby Zoo), 골프장, 스키장, 야마스카 공원 (Yamaska Park) 등이 있으며 몬트리올 시민은 물론이고 한인들도 많이 이용한다.

1050 Boul. David Bouchard N, Granby, QC (동물원)
1780 Ch. Roxton S, Roxton Pond, QC (야마스카 공원)
150 Rue Champlain, Bromont, QC (스키장)

<브로몽 스키 리조트>

<야마스카 공원>

<이스턴 타운십의 대표적인 스키장>

브로몽 (Bromont)	몽오포드 (Mont-Orford)
· 114개 코스, 최장 1km · 리프트 9개 · 해발 565m · 연간 적설량 9.02m · 450 Acres 면적	· 61개 코스, 최장 4km · 리프트 9개 · 해발 850m · 연간 적설량 3.56m · 245 Acres 면적

b. 마곡과 몽오포드 스키장

마곡 (Magog)은 브로몽과 쉘브룩 중간에 위치한 매우 작은 타운이며 주변에 유명한 몽오포드 (Mont-Orford) 스키장 (Hwy 10, exit 115N, 118N)이 있다. 주변 상가 및 숙박업소들은 이곳을 지나는 이들의 마음을 즐겁게 할 정도로 예쁘게 꾸며 놓았다.

4380 Ch. du Parc, Orford, QC (스키장)

<몽오포드 스키 리조트>

<몽오포드 스키장 주변>

마곡에서 미국 보스턴 가는 고속도로 (Hwy 55)를 따라가면 국경 바로 직전에 위치한 스텐스티드 사립학교 (Stanstead College)가 있으며, 기숙사를 갖춘 보딩 스쿨 (Boarding School)로 세계 각국에서 온 유학생들이 주로 입학한다. 학교가 산속에 있어 워낙 조용하고 비밀스러워 가끔은 신분을 숨기고 싶어 하는 해외 유명한 정치인의 자녀가 입학하기도 한다.

450 Rue Dufferin, Stanstead, QC

c. 쉘브룩 시티

쉘브룩 (Sherbrooke) 시티는 몬트리올, 미국 보스턴, 퀘벡 주의 트루아리비에르 (Trois-Rivières)를 연결하는 교통의 요충지에 위치하며, 2011년 센서스에서 광역 인구가 20만으로 조사되어 이스턴 타운십에서 가장 크다.

191 Rue du Palais, Sherbrooke, QC (시청)

쉘브룩 시티는 산악 도시 이지만 특이하게 도심 중앙에 형성된 호수를 정성껏 공원으로 가꾸어서 시민들이 여가 시간을 이곳에서 보낸다. 또한 다운타운에는 한때 최면술 사고로 유명해진 지역 최고의 명문이자, 그림 안에 사람이 실제 살아있는 것 같은 건물 벽화가 있는 사크레쾨르 불어사립 고등학교 (Collége du

Sacré-Couer)도 있다.

<쉘브룩 시청 앞 거리>

<도심에 위치한 호수공원>

쉘브룩 시티는 도시 규모는 작지만 불어대학인 쉘브룩대학교 (Université de Sherbrooke)와 영어대학인 비숍대학교 (Bishop's University)가 있다.

<쉘브룩 불어 대학>

<비숍 영어 대학>

락 매간틱 (Lac Mégantic) 화물 열차 대폭발 사고

락-매간틱은 쉘브룩에서 동쪽 약 100km, 약 1시간 반 거리에 위치하며 커다란 호수가 있어서 여름철 휴양지로 알려진 곳이다. 약 5천명의 주민들이 살고 미국에서 애팔레치아 산맥을 넘어 오는 기차가 첫 번째 정차하는 역이 있는 조용한 타운이다.

그러나 2013년 여름 언덕에 세워 놓은 탱크로리 열차가 새벽 1시경 브레이크가 풀리면서 역으로 내려와 탈선하였다. 불행하게도 원유로 가득 채워져 있는 탱크로리가 어마 어마하게 폭발하여 몇 일간 지속되었다. 사고 당시 역 주변 술집에 있는 사람들과 주택에서 잠자던 주민 약 50명이 사망하고 마을은 완전 초토화되었다.

이 사고는 2차 세계 대전 이후 최근 수십 년 동안 캐나다에서 가장 큰 인명피해가 발생한 대 참사로 기록되었다.

3) 성장 동력을 못 찾는 동쪽 도시

a. 펄프 도시 트루아리비에르

트루아리비에르 (Trois-Rivières)는 2011년 센서스에서 광역권 인구가 15만으로 조사되었다. 몬트리올과 퀘벡시의 중간에 위치하고 있으며 북쪽에서 내려오는 생모리시 (St-Mauricie) 강과 몬트리올에서 내려가는 생로랑 (Saint-Laurent) 강이 만나는 곳에 있다. 따라서 주변에 풍부한 물을 이용한 수력발전소와 산림자원을 기반으로 20세기 세계 최대의 종이 생산 시설이 있었으나, 오늘날은 성장 동력이 될 만한 특별한 산업이 없는 것이 지역의 고민거리이다.

생-로랑 강의 물이 사계절 풍부하여 대서양을 오가는 대형 화물선이 정박은 할 수 있으나, 다른 항구와 달리 거센 물살을 막아줄 지형이 없어서 많은 배들이 이용할 수 있는 큰 항구를 만드는 것이 어렵다. 하지만 작은 항구를 공원으로 잘 조성하여 다운타운에 거주하는 시민들의 중요한 휴식공간으로 이용하고 있다.

<생로랑 강변의 항구>

<모리시 공원 입구 주변>

캐나다의 어느 도시나 가까운 거리에 훌륭한 공원을 하나씩 가지고 있듯이 이 지역도 항구에서 북쪽 약 30분 거리에 산, 호수, 강이 어우러진 모리시 공원 (La Mauricie National Park)이 있다.

지역 주민들이 자주 바비큐도 하고 각종 야외 스포츠를 즐기는 이 공원은 몬트리올 한인들에게도 제법 많이 알려져서 종종 한인들이 이용한다. 특히 가을철에 가면 공원 입구부터 붉게 물든 아름다운 자연 풍경을 즐길 수 있다.

a) 다운타운

항구 주위에 형성된 다운타운은 걸어서 구경할 수 있을 정도로 작지만, 이곳에 버스터미널, 시청, 시의회, 법원 등 모든 관공서 및 편의 시설이 밀집해 있다. 다운타운은 개척시대에 캐나다에서 퀘벡시티에 이어 세 번째로 건설한 정착촌으로 잠시 나마 약간의 관광지 분위기를 느낄 수 있다.

1325 Place de L'Hôtel de Ville, Trois-Rivières, QC (시청)

<다운타운 거리>

<다운타운 시청>

다운타운 법원 옆에 위치한 교도소 박물관 (Old Jail of Trois-Rivières)은 옛날 교도소를 체험하는 프로그램을 관광 상품으로 제공한다. 단점은 개인적으로 박물관 입장이 안 되고 직원의 안내를 받아야 한다.

200 Rue Laviolette, Trois-Rivières, QC (교도소)

<교도소 박물관>

<군용 박물관>

지역 사람들이 2차 세계대전에 참전한 것을 기념하여, 교도소

박물관 근처에 군용 박물관 (Musee Militaire)도 운영하고 있다.
574 Rue Saint Francois Xavier, Trois Rivières, QC (군용 박물관)

b) 다운타운 외각

지역산업의 특성에 맞추어 모리시 강변에 보레알리 펄프/종이 박물관 (Boréalis Pulp & Paper Museum)을 운영하고 있다. 나무를 벌목, 이동, 가공하여 종이를 만들 때 까지 필요한 과정들을 볼 수 있으며, 직접 종이를 만드는 체험도 할 수 있다. 한국인들이 즐겨 입는 체크무늬 남방은 사실은 벌목공 옷 (Lumber Jacket) 이었다는 것을 이곳에서 알 수 있다.
200 Av. des Draveurs (or Boréalis), Trois-Rivières, QC (박물관)

다운타운에서 10분 거리의 천주교 성지에 1,600명의 대규모 인원이 미사를 볼 수 있는 38m의 거대하고 예술적인 성당 (Our Lady of the Cape Shrine)이 있다. 캐나다 최초로 1720년 돌로 건축한 작은 성당을 1964년 거대한 성당으로 새롭게 건축하였다. 그러나 내부는 실내 장식을 거의 하지 않아서 퀘벡 주에서 매우 검소한 성당 중에 하나이다.
626 Rue Notre-Dame E, Trois-Rivières, QC (성당)

<보레알리 펄프/종이 박물관>

<성지순례 성당 건물>

b. 철강 타운 소렐-트레이시

몬트리올 강 건너 남부지역에 위치한 고속도로 (Hwy 30)를 타고 동쪽 끝으로 가면 만나는 약 3.5만 명의 작은 도시 소렐 트레이시 (Sorel-Tracy)가 있다. 캐나다와 미국 국경 중간에 위치한 삼플레인 호수 (Lake Champlain)가 있다. 이 호수에서 남쪽으로 흘러가는 허드슨 강은 뉴욕 맨해튼으로 빠지고 북동쪽으로 빠지는 리비에르 리첼리우 (Rivière Richelieu) 강은 소렐-트레이시 (Sorel-Tracy) 타운에서 생로랑 강과 만난다.

71 Rue Charlotte, Sorel-Tracy, QC (시청)

리비에르 리첼리우 (Rivière Richelieu) 강은 비록 작지만 미국이 캐나다를 공격하던 매우 중요한 길목으로 강 상류 (몬트리올 남부에 위치)에 옛날 여러 곳을 요새화 (Fort) 하였다.

o 투어 가능 포트 Chambley, Lennox, Saint-Jean
  - 1 Rue de Fort, Chambly, QC (Fort Chambley 성벽 요새)
  - 15 Rue Jacques-Cartier N, Saint-Jean-sur-Richelieu, QC (Fort Saint-Jean 박물관)
  - Saint-Paul-de-l'Île-aux-Noix, QC (Fort Lennox, 강 중간의 작은 섬에 위치하여 배로만 접근)

o 그 외 포트 : Ste-Thérèse, Richelieu (Sorel-Tracy)

<소렐-트레이시 항구>

<리오 틴토 철강회사>

과거 철강 산업이 활발했던 도시였으나 한때 생산시설 일부를 폐쇄하는 등 어려움을 겪었던 도시이다. 이 도시는 비록 작지만 항구가 있어서 석탄, 철광석 등 원료를 하역하고 생산된 철강 제품을 선적할 수 있어서 캐나다 전국으로 공급하였었다. 한때 한국 삼미 특수강이 대규모 투자를 하였던 도시이기도 하다. 오늘날은 오스트레일리아 다국적 거대 기업인 리오 틴토 (Rio-Tinto) 회사

가 시설을 인수하여 운용하고 있다.

이 도시에서 생로랑 강을 건너 북쪽 고속도로 (Hwy 40)로 갈 수 있는 다리가 없어서 오늘날도 여전히 페리를 이용해야 한다.

9 Rue Élizabeth, Sorel-Tracy, QC (소렐-트레이시 항구)
121 Ch. de la Traverse, Saint-Ignace-de-Loyola, QC (강북 선착장)

북미에서 가장 아름다운 도시 퀘벡시티

퀘벡은 원주민 언어로 "강폭이 좁아지다." 라는 뜻으로 퀘벡시티를 기준으로 하류 지역은 바다 같이 강폭이 대폭 넓어진다.

퀘벡시티는 관광도시로 알려 졌지만 주 의회를 비롯하여 퀘벡주의 행정기관들이 많고 불어 대학인 라발 (Laval) 대학과 퀘벡 대학교의 퀘벡시티 캠퍼스가 있다. 퀘벡시티는 2011년 센서스에서 광역권 인구가 77만으로 조사되어 캐나다에서 7번째 큰 도시이다.

1045 Rue Des Parliamentaires, Québec City, QC (주 의회)

2 Rue des Jardins, Québec, QC (시청)

퀘벡시티는 1608년 사무엘이 정착촌을 건설하여 캐나다에서 제일 먼저 도시가 형성 되었고, 오늘날까지 오래된 타운을 잘 가꾸고 꾸며서 관광지로 많은 인기를 끌고 있다. 불어권이지만 관광이 주요 산업이라서 전체 인구의 1/3이 영어를 구사할 줄 안다. 그러나 만약 관광지를 벗어나면 영어가 전혀 안 통할 수 있다.

겨울철 날씨는 몬트리올 보다 훨씬 더 춥고, 특히 관광지가 있는 올드 퀘벡은 강바람까지 있어 잠깐 나가는 것도 너무 춥다.

<퀘벡시티의 생로랑 강>

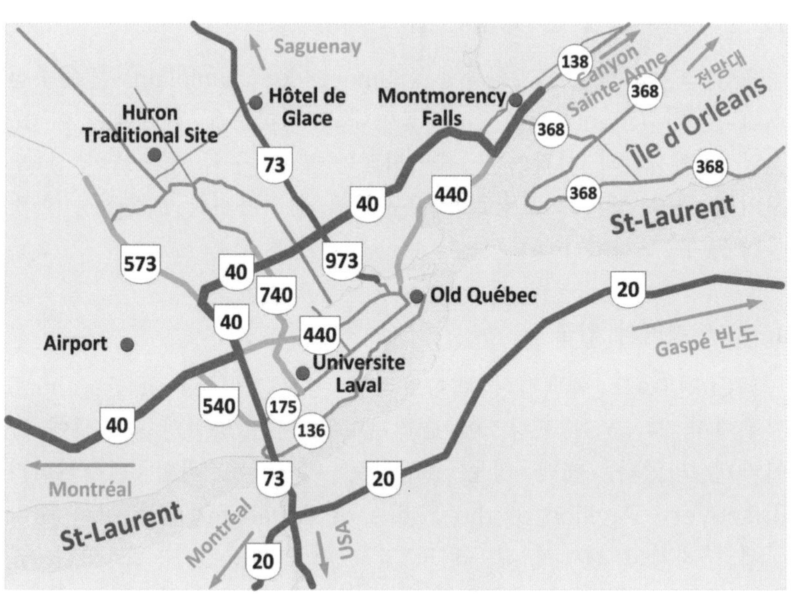

<퀘벡시티의 주요 지역과 도로>

<퀘벡 주 의회 건물>

<라발 대학교>

2015년 퀘벡 주 의회는 자유당 71석, 퀘벡당 29석, CAQ 20석, QS 3석, 독립당 1석, 공석 1석이며, 주 수상은 필립 코위랄드 (Philippe Couillard) 이다. 1936년 이후 주 수상은 자유당이 11회, 유니온당이 6회, 퀘벡당이 5회 하였다.

1) 동화의 나라에 온 것 같은 올드 퀘벡

프랑스인 사무엘 드 샹플랭 (Samuel de Champlain)이 원주민 스타다코나 (Stadacona) 족을 몰아내고 정착촌을 건설한 것이 오늘날 퀘벡시티의 시작이다. 퀘벡시티는 퀘벡 주의 주도로 행정 도시이며 관광 도시로 프랑스계 후손들이 아기자기한 예술성을 한껏 살려 놓은 도시이다.

a. 올드 퀘벡의 입구

1759년 올드 퀘벡시티의 아브라함 평원 (Plains of Abraham) 전투에서 영국군이 프랑스에 승리하여 퀘벡은 영국의 지배하에 들어가게 되었다. 퀘벡 성문 조금 못 미친 아브라함 디스커버리 (Discovery Pavilion of the Plains of Abraham) 건물 뒤편 주차장에 주차하고 걸어서 갈 수 도 있고 자동차로 갈 수 도 있다. 공원 안은 생로랑 강과 어우러진 멋진 풍경을 내려다 볼 수 있다.
835 Av. Wilfrid-Laurier, Québec City, QC (아브라함 디스커버리)

<아브라함 대평원>

성문 안으로 들어서자마자 오른쪽 성벽을 따라 올라가면 시타델(Citadelle) 있고 여름철이면 근위병 교대식도 볼 수 있다.

1 Côte de la Citadelle, Québec City, QC (시타델)

<올드 퀘벡 성문>

<시타델 근위병 교대식>

b. 올드 퀘벡의 어퍼 타운

만약 처음으로 올드 퀘벡의 성문을 통과한다면 순간 마치 동화의 나라에 도착한 것처럼 착각을 일으킬 정도로 흥분 될 수 있는 어퍼 타운 (Upper Town)이 시작된다. 각종 상점들은 마치 예술 경진대회라도 하듯이 정말로 예쁘게 꾸며 놓았다. 경제적 여유가 된다면 관광의 하이라이트 중심지에 있으며 긴 전통을 자랑하고 유네스코 문화유산으로 등록된 샤또 프롱트낙 (Château Frontenac) 호텔에서 하루 밤 묵는다면 일생의 기억으로 남을 수 있다.

1 Rue des Carrières, Québec City, QC (호텔)

<퀘벡 성문 안>

<샤또 프롱트낙 호텔>

사또 프롱트낙 호텔 주변 광장에서는 악기를 연주하거나, 그림을 그리거나, 마술을 하는 사람들을 흔히 볼 수 있고, 골목길에 있는 상점들을 둘러보는 것은 색다른 즐거움을 얻을 수 있다. 호텔 앞은 마루를 깔아 광장처럼 넓은 테라스 뒤프렝 (Terrasse Dufferin)이 있어서 생로랑 강과 어우러진 타운을 바라보면서 산책할 수 있고 겨울철은 눈썰매장도 운영한다.

<호텔 주변 앞 광장>

<호텔 주변 테라스 뒤프렝>

올드 퀘벡은 매년 가장 추운 1월이 되면 윈터 카니발을 시작한다. 이때 얼음과 눈을 이용한 조각상을 볼 수 있고 테라스 뒤프렝에서 눈썰매장도 운영한다. 만약 윈터 카니발 관광을 간다면 옷을 단단히 입고 가야한다. 행사 장소가 강가라서 바람도 있고 습도도 있어서 체감 온도가 매우 낮아 두꺼운 장갑과 모자는 물론이고 얼굴 가리도 필수이다.

c. 올드퀘벡 로워 타운

로워 타운 (Lower Town)은 어퍼 타운 보다 더 좁은 골목길로 대부분의 상점들은 아주 예쁜 꽃들로 장식되어 있으며 특이한 상품을 많이 취급한다. 골목길 끝에 아주 유명한 벽화가 있는데 솜씨가 대단하여 실제로 보면 그 속에 있는 사람이 꼭 살아 있는 것 같은 느낌을 받는다.

102 Rue du Petit Champlain, Québec City, QC (벽화)

<로워 타운 골목길>

<로워 타운 벽화>

관광에 지친 사람과 어린 자녀가 있는 관광객들은 로워 타운 골목길 (16 Rue du Petit-Champlain, Québec, QC)과 어퍼 타운 (호텔 앞 테라스 뒤프렝 광장)을 연결하는 유료 엘리베이터를 이용할 수 있다.

2) 퀘벡시티 외각 지역

a. 몽모랑시 폭포와 일도를레앙 섬

퀘벡시티에서 동쪽으로 10분 정도 떨어진 곳에 위치한 몽모랑시 (Montmorency) 폭포는 83m로 상당히 높고 폭포의 한쪽은 풀 한포기 자라지 않는 특이한 지형으로 되어 있다. 하이라이트는 폭포 아래보다 위이며 케이블카를 타고 위로 갈 수 도 있지만 아예 처음부터 자동차로 폭포 위로 가서 마누와 몽모랑시 (Manoir Montmorency) 유료 주차장을 이용할 수도 있다. 폭포 위는 전망대가 여러 곳에 있고 다리를 이용하여 폭포 양쪽을 오가며 실감나게 볼 수 있다.

2490 Av. Royale, Beauport, Québec City, QC (폭포 위 입구)

<몽모랑시 폭포>

<폭포 위에서 내려다 본 풍경>

폭포 앞, 생-로랑 강을 가로지르는 긴 다리를 건너면 일도를레앙 (Ile D'Orleans) 섬이다. 섬에 도착하여 시계 방향으로 순환 도로를 따라 섬의 동쪽 끝, 전망대까지 가는 약 30분 거리의 드라이브 코스는 매우 아름다운 시골 풍경을 볼 수 있는 곳이다. 섬 전체를 도는 드라이브 코스는 의외로 시간이 많이 걸리고 피곤할 수 있어서 왔던 길을 되돌아가 가는 것이 편안하다. 전망대 (Halte Municiple de Saint-François)는 주소가 없으며, 아래 주소를 약 1km 못 미친 곳의 도로변에 있다.

337 Ch. Royal, Saint-François, L'Île-d'Orléans, QC (전망대 근처 주소)

<가는 길옆 예쁜 교회 건물>　<전망대에서 내려다 본 풍경>

b. 생탄 보프래 성당과 캐논 생탄 계곡

폭포에서 동쪽으로 138번 도로를 따라 25분 정도 가면 기적의 거대한 생탄 보프래 성당 (Basilique Sainte-Anne de Beaupré)이 나타난다. 이 성당은 퀘벡에서 가보아야 할 3대 성당 중에 하나이며 가장 최근에 새로 건축된 초대형 건물이다.

10018 Av. Royale, Sainte-Anne-de-Beaupré, QC

성당에서 강변도로를 따라 동쪽으로 10분 정도 더 가면 폭포와 협곡이 어우러진 캐논 생탄 (Canyon Sainte-Anne) 입구에 도착할 수 있다.

1 Ch. les Chutes Sainte Anne, Saint-Joachim, QC

<생탄 드 보프래 성당>　<캐논 생탄 계곡>

몽생탄 계곡을 조금 못 미친 곳에서 분리되는 360번 도로를 따라 동쪽으로 가면 약 3km 지점에 유명한 몽생탄 스키장 리조트가

있고 여기서 좀 더 동쪽으로 약 4km 정도 가면 작은 7층 폭포 (Les Sept Chuts)가 있다.

2000 Boul. du Beau Pré, Beaupré, QC (스키 리조트)
4520 Av. Royale, Saint-Tite-des-Caps, QC (7층 폭포)

몽생탄 (Mont Ste-Anne) 스키 리조트 (코스 69개, 최장 5.7km, 리프트 5개, 해발 800m)는 퀘벡시티에서 동쪽으로 30분 정도 떨어진 캐나다의 주요 스키장이지만, 숙박시설 이외는 다른 시설이 거의 없어 여름철은 한산한 편이다. 이 리조트는 고급시설은 아니지만 아쉬운 대로 여름 휴가철 퀘벡시티 주변에서 부엌 딸린 콘도를 저렴한 가격에 구할 수 있는 곳 중에 하나이다.

500 Boul. du Beau Pré, Beaupré, QC

c. 얼음낚시 및 얼음호텔

퀘벡시티에서 서쪽 몬트리올 방향으로 40분 정도 떨어진 곳에 얼음낚시를 하는 아주 유명한 곳이 있다. 겨울철 크리스마스 이후부터 이듬해 2월 중순까지 운영한다. 강 위에 캐빈 (Cabin)을 설치하고 내부에 난로를 피워 춥지 않게 낚시를 즐길 수 있다.

<얼음 낚시터의 캐빈과 대여점>

강 위에 캐빈이 수백 채나 있고 골목길 마다 전봇대가 있는 풍경은 마치 판자촌 마을 같다. 가장 많이 잡히는 고기는 대구 종류로 낚시 바늘이 땅에서 20~30cm 정도 떨어져 있어야 잘 잡힌다. 한국에서 먹는 대구 보다 작고 맛도 별로이지만 어린 자녀를 동반하

고 가족 단위로 편안히 낚시를 할 수 있어서 주말에 많은 인원이 몰린다.

125 Rue Principale, Sainte-Anne-de-la-Pérade, QC
(낚시터 진입로, Hwy 40, Exit 236S)

퀘벡시티에서 북쪽으로 5km 거리에 위치한 얼음 호텔 (Hôtel de Glace)은 1월 초순에서 3월 중순까지 운영한다. 창문과 기둥 그리고 실내 장식들은 투명한 얼음을 사용하고 벽은 하얀 눈을 사용하여 얼음 호텔을 만들었다. 호텔 안은 로비, 술집, 객실 등을 다양하게 꾸며 놓아서 전체적으로 둘러보는데 약 30분에서 1 시간 정도 소요된다. 객실의 침대는 얼음으로 만들고 위에 매트를 깔아 놓았으며, 체험을 좋아하는 사람은 이곳에서 하룻밤 투숙할 수 있도록 하였다. 그러나 실내 기온을 항상 영하로 유지하기 하기 때문에 투숙을 하는 것은 단단한 각오가 필요할 것이다. 얼음 호텔은 퀘벡시티 주변을 3 차례나 옮겨 다니며 현재의 위치에 자리 잡고 있다.

9530 Rue de la Faune, Québec City, QC (Hwy 73, Exit 154E)

<얼음호텔 실외와 실내>

> 아이스 호텔에서 서쪽으로 6km 지점에 위치한 원주민 보호구역 안에 휴론 빌리지 (Huron Traditional Site) 민속촌이 있다.
> 575 Stanislas-Koska, Rue Chef Thomas Martin, Wendake, QC

바다 같이 넓은 생로랑 강 하구

생로랑 강은 올드 퀘벡시티에서 내려다보이는 큰 강으로 동쪽 대서양으로 흘러간다. 북쪽 해안은 일반도로 (138번)가 민간 아키펠라고 국립공원 (Mingan Archipelago Nation Park)까지 이어지고, 남쪽 해안은 리무스키 (Rimouski)까지 고속도로 (Hwy 20)이고 나머지 구간은 일반도로 (132번)가 가스페 반도 (Gaspé Peninsula) 끝까지 이어진다.

퀘벡시티의 관광지를 제외한 나머지 지역은 한국인은 물론이고 중국계, 인도계, 아랍계, 남미 등의 이민자가 거의 없고 불어만 사용하는 프랑스계 주민이 대다수 이다. 이곳을 한인이 여행하면 동양인이 워낙 없다 보니 부담스러울 정도로 많은 현지인들이 신기한 눈으로 쳐다본다. 그러나 해안가를 따라 늘어선 어촌 마을의 집들은 대체로 작지만 예쁘고 깔끔하게 꾸며 놓아서 그냥 자동차로 지나쳐 가는 것만으로도 좋은 여행이 된다.

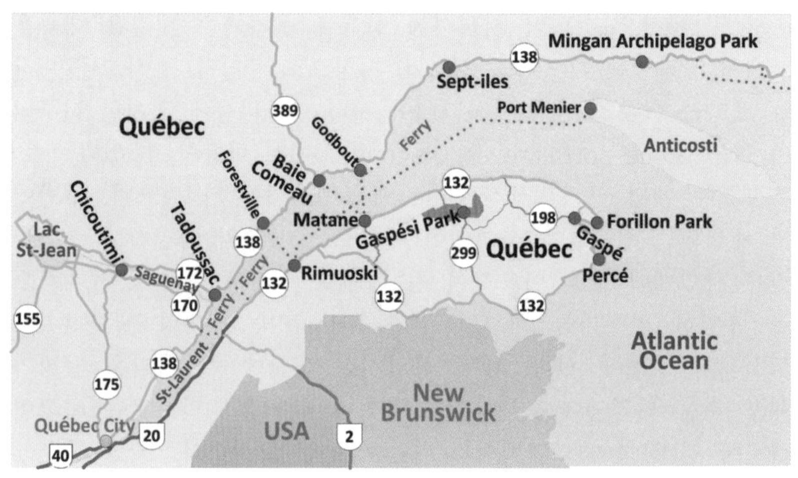

<퀘벡에서 북쪽 해안을 따라 동쪽 끝까지 가는 길>

1) 세계적인 알루미늄 생산기지 사그네이 시티

퀘벡시티에서 동쪽으로 북쪽 강변을 따라 4시간 정도 가면 생로랑 (St-Laurent) 강과 사그네이 (Saguenay) 강이 합류하는 곳에 타두삭 (Tadoussac)이 있다. 타두삭은 개척시대에 모피무역 으로 유명하지만, 오늘날은 작은 선착장, 호텔, 모피무역 박물관 (Poste de Traite Chauvin Trading Post), 개척시대 성당 건물 (Chapelle de Tadoussac), 해양 박물관 (Centre d'Interprétation des Mammifères Marins) 등이 유일한 한적한 곳이다.

157 Rue du Bord de l'Eau, Tadoussac, QC (모피무역박물관)
108 Rue du Bord de l'Eau, Tadoussac, QC (성당)
108 Rue de la Cale Sèche, Tadoussac, QC (해양박물관)

타두삭과 리무스키 구간을 운행하는 페리를 이용하여 바다 같은 강을 건널 수 있으며, 운이 좋으면 가끔 출현하는 고래도 볼 수 있다.
- 타두삭 서쪽 선착장 출발 페리 운행 구간
  생시메옹 (Saint-Siméon) - 리비에르 뒤 루 (Pointe-De-Riviere-Du-Loup)
- 타두삭 동쪽 선착장 출발 페리 운행 구간
  레제쿠망 (Les Escoumins) - 트루아 피스톨레 (Trois-Pistoles)

타두삭에서 사그네이 시티까지 상류로 올라가는 뱃길은 대륙을 쪼개서 갈라놓은 피오르드 (Fjord) 지형으로 유명하다. 사그네이 강을 오가는 크루즈 관광은 사그네이 시티 다운타운에 위치한 시쿠티미 항구 (Zone portuaire de Chicoutimi)에서 이용할 수 있다.

상류에 제법 큰 락 생장 (Lac St-Jean) 호수가 있으며, 주변에서 채굴되는 광물들을 사그네이 시티로 옮겨 1차 가공하고 수심이 깊은 사그네이 강을 이용하여 전 세계로 수출하고 있다. 세계적으로 유명한 알루미늄 회사인 알칸 (Alcan)의 초대형 생산기지도 도시외각 강변에 있다. 대형 산업시설 덕분에 이 지역은 날씨가 매우 추운 지역임에도 2011년 광역 인구가 27.5만으로 조사되어 생로랑 강 하구에서 퀘벡시티 다음으로 큰 도시이다.

2) 생로랑 강 하구의 북쪽 타운

a. 생로랑 강변의 작은 타운 셋틸과 베이-코모

셋틸 (Sept-Îles)은 인구 2만 5천의 작은 도시로 타두삭에서 동쪽으로 400km, 5시간 거리에 있으며, 밴쿠버 항구에 이어 캐나다에서 두 번째로 수심이 깊은 항구가 있다. 래브라도 (Labrador)에서 채굴된 철광석을 기차로 이 도시 항구까지 옮겨 배에 선적하여 전 세계로 수출한다. 또한 항구 주변에 알루미늄 등 기타 광물자원의 1차 가공 시설도 있다.

베이-코모 (Baie-Comeau)는 타두삭에서 동쪽으로 200km, 2시간 40분 정도 떨어져 있는 인구 5천명의 조그마한 타운이다. 이 타운에서 래브라도 (Labrador) 시티로 가는 389번 도로가 시작되고 생로랑 강을 건너 마탄 (Matane)으로 가는 페리 선착장이 있다. 산업시설로는 주변 지역에 전기를 공급하기 위한 수력발전소와 조그마한 광물자원 1차 가공 시설이 있다.

래브라도 가는 자동차 도로 및 철도

퀘벡 주는 베이-코모 (Baie-Comeau)와 래브라도 시티를 연결하는 389번 자동차 도로를 건설하였다. 389번 도로는 중간에 거대한 반지 모양 호수 (Lac Manicouagan)가 있고 주변이 산악 지형이지만 이 길을 따라 동쪽으로 끝까지 가면 대서양까지 갈 수 있다.

- 베이-코모와 래브라도 시티 (8시간 20분, 590Km)
- 베이-코모와 대서양 연안 (24시간, 1,700km)

또한 래브라도의 지하자원을 운송하기 위하여 퀘벡 주의 셋틸 (Sept-Îles)에서 철도를 건설하여 래브라도 시티는 물론이고 더 북쪽인 퀘벡 주의 쉐퍼빌 (Schfferville)까지 연결하였다.

b. 생로랑 강 해안도로 동쪽 끝에 위치한 민간 아키펠라고 공원

민간 아키펠라고 공원 (Mingan Archipelago National Park)은 퀘벡 주에서 자연경관이 뛰어난 곳이지만, 타두삭에서 동쪽으로 650km, 8시간 이상이 소요되는 아주 먼 거리에 있고 날씨가 너무 추워서 사람들의 발길이 거의 없다. 여름철에 찾아오는 관광객과 앞 바다를 지나가는 호화 유람선과 배들이 가끔 방문하는 것이 전부이다.

군도 공원은 내륙 해안과 여러 개의 섬들로 이루어진 다도해로, 오랜 세월동안 대서양 바닷물과 바람에 바위가 깎여서 기이한 형상을 하고 있다. 롱구-푸앙-드-밍간 (Longue-Pointe-de-Mingan) 및 아브레-생피에르 (Havre-St-Pierre)에서 출발하는 보트 투어를 이용하여 3~5시간 동안 주변 섬들을 관광할 수 있다. 또한 조류 보호 구역이 있어서 특별한 새들을 볼 수 있으며 주변 바다에 종종 출현하는 고래도 만날 수 있다.

3) 생로랑 강 하구의 남쪽 가스페 반도

a. 가스페 반도의 최대 도시 리무스키

가스페 반도가 시작되는 곳에 위치한 리무스키 (Rimouski)는 2011년 센서스에서 인구가 5만으로 조사된 작은 도시이지만 반도에서 제일 크다. 여행자들이 보통 그냥 지나쳐가든가 아니면 잠시 휴식을 취하는 곳으로 그다지 관광을 위한 특징은 없다.

도시의 서쪽 해안가에 위치한 빅 공원 (Parc national du Bic)은 지역 주민이 이용하는 공원으로 갯벌, 모래사장, 암반 그리고 주변 나지막한 높이의 여러 섬들로 이루어졌으며, 개발을 제대로 하지 않아 자연보존 구역 같은 느낌을 받을 수 있다. 도시의 동쪽 해안가에 푸앙토 페르 (Pointe-au-Pére) 부두가 있으며, 이곳에 아주 작은 해양박물관 (Musee de la Mer de Rimouski)과 33미터 높이의 등대가 있어 가스페 반도로 가는 여행객들이 잠깐 들리는 곳이다.

501 Rue Duchenier, Saint-Narcisse-de-Rimouski, QC (시청)

1034 Rue du Phare, Pointe-au-Père, QC (등대)

b. 연어 낚시로 유명한 마탄

리무스키에서 동쪽으로 1시간 거리에 있는 마탄 (Matane)에 메티스 정원 (Les Jardins de Metis)이 있다. 이 정원은 프랑스계 원주민 혼혈인 메티스의 스타일인지 모르지만 좀 더 자연적인 느낌을 갖도록 꾸며 놓았다.

200 Rte. 132, Grand-Métis, QC (메티스 정원)

마탄 타운을 관통하여 흐르는 강에 작은 댐이 있으며, 매년 6월이면 돌아오는 연어 떼를 볼 수 있다.

260 Av. Saint-Jérôme, Matane, QC (연어 관람 댐)

c. 가스페 반도 끝 포리옹 국립공원

포리옹 국립공원 (Forillon National Park)은 가스페 반도 동쪽 끝에 위치하고 있으며, 북쪽 해안의 캡 보나미 (Cap Bon-Ami)는 절벽으로 경치가 제법이고, 남쪽 해안의 그랑드 그라브 (Grande-Grave)는 아주 깨끗한 자갈과 맑은 바닷물을 접할 수 있는 매우 조용한 청정지역이다. 다만 아쉬운 것은 한 여름에도 물이 차가워서 수영은 할 수 없고 그저 발만 담그는 것으로 만족해야 한다.

가스페만의 제일 안쪽에 타운이 형성되어 있으며, 이곳에 작은 가스페지 박물관이 (Musée de la Gaspésie) 있다.

80 Boul. de Gaspé, Gaspé, QC (가스페지 박물관)

d. 구멍 뚫린 바위로 유명한 페르세

페르세 (Percé)는 가스페 반도 여행에서 반드시 가야 하는 필수적인 곳으로 오랜 세월 파도에 의해 생긴 구멍 난 바위섬이 있다. 타운은 작지만 예쁘게 단장된 주택들과 자연이 어우러진 풍경은 마치 동화책에 나오는 그림과 같다. 페르세의 유일한 샤포 박물관이 (Musée le Chafaud) 타운에 있어서 잠시 돌아 볼 수 있다.

145 Rte. 132 O, Rue du Quai, Percé, QC (샤포 박물관)

페르세 타운에서 배로 20분 정도 떨어진 보나방트르 (Bonaventure) 섬에는 어마어마한 수의 바닷새인 노던 개닛 (Northern Gannet)이 있어서 조류를 연구하는 사람에게는 매우 좋은 장소이다.

> 가스페 반도 해안가는 7월 중순부터 8월 중순까지 고등어 낚시로 유명하다. 밀물이 들어오면서 고등어 (Mackerel)가 좋아하는 바다 밑에 있는 먹이들이 떠오르는 시간 때에 가장 낚시가 잘 된 다고 한다. 낚시 장소로 유명한 곳은 반도의 북쪽 해안지역 그랑드 빌레 (Grande Villée) 부두, 반도의 남쪽 해안지역 페르세 (Percé) 부두, 그랑드 리비에르 (Grande-Rivière) 부두 등 이다.

e. 가스페지 국립공원

가스페지 국립공원 (Parc National de la Gaspésie)은 해발 1,000m 이상 되는 봉우리가 25개나 되고 (Mont Jacques-Cartier, 1,268m), 11km, 4시간 정도 소요되는 등산로가 있는 산이다.

노던 퀘벡의 광산 타운과 수력발전소

노던 퀘벡은 호수도 있지만 특히 산이 많아서 사람이 거의 살지 않는다. 원주민들도 대부분 해안가에 살고 내륙에는 일부만 살고 있다. 특히 내륙지역에서 래브라도 (Labrador)와 경계지역은 험준한 산맥이 있는 곳이다.

1) 광산 타운 루인 노란다 및 발도르

루인 노란다 (Rouyn Noranda) 및 발도르 (Val-d'Or)는 노던 퀘벡에서 가장 큰 타운으로 2011년 센서스에서 인구가 4.1만 및 3.1만이고, 아모스 (Amos) 1.2만 등 주변 지역의 모든 인구를 합치면 14만이 넘는 것으로 조사되었다.

117번 도로의 거의 끝에 위치하여 온타리오 주의 경계에서 그리 멀지 않고 구리, 금 등 광물 자원을 개발하는 광산 들이 주변에 널려 있고 발-도로에는 비행장도 있다.

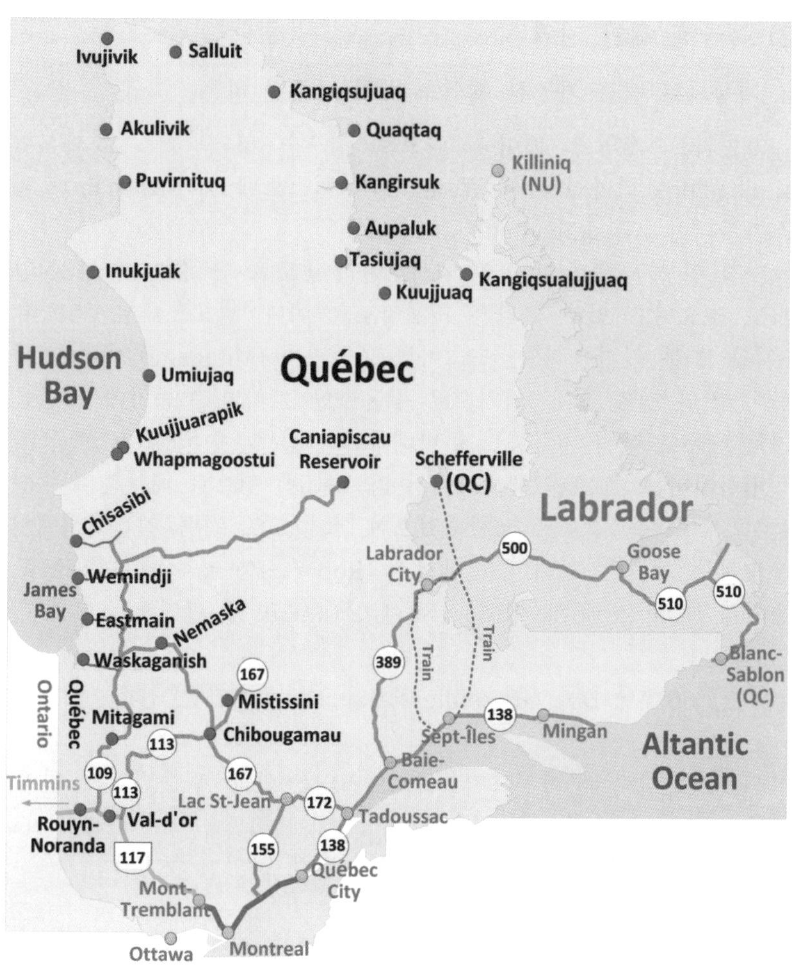

<노던 퀘벡과 래브라도의 주요 지역 및 도로>

2) 북극해 해안 지역

a. 자동차로 접근 가능한 제임스 베이 원주민 타운

자동차로 제임스 베이 해안으로 갈 수 있는 곳은 치사시비 (Chisasibi), 위마인드지 (Wemindji), 이스트메인 (Eastmain), 와스카가니시 (Waskaganish) 등 이다.

가장 인구가 많고 먼 곳인 치사시비는 발도르에서 920km, 13시간 정도 소요되고 일부 구간은 비포장도로 이다. 발도르에서 250km, 3시간 30분 거리에 있는 조그마한 미타가미 (Mitagami) 이후는 사람이 거의 살지 않는 지역으로 주유소만 보이면 자동차에 기름을 가득 채우고 예비 기름통도 준비해가야 안심 할 수 있다.

치사시비는 2011년 센서스에서 약 4천5백 명으로 대부분 원주민들이 거주하는 것으로 조사되었으며, 하이드로 퀘벡 전력회사에서 운영하는 캐나다 최대 수력발전소 (Robert-Bourassa, 5,616MW, 소양강 땜의 28배)가 있고, 상류에 2,000MW급 발전소가 3개 더 있다.

66 Av. Des Groseilliers, Radisson, QC (발전소)

와스카가니시, 위마인드지, 이스트메인은 모두 원주민 마을이며, 이중 와스카가니시는 역사적으로 개척시대에 허드슨 베이 (Hudson's Bay) 회사가 무역 거래소를 설치하여 운행 하였던 곳 이다.

b. 북쪽 허드슨 베이 및 동부 해안 원주민 타운

치사시비 보다 더 북쪽은 해안선을 따라 퀘벡 주 북쪽 끝을 돌아 래브라도 까지 해안 따라서 작은 원주민 마을들이 여러 개 있지만 자동차도로가 없어서 경비행기나 배로만 갈 수 있다.

<노던 퀘벡 해안지역 원주민 타운>

구 분	타 운	2011년 인구 (명)	비 고
서부해안 제임스 베이	Waskaganish	2,206	가장 남쪽
	Wemindji	1,378	
	Eastmain	767	
	Chisasibi	4,484	일반인 300명 포함 하이드로 퀘벡 수력발전소
서부해안 허드슨 베이	Whapmagoostui	874	
	Kuujjuarapik	657	
	Umiujaq	444	
	Inukjuak	1,597	
	Puvirnituq	1,692	
	Akulivik	615	
북부해안 배핀 섬 인근	Ivujivik	370	가장 북쪽 위치
	Salluit	1,347	
	Kangiqsujuaq	696	
	Quaqtaq	376	
	Kangirsuk	549	
	Aupaluk	195	
	Tasiujaq	303	
	Kuujjuaq	2,375	
	Kangiqsualujjuaq	874	

3) 노던 퀘벡 내륙 깊숙한 지역

노던 퀘벡의 내륙 지역은 고도가 비교적 높은 지역이고 래브라도 경계는 긴 산맥을 따라 정하였다. 산맥 주변에 철광석 등 지하 자원이 많아 광산 개발이 활발하고 큰 호수들이 여러 곳에 있어서 무인 발전소를 건설하여 운용하고 있다.

<노던 퀘벡 내륙지역 원주민 및 광산 타운>

구 분	타 운	2011년 인구 (명)	비 고
Mistassini 호수 주변	Chibougamau	7,563	광산 타운
	Mistissini	3,427	원주민언어, 영/불어 사용
	Chapais	1,610	
	Oujé-Bougoumou	725	
Val-d'Or 북쪽	Lebel-sur-Quévillon	2,159	
	Matagami	1,526	
Rte du Nord 도로	Nemaska	712	

a. 자동차로 갈수 있는 내륙 가장 북쪽의 카니아피카우

카니아피카우 (Caniapiscau Reservoir) 담수호는 자동차로 갈 수 있는 제일 북쪽 내륙에 위치하고 있다.

담수호에서 북쪽 북극해로 흘러나가는 풍부한 강물에 하이드로 퀘벡 전력회사에서 수력 발전소를 건설하여 근로자들이 임시 체류하는 경우는 있으나 살고 있는 주민은 없다. 주변에 수상 비행기 (Lac Pau Water Aerodrome) 선착장이 유일한 시설이다.

b. 내륙 중심의 치보가마우

치보가마우 (Chibougamau)는 내륙에 있지만, 200km 거리의 락 생잔 (Lac St-Jean) 호수 주변에 세계적으로 유명한 알루미늄 생산 시설들이 있을 정도로 비교적 남쪽에 가깝다.

2011년 센서스에서 타운 인구가 약 7천5백 명으로 원주민이 거의 없고 97% 이상 백인이 거주하고 있는 것으로 조사되었다. 임업, 광산이 주요 산업이고 타운에는 가공 처리 공장들이 있으며 비행장도 있다.

치보가마우 타운 주변에 여러 원주민 타운들이 있으며, 그중 가장 큰 타운은 퀘벡 주에서 식수로 사용할 수 있는 가장 큰 미스티시니 (Mistissini) 호숫가에 있는 미스티시니 타운으로 약 3,500명이 거주하고 원주민 언어, 영어, 불어를 사용하는 것이 특징이다.

제 4 장

태평양 연안 브리티시컬럼비아 주

태평안의 항구 도시 밴쿠버

아시아 인구 비중이 높은 밴쿠버

광역 밴쿠버는 2011년 센서스에서 인구가 231만으로 조사되어 캐나다에서 3대 대도시에 속한다. (밴쿠버 시티는 약 60만) 광역권 밖이지만 인접 동일한 경제권인 아보츠포드 (Abbotsford), 미션 (Mission), 칠리왁 (Chilliwack) 등을 포함하면 약 27만이 추가되어 전체 인구가 약 270만 이다.

밴쿠버는 아시아에서 가장 가까운 북미의 대도시로, 중국계를 비롯하여 아시아계 인구 비중이 월등히 높다. 아시아인들은 주로 도심지역에, 백인들은 외각 지역에 많이 거주한다.

토론토 및 몬트리올에 비하여 산업 규모는 작지만 기후 및 자연환경이 너무 좋아 항상 세계에서 가장 살기 좋은 도시 중에 하나로 선정된다. 너무 맑아서 당장 물속으로 뛰어 들것 같은 강물, 신선들이 살 것 같은 에메랄드빛의 호수, 하늘 찌를 것 같은 원시림의 가득 찬 산과 여름철에도 녹지 않는 빙하로 덮인 산봉우리, 파도가 만들어준 길고 훌륭한 모래 비치의 해수욕장이 많다.

1) 밴쿠버 시티

밴쿠버 시티는 다운타운이 있는 지역으로 행정, 쇼핑, 관광의 중심지 역할을 하며, 스탠리 파크 (Stanley Park)와 UBC (University of British Columbia) 대학이 있다.

453 West 12th Ave, Vancouver, BC (시청)

<밴쿠버 항구와 다운타운 전경>

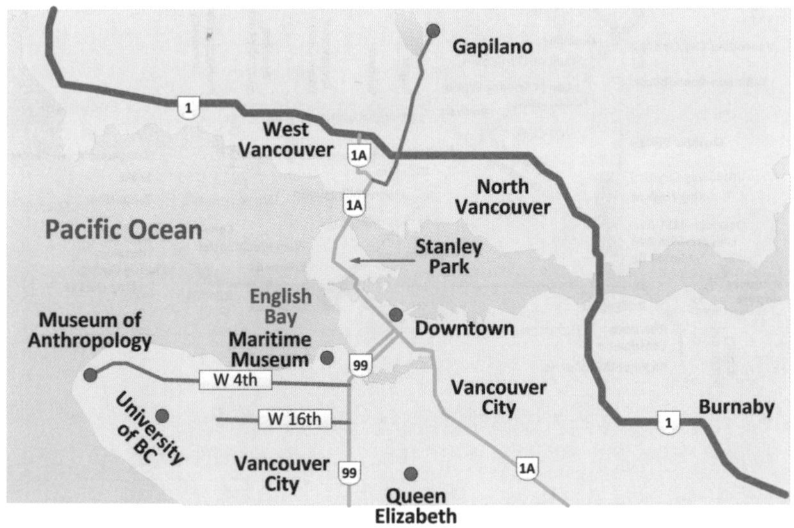

<밴쿠버 시내의 주요 지역>

a. 번화한 다운타운

밴쿠버 (Vancouver)는 북미 대륙을 횡단하는 기차가 마지막으로 정차하는 태평양 중앙역 (Pacific Central Station)이 있는 태평양 연안의 항구 도시로, 인구 및 경제 규모가 모두 캐나다에서 3번째로 큰 중요한 대도시이다. 또한 한국 등 동아시아에서 출발하여 북미 대륙으로 오는 비행기나 선박들이 처음으로 도착하는 대도시이다. 이러한 이유로 밴쿠버는 아시아를 위한 관문 역할을 하며, 한국인을 비롯한 아시아계 인구 비율이 상당히 높다. 밴쿠버는 홍콩에서 온 이민자들이 너무 많아서 "홍쿠버" 라는 말까지도 생겨났다.

1150 Station St, Vancouver, BC (태평양 중앙역)

많은 중국인 노동자들이 1880년대 캐나다 대륙횡단 철도공사에 참여하였으며, 이후 밴쿠버에 정착하면서 상당히 큰 규모의 차이나타운이 밴쿠버에 형성되었다. 차이나타운의 상징인 중산 공원 (Dr. Sun Yat-Sen Park)에 중국식 건축물과 정원이 있다.

578 Carrall St, Vancouver, BC

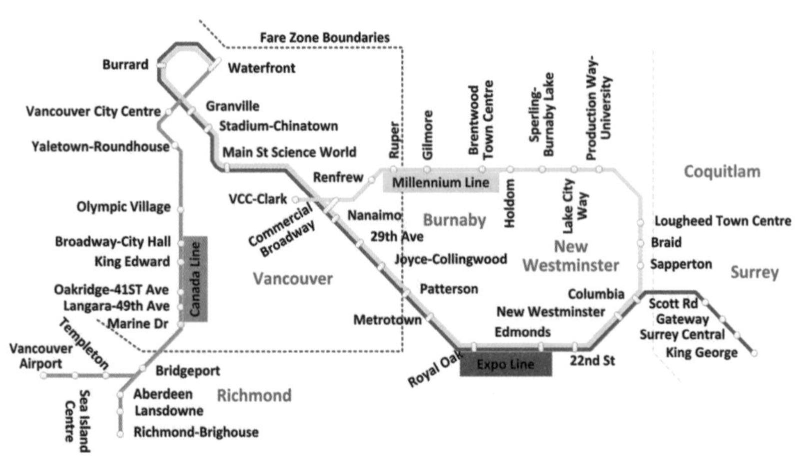

<스카이트레인 (Sky Train) 노선>

<태평양 중앙역>

<친환경 전기 시내버스>

가스타운 (Gas Town)은 스카이 트레인 (Sky Train)의 워터프론트 역 주변에 있는 가장 오래된 번화가 이다. 밴쿠버에서 가장 오래된 19세기 풍의 거리로 선물 및 토산품 가게, 의류상점, 레스토랑, 카페 등이 늘어서 있다. 물을 끓여 스팀엔진을 작동시켜 움직이는 세계 유일의 증기시계 (Steam Clock)가 15분마다 기적 소리와 함께 증기를 뿜으며 캐나다 국가를 연주한다.

305 Water St, Vancouver, BC (가스타운)

> Vancouver East Side
>
> 가스타운에서 버나비 한인 타운을 갈 때 자동차 GPS가 이스트 헤스팅스 스트리트 (East Hastings St)로 안내해 주었던 기억이 난다. 이 길 양쪽으로 건물 아래 누가 보아도 마약에 취해 있다는 생각이 드는 사람들이 서너 명씩 앉아 있는 거리가 상당히 길었다.
> 밴쿠버 다운타운을 기준으로 서쪽 지역 (West Side)은 부촌이고 안전한 지역이고 동쪽 지역 (East Side)은 빈곤층이 많다는 뉴스를 자주 들었지만 다른 대도시에 비하여 생각보다 심해 보였다. 광역밴쿠버의 마약 중독자는 대략 1만 명으로 추정하며 이는 캐나다 어느 도시보다도 훨씬 많은 숫자이다.

캐나다 플레이스 (Canada Place)는 1986년 엑스포를 개최할 때 건축된 흰 돛 모양의 하얀 지붕으로 된 건물이며, 오늘날은 국제회의장으로 쓰이고 있다.

999 Canada Pl, Vancouver, BC (캐나다 플레이스)

<가스 타운과 증기시계>

<캐나다 플레이스>

BC주에서 가장 유명한 건축가인 프랜시스 래튼베리 (Francis Rattenbury)가 디자인한 밴쿠버 아트 갤러리 (Vancouver Art Gallery)가 다운타운에 위치하고 있다.

750 Hornby St, Vancouver, BC (아트 갤러리)

> 밴쿠버 시민들을 위한 문화시설로 1,836석의 연극 공연장 (The Centre in Vancouver For Performing Arts)이 다운타운에 있다.
> 777 Homer St, Vancouver, BC

롭슨 거리 (Robson St.)는 고급 프랑스 요리부터 멕시코, 독일, 중국, 일본, 이태리 등 각국의 다양한 음식을 즐길 수 있어서 미식가들이 즐겨 찾는 거리이다. 1950년대에 형성된 독일거리로 롭슨 스트라제 (Robson Strasse) 라고 불리기도 했으며, 오늘날은 세계 각국의 식당과, 부티크 및 유명 브랜드 가계들로 가득 차 밴쿠버에서 가장 번화한 쇼핑 거리가 되었다.

1394 Robson St, Vancouver, BC (롭슨 거리의 호텔)

b. 다운타운 주변 공원, 계곡 그리고 박물관

a) 스탠리 파크 (Stanley Park)

세계 최대의 원시림 도시 공원으로, 도심에서 태평양 안으로 쭉 들어간 조그만 반도이다. 해안선을 따라 약 9km의 자전거 또는 롤러 블레이드 (Roller Blade) 전용 도로가 있고, 캐나다에서 제일 큰 수족관이 있고, 어린이들의 위한 농장 및 도로교통 교육장이 있고, 마차나 기차를 이용하여 공원을 둘러 볼 수 도 있다. 또한

18홀의 골프장도 있으며, 수영을 할 수 있는 비치도 있다.

<공원의 원주민 토템>

<공원에서 본 노스밴쿠버>

b) 그랜빌 아일랜드 퍼블릭 마켓

그랜빌 아일랜드 퍼블릭 마켓 (Granville Island Public Market)은 다운타운 남쪽에 위치하며 다양한 해산물, 야채, 과일 등을 판매하는 유명한 곳이다.

1661 Duranleau St, Vancouver, BC (퍼블릭 마켓)

c) 잉글리시 베이

스탠리 파크에서 UBC (University of British Columbia) 대학 사이에 자전거 전용도로가 있는 잉글리시 베이 (English Bay)가 있으며 주변은 광역밴쿠버에서 최고 부촌으로 평가되고 있다.

해안을 따라 써드 비치 (Third Beach), 잉글리시 베이 비치, 키칠라노 비치 (Kitsilano Beach), 제리코 비치 (Jericho Beach), 스패니시 뱅크스 비치 (Spanish Banks Beach) 등 아주 훌륭한 모래 비치와 함께 해양 박물관과 인류 자연사 박물관도 있다.

바다를 주제로 한 해양 박물관 (Vancouver Maritime Museum)에 과거 캐나다 북쪽 해안으로 군수물자를 수송한 군함, RCMP (Royal Canadian Mounted Police)의 세인트 로크 (St. Roch)호 등 역사적인 배들이 전시되어 있다. 해양박물관 인근에 원주민만 살던 과거부터 오늘날 우주시대까지 발전해온 인류 문명을 주제로 전시하는 밴쿠버 박물관 (Museum of Vancouver)이 있다.

UBC 대학 캠퍼스 끝 바닷가에 위치한 인류학 박물관 (Museum of Anthropology)은 원주민 토템 등 고대 인류 문명을 주제로 전시한다.

1905 Ogden Ave, Vancouver, BC (해양 박물관)
1100 Chestnut St, Vancouver, BC (밴쿠버 박물관)
6393 NW Marine Dr, Vancouver, BC (인류학 박물관)

<해양 박물관>

<인류 자연사 박물관>

d) 퀸즈 엘리자베스 공원

퀸즈 엘리자베스 (Queen Elizabeth) 공원은 밴쿠버에서 가장 높은 리틀 마운틴 (Little Mountain)에 자리 잡고 있는 아름다운 공원으로 고층 건물 및 바다가 함께 어우러진 환상적인 풍경을 즐길 수 있다. 공원 안은 장미로 된 정원, 조각, 골프장, 식당들이 있으며, 결혼사진 촬영지로도 유명하다. 산 정상은 블로델 온실 돔 (Bloedel Conservatory)이 있다.

4600 Cambie St, Vancouver, BC (퀸즈 엘리자베스 공원)

e) 프로 스포츠 홈구장

밴쿠버에는 커넉스 (Canucks) 하키팀, BC 라이언스 (Lions) 풋볼팀, 화이트캡스 (Whitecaps) 축구팀 등의 프로구단이 있다. 하키팀의 로저스 아레나 (Rogers Arena) 홈구장과 풋볼팀의 BC 플레이스 (Place) 홈구장이 모두 잉글리시 베이 제일 안쪽에 서로 이웃하고 있고, 축구팀은 풋볼 구장을 함께 사용하고 있다.

800 Griffiths Way, Vancouver, BC (하키 구장)

777 Pacific Blvd, Vancouver, BC (풋볼 구장)

대륙횡단 태평양 중앙역 및 프로 스포츠 홈구장 인근에 어린 자녀들이 좋아할 만한 사이언스 월드 (Science World) 과학관이 있다.
1455 Quebec St, Vancouver, BC (사이언스 월드)

작은 규모이지만 광역 밴쿠버에서 유일한 PNE (Pacific National Exhibition) 놀이 공원이 동쪽 버나비 경계 근처에 있다.
2901 East Hastings St, Vancouver, BC (Hwy 1 Exit 25 W)

<밴쿠버 시립 골프장>

지역	골프장	특징 및 위치
밴쿠버 시티	Fraserview	- 18홀 (파72), 드라이빙 레인지 - 7800 Vivian Dr, Vancouver
	Langara	- 18홀 (파71) - 6706 Alberta St, Vancouver
	McCleery	- 18홀 (파71, 72), 드라이빙 레인지 - 7188 MacDonald St, Vancouver

<밴쿠버 다운타운 북쪽 근교에 위치한 스키장>

스키장	위치	특징
사이프레스 (Cypress)	웨스트 밴쿠버	- 53개 코스, 최장 4.1km - 슬로프 높이 610m, 리프트 9개
그라우스 (Grouse)	노스 밴쿠버	- 26개 코스, 최장 1km - 슬로프 높이 365m, 리프트 5개
마운트 시모어 (Mount Seymour)	노스 밴쿠버	- 23개 코스, 최장 1.6km - 슬로프 높이 330m, 리프트 5개

광역 밴쿠버 지역의 일반 쇼핑몰은 발달하였지만 아울렛 몰은 빈약하여 많은 시민들이 국경 넘어 미국으로 쇼핑을 갔었다. 2015년 이후는 광역밴쿠버 지역에도 대형 아울렛 매장이 들어서기 시작했다.

쇼핑몰

- Metropolis at Metrotown (광역밴쿠버에서 제일 큰 몰)
  4700 Kingsway, Burnaby, BC
- Pacific Centre Mall (밴쿠버 다운타운에서 제일 큰 몰)
  700 West Georgia St, Vancouver, BC
- Holt Renfrew (고급 가격대 백화점)
  737 Dunsmuir St, Vancouver, BC
- The Bay (중급 가격대 백화점)
  674 Granville St, Vancouver, BC
- Aberdeen Centre Mall (가장 큰 아시안 몰)
  4151 Hazelbridge Way, Richmond, BC

아울렛

- McArthurGlen Designer Outlet (밴쿠버 공항 주변)
  7899 Templeton Station Rd, Richmond, BC (Templeton station)
- Tsawwassen Mills Outlet (빅토리아 가는 페리 선착장 주변)
  Hwy 17 & 52nd St, Delta, BC

국경 근처 미국 쇼핑몰과 아울렛

- Bellis Fair (밴쿠버 남쪽 1시간 쇼핑몰)
  1 Bellis Fair Pkwy, Bellingham, WA (Hwy 5 Exit 256)
- The Outlet Shops at Burlington (밴쿠버 남쪽 1시간 30분 아울렛)
  48 Fashion Way, Burlington, WA (Hwy 5 Exit 229)

2) 밴쿠버 시티 외각 광역권

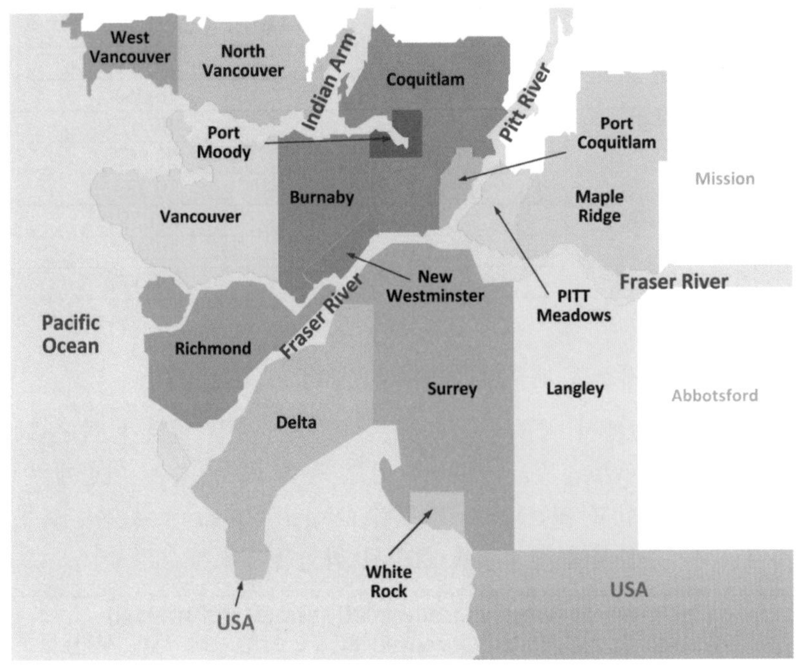

<밴쿠버 광역시>

<2011년 밴쿠버 광역권 인구센서스>

구 분	행정 구역	인 구 (명)
밴쿠버	밴쿠버 시티	603,502
북부지역	웨스트 밴쿠버	42,694
	노스 밴쿠버 시티	48,196
	노스 밴쿠버 구역	84,412
	북부 산악 광역권	13,035
동부지역	버나비	223,218
	뉴 웨스트민스터	65,976
	코퀴틀람	126,456
	포트 무디	32,975
	포트 코퀴틀람	56,342

(계속 이어서)

<2011년 밴쿠버 광역권 인구센서스>

구 분	행정 구역	인 구 (명)
피트 리버 동쪽	피트 메도우스	17,736
	메이플 릿지	76,052
리치몬드	리치몬드	190,473
남부지역	델타	99,863
	화이트 락	19,339
	써리	468,251
	랑리 시티	25,081
	랑리 구역	104,177

a. 북부지역 웨스트 밴쿠버와 노스 밴쿠버

스탠리 파크에서 북쪽으로 강을 건너오면 서쪽 바닷가 쪽은 웨스트 밴쿠버 (West Vancouver) 이고 동쪽 내륙 쪽은 이란계 이민자가 많이 살고 있는 노스 밴쿠버 (North Vancouver) 이다. 두 지역 모두 부산처럼 산비탈에 형성된 타운들이다.

750 17th St, West Vancouver, BC (웨스트 밴쿠버 시청) 141 14th St. W, North Vancouver, BC (노스 밴쿠버 시티 시청) 355 West Queens Rd, North Vancouver, BC (노스밴쿠버 구역 시청)

이 지역은 광역밴쿠버에서 제일 잘 사는 부촌지역으로, 광역 밴쿠버를 관망할 수 있는 콘도들과 언덕 위의 저택들이 많이 들어서 있고 가격도 캐나다에서 최고 수준이다. 또한 교육열도 높아서 밴쿠버의 8학군으로 불리며 명문학교들이 많고 고급제품을 취급하는 파크 로얄 쇼핑몰 (Park Royal Shopping Mall)이 있다.

2002 Park Royal S, West Vancouver, BC (파크 로얄 쇼핑몰)

웨스트 밴쿠버와 노스 밴쿠버 경계지역에 (다운타운 북쪽 약 9km) 소나무와 전나무 숲으로 이루어져 있는 카필라노 (Capilano) 계곡이 있다. 이 계곡에 캐나다에서 제일 인기 있는 약 70m 길이의 서스펜션 브릿지가 있다.

3735 Capilano Rd, North Vancouver, BC (서스펜션 브릿지)

서스펜션 브릿지 상류에 밴쿠버 식수원으로 사용하는 카필라노 호수와 클리블랜드 댐이 위치하고 있고, 케이블카나 등산로 (1시간 20분)를 이용하여 그라우스 (Grouse) 산 정상에 올라가면 밴쿠버 시내를 바라볼 수 있는 전망대가 있다.

6400 Nancy Greene Way, North Vancouver, BC (그라우스 산)

<서스펜션 브리지 입구>

<원시림으로 가득찬 등산로>

b. 동부지역 버나비 - 뉴 웨스트민스터 - 트라이시티

다운타운에서 동쪽으로 버나비 (Burnaby), 뉴 웨스트민스터 (New Westminster), 트라이 시티 (Tri City) 지역으로 구분하며 한인들이 많이 거주한다.

4949 Canada Way, Burnaby, BC (버나비 시청)
511 Royal Ave, New Westminster, BC (뉴 웨스트민스터 시청)
3000 Guildford Way, Coquitlam, BC (코퀴틀람 시청)
2580 Shaughnessy St, Port Coquitlam, BC (포트 코퀴틀람 시청)
100 Newport Dr, Port Moody, BC (포트 무디 시청)

버나비와 코퀴틀람 경계에 위치하고 있는 노스 로드 (North Road) 도로 주변은 밴쿠버 광역시에서 한인상가가 가장 많이 몰려 있다. 버나비는 밴쿠버 제 2의 상업지역으로 밴쿠버 광역권에서 가장 큰 쇼핑몰인 메트로타운 (Metrotown)이 있다.

4700 Kingsway, Burnaby, BC (메트로타운 쇼핑몰)

뉴 웨스트민스터 (New Westminster)는 다운타운에서 40분 거리로 비교적 가까우나 주도를 이곳에서 빅토리아로 옮긴 이후 성장 동력을 찾지 못하여 낙후된 지역이다.

트라이 시티는 3개 시 즉, 코퀴틀람 (Coquitlam), 포트 코퀴틀람 (Port Coquitlam), 포트 무디 (Port Moody)를 합쳐서 사용하는 이름이며 교육청을 비롯하여 상호 협조한다. 이 지역은 다운타운에서 40분 정도 떨어져 있으며 1980년대에 주로 개발된 주택가이다.

코퀴틀람 시에 위치한 웨스트우드 플레이토 (Westwood Plateau) 골프장은 1995년 Michael Hurdzan이 설계한 18홀 (파72)과 12홀 (파40) 코스로 매우 훌륭하며 드라이빙 레인지도 함께 갖추고 있다.
1630 Parkway Blvd, Coquitlam, BC

c. 피트 리버 동쪽 피트 메도우스와 메이플 릿지

피트 리버 (Pitt River) 강의 동쪽 편에 피트 메도우스 (Pitt Meadows)와 메이플 릿지 (Maple Ridge)가 있다. 피트 리버 다리를 건너 서쪽 코퀴틀람으로 갈 수 있고 프레이저 강의 골든 이어스 브릿지 (Golden Ears Bridge) 다리를 건너 남쪽 랑리로 갈수 있으며, 밴쿠버 다운타운까지 50분 정도 소요된다. 과거 교통이 불편하고 늪지대, 공원 등 개발 제한 구역이 많아 밴쿠버 광역권에서 개발이 가장 덜 된 농촌 전원도시로 주로 백인들이 거주한다.

12007 Harris Rd, Pitt Meadows, BC (피트 메도우스 시청)
11995 Haney Pl, Maple Ridge, BC (메이플 릿지 시청)

메이플 릿지는 BC 주에서 가장 큰 골든 이어스 주립공원을 비롯하여 공원이 7개나 있다. 골프, 낚시 등 야외 활동을 하기에 좋은 환경을 갖추고 있는 지역이다.

피트 메도우스는 2만평의 옥수수 농장에 정교한 미로를 만들어 일반인에게 개방하는 메도우스 콘 마즈 (Meadows Corn Maze)가 있다.

13672 Reichenbach Rd, Pitt Meadows, BC

d. 밴쿠버 시티 남부 리치몬드

리치몬드 (Richmond) 시티는 프레이저 (Fraser) 강 하구에 17개의 섬으로 이루어져 있다. 다운타운과 가깝고 산이 없어서 밴쿠버 국제공항이 있으며, 공항을 중심으로 물류 기업들이 있다.

리치몬드 지역은 중국계 이민자가 2/3 이상 살고 있어서 중국인이라면 영어를 사용하지 않고도 생활하는데 큰 불편이 없을 정도이다. 이 지역은 과당 경쟁으로 인해 저렴한 가격에 푸짐한 중국 음식을 즐길 수 있는 곳이다. 그러나 중국계가 아닌 경우는 오히려 사는 것이 불편할 수 도 있다.

6911 Road No. 3, Richmond, BC (리치몬드 시청)

리치몬드 해변은 캐나다에서 제일 큰 스티브스턴 (Steveston) 어시장과 항구가 있으며, 야생 동물 보호 구역으로 많은 조류들도 있다. 어족 자원이 풍부하여 옛날 조지아 만 통조림 공장이 있었으나 오늘날은 사라지고 옛 건물을 관광객에게 개방하고 있다. (Gulf of Georgia Cannery National Historic Site)

3800 Bayview St, Richmond, BC (스티브스턴 어시장)
12138 Fourth Ave, Richmond, BC (조지아 만 통조림 공장)

e. 프레이저 강 남쪽지역

프레이저 (Fraser) 강을 따라서 바다에서 상류로 델타 (Delta), 화이트 락 (White Rock), 서리 (Surrey), 랑리 (Langley) 순으로 도시가 있다. 도시와 농촌이 함께 있지만 농촌이 훨씬 더 넓다.

델타 및 화이트 락은 리치몬드 남쪽에 있는 반도이며, 주로 백인들이 거주하는 조용한 농촌 도시이다.

서리 및 랑리는 밴쿠버 광역시의 인구가 늘어나면서 프레이저 강 주변과 대륙횡단 고속도로 (Hwy) 주변 등 북쪽지역은 제법 큰 타운이 형성되고 주변에 신규 주택이 많이 들어서지만 남쪽으로 갈 수 록 대부분 농촌 이다. 중국계 이민자들이 많이 거주하지만 리치몬드 보다는 비율이 낮으며 백인을 비롯한 여러 민족이 다양하게 거주하고 있다.

4500 Clarence Taylor Crescent, Delta, BC (델타 시청)
13450 104th Ave, Surrey, BC (서리 시청)
20399 Douglas Crescent, Langley, BC (랑리 시티 시청)
20338 65th Ave, Langley, BC (랑리 구역 시청)

랑리 외각에 한인이 운영하는 BC 주 최대의 밴쿠버 동물원(Great Vancouver Zoo)이 있다. 1970년 개장하여 오늘날 약 15만평의 부지에 130종 600마리의 동물이 있으며, 다른 주의 동물원과 달리 여러 가지 쇼를 방문객에게 보여 준다.
5048 264th St, Langley, BC (Hwy 1 Exit 72 South)

3) 밴쿠버 광역권 외각 동쪽 근교

칠리왁 (Chilliwack), 아보츠포드 (Abbotsford), 미션 (Mission), 아가씨즈 (Agassiz) 지역은 행정 구역상 광역밴쿠버 동쪽 밖에 있지만 인구가 약 27만이나 되고 밴쿠버와 동일한 경제권 및 생활권이다. 아가씨즈 이외의 나머지 지역은 밴쿠버와 같이 로랜드 (Low Land)로 불리는 평지이다. 그러나 주변은 아주 높은 산들로 둘러 싸여 있어서 만약 산을 좋아하면 주말마다 등산 할 수 있을 정도로 멋진 교외 지역이다.

8550 Young Rd, Chilliwack, BC (칠리왁 시청) 32315 South Fraser Way, Abbotsford, BC (아보츠포드 시청) 8645 Stave Lake St, Mission, BC (미션 시청) 7170 Cheam Ave, Agassiz, BC (Kent 시청-Harrison)

<2011년 밴쿠버 광역권 밖 동쪽 외각의 인구센서스>

구 분	시 티	인 구 (명)
프레이저 강 남쪽	아보츠포드	133,497
	칠리왁	92,308
프레이저 강 북쪽	미션	36,426
	아가씨즈	5,664

a. 아보츠포드

아보츠포드는 밴쿠버 다운타운에서 동쪽으로 약 1시간 거리에 있는 광역권 밖 첫 번째 타운이다. 밴쿠버에서 오는 대륙횡단 고속도로 (Hwy 1)가 타운을 동서로 관통하고, 미국 국경을 바로 접하고 있어서 미국에서 오는 고속도로 (Hwy 11)가 타운을 남북으로 관통하여 프레이저 강 북쪽 미션으로 연결된다.

교통의 이점과 집값이 밴쿠버 보다 저렴하여 갱들이 몰려와 거주하면서 한때 캐나다에서 가장 살인 사건이 많이 발생한 도시가 되었다. (2006년 10만당 4.7명 살인, 베이컨 브라더스와 레드 스콜피언 갱단의 본거지) 주정부는 거대 갱 조직원을 대거 검거하여 구속시키고, 치안예산을 증액하고 경찰을 증원하여 이후는 범죄율이 감소하였다.

아보츠포드에는 국제공항이 있어서 빅토리아, 앨버타 주의 에드먼턴 등으로 직접 가는 노선이 있고, 매년 여름철 정기적으로 에어쇼가 개최된다.

애플 반 호박 농장
애플 반 호박 농장 (Apple Barn Pumpkin Farm)은 사과, 호박, 옥수수 등을 재배하며 과일을 직접 딸 수 있는 유픽 (U-Pick) 서비스를 제공한다. 이 농장이 인기가 있는 것은 다양한 즐길 거리가 있기 때문으로 염소, 양, 라마 등 가축 농장, 시청, 도서관 등이 있는 토끼 마을 바니타운 (Bunny Town) 등이 있다. 333 Gladwin Rd, Abbotsford, BC

b. 칠리왁

칠리왁 (Chilliwack)은 아보츠포드의 동쪽에 있기 때문에 밴쿠버 다운타운에서 1시간 20분 정도 소요된다. 도로를 그냥 지나쳐 가기만 해도 가축 대변 냄새를 맡을 수 있을 정도로 가축 농장이 많다. 가축 폭행 사건으로 일반인에게 알려진 캐나다 최대 규모의 칠리왁 캐틀 세일즈 (Chilliwack Cattle Sales) 젖소농장도 있다.

이 지역에 남북으로 놓인 도로 (Vedder Road)를 기준으로 동쪽에 사디스 (Sardis) 신도시가 있다.

칠리왁 남쪽에 위치한 컬터스 레이크 (Cultus Lake) 입구에 워터파크가 있으며, 호수 주변 전체가 주립공원이다. 그리고 공원 주변은 고산들이 많아 조용히 전원생활을 즐기기 좋다.

4150 Columbia Valley Hwy, Cultus Lake, BC

민터 가든 (Minter Country Garden Ltd.)은 프레이저 강 주변에 위치하며 밴쿠버 시민들이 결혼 장소로 자주 사용할 정도로 잘 가꾸어 놓은 정원이다. 10015 Young Rd. N, Chilliwack, BC

c. 미션

미션 (Mission)은 프레이저 강의 북쪽에 위치하며, 밴쿠버 다운타운에서 1시간 20분 정도 소요 되는 완전한 전원지역으로 주변에 훌륭한 롤리호수 주립공원 (Rolley Lake Provincial Park)이 있다. 1894년 대홍수로 인해 프레이저 강변에 있던 타운 중심이 높은 지대로 옮겨 구도심은 비탈이지만 신도시는 평지 이다. 물론 북쪽 주변은 고산들로 둘러 싸여 있다.

d. 해리슨 호수가 있는 아가씨즈

완전한 시골지역으로 거주 인구도 많지 않고 밴쿠버 다운타운에서 거의 2시간 가까이 소요 된다. 그러나 해리슨 핫 스프링(Harrison Hot Springs Resort & Spa) 온천과 바다 같이 넓고 훌륭한 호수가 있어서 밴쿠버 시민들이 많이 찾는 곳이다. 또한 매년 가을 호숫가에서 모래 조각전도 개최한다.

100 Esplanade Ave, Harrison Hot Springs, BC (온천)

밴쿠버는 캐나다에서 연어가 가장 풍부한 지역으로 유명하다. 해리슨 강의 지류에 연어 관광으로 유명한 위버크릭 인공수로(Weaver Creek Spawning Channel)가 있다. 이 수로는 3km를 지그재그로 만들어 연어가 안전하게 부화하도록 돕는다.

16250 Morris Valley Rd, Agassiz, BC (연어 인공수로)

광역 밴쿠버 먼 외각 지역

1) 태평양에서 가장 큰 섬 밴쿠버 아일랜드

밴쿠버 아일랜드는 밴쿠버 앞바다에 있는 거대한 섬으로 길이가 서울에서 부산만큼 길지만 면적은 폭이 좁아서 남한의 1/3 정도이다. 이 섬은 아메리카 대륙의 태평양 연안은 물론이고 뉴질랜드 동쪽의 태평양에 있는 섬들 중에서 가장 크다. 섬에서 가장 높은 곳은 골든 힌드 (Golden Hinde) 산봉우리로 해발 2,200m이며, 한국의 설악산 보다 약 500m 더 높다.

2011년 인구조사에 의하면 섬 전체 인구는 고작 76만 정도이다. 이 섬에서 제일 큰 도시는 빅토리아 광역시 (Greater Victoria Area)로 인구가 약 35만이고, 두 번째로 큰 도시인 나나이모 (Nanaimo)는 약 10만 이다.

1 Centennial Sq, Victoria, BC (빅토리아 시청) 455 Wallace St, Nanaimo, BC (나나이모 시청)

섬에서 밴쿠버 광역시와 마주보는 동해안 지역에 주민들이 대부분 살고 있고, 바람이 세고 파도가 거친 서해안은 거의 사람이 살

지 않는다. 빅토리아 타운은 섬의 남쪽 끝 해안가에 위치하고, 나나이모 타운은 빅토리아 타운에서 북쪽으로 111km, 1시간 30분 거리의 동해안에 있고, 나나이모 보다 더 북쪽 지역에는 큰 도시가 없다. 섬의 서해안에 위치한 퍼시픽 림 국립공원 (Pacific Rim Nation Park)은 절경이며, 앞 바다는 윈드서핑을 즐기는 스포츠맨들이 좋아하는 곳이다.

이 섬의 빅토리아 타운은 브리티시컬럼비아 주의 주도로 행정, 관광, 해양, IT 산업이 발달하였다. 이 섬 전체에는 약 800여개의 기업이 $20억 달러 연매출 실적을 올리고 있다. 나나이모는 1800년대 금, 석탄 등의 광산 개발이 한창이었으며, 이때 중국인 노동자들이 거주하면서 생긴 차이나타운이 오늘날도 있다. 나머지 지역은 주로 어촌들로 주민들이 대부분 어업에 종사하고, 섬 북쪽 지역은 원주민들이 많이 거주하고 있다.

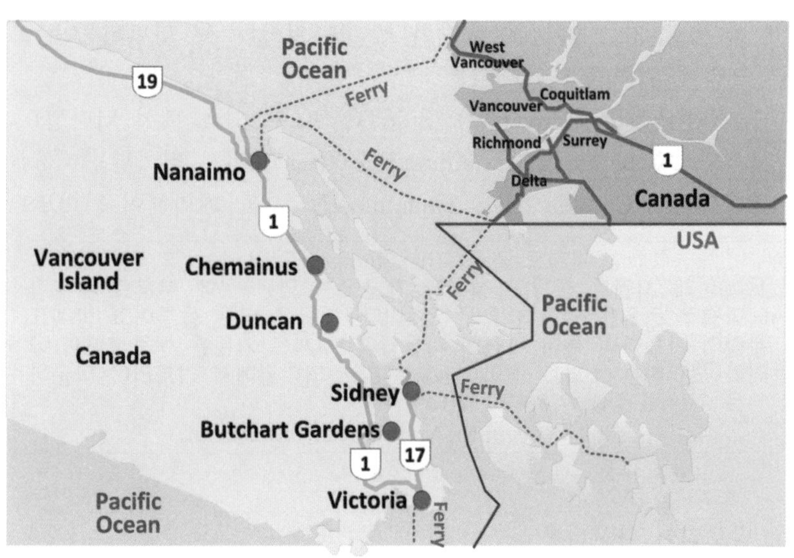

<밴쿠버 아일랜드 관광 지역과 페리 항로 >

a. 페리 교통편

밴쿠버에서 밴쿠버 아일랜드 가는 도로는 없고 대략 1시간 30

분에서 2시간 소요되는 페리를 이용해야 한다. 광역밴쿠버 남부지역 (델타지역)에 위치한 트와슨 페리터미널 (Tsawwassen Ferry Terminal)과 광역밴쿠버 북부지역 (웨스트 밴쿠버)에 위치한 홀슈베이 페리터미널 (Horseshoe Bay Ferry Terminal)을 이용할 수 있다.

1 Ferry Causeway, Delta, BC (트와슨 터미널)
6750 Keith Rd, West Vancouver, BC (홀슈베이 터미널)

밴쿠버 아일랜드에서 출발하는 페리는 시드니 (Sidney) 근처의 스와츠 베이 터미널 (Swartz Bay Ferry Terminal)과 나나이모에 터미널이 있다. 나나이모에 2개의 터미널이 있으며, 듀크 포인트 터미널 (Duke Point Barge Terminal)은 트와슨 터미널 (광역밴쿠버 남부)로 가는 페리가 출발하고, BC 페리베이 터미널 (BC Ferries Departure Bay Terminal)은 홀슈베이 터미널 (광역밴쿠버 북부)로 가는 페리가 출발한다. 나나이모의 두 터미널은 서로 근 거리에 위치하고 있다.

11300 Patricia Bay Hwy, Sidney, BC (스와츠 베이 터미널)
870 Jackson, Nanaimo, BC (듀크 포인트 터미널)
680 Trans Canada Hwy, Nanaimo, BC (BC 페리베이 터미널)

부차트 가든 (The Butchart Gardens)
1900년대 시멘트 공장의 석회암 채굴장 이었던 곳에 부차트 부부가 테마별로 정원을 만들어 놓은 것 이다. 이곳은 낮은 물론이고 밤에도 관람이 가능하며 특히 야경이 아름답다. 부차트 가든은 밴쿠버에서 페리가 도착하는 스와트 베이 (Swartz Bay) 터미널에서 빅토리아 다운타운을 가는 도중에 위치하고 있다.
800 Benvenuto Ave, Central Saanich, BC

b. 빅토리아 다운타운

빅토리아 (Victoria)는 밴쿠버 아일랜드 섬의 남쪽 끝에 위치하고 있는 가장 큰 타운이며, 주의사당 (BC Parliament Building)이 있다. 이 의사당 건물을 설계한 사람은 믿기 어렵지만 25세의 나이에 설계 작품 공모전에서 당선한 프랜시스 래튼베리 (Francis

Rattenbury) 이다. 또한 그는 에프터눈 티 (Afternoon Tea)로 유명한 페어몬트 엠프레스 (The Fairmont Empress) 호텔, 정치인 등 유명인의 인형으로 만들어 놓은 밀납 인형 (Royal London & Wax) 박물관, 크리스털 가든 (Crystal Garden) 등 많은 건축물들을 설계 하였다. 주 의사당은 영국풍으로 설계되었으며 밤에 3,300개 이상 전구를 밝혀 특히 야경이 아름답다.

721 Government St, Victoria, BC (엠프레스 호텔)
470 Belleville St, Victoria, BC (밀납 인형 박물관)
713 Douglas St, Victoria, BC (크리스털 정원)
501 Belleville St, Victoria, BC (주의사당)

2015년 브리티시컬럼비아 주 의회는 자유당 49석, 신민당 34석, 녹색당 1석, 독립당 1석이며, 주 수상은 크리스티 클락 (Christy Clark) 이다. 1870년 이후 주 수상은 자유당이 8회, 신민당이 4회, 사회당이 4회, 보수당이 3회 하였다.

래튼베리의 건물들 이외에도 빅토리아 항구 주변은 볼 것이 많다. 빅토리아 피셔 맨스 워프 (Fisherman's Wharf)는 형형색색의 수상가옥들이며 항구 주변에 있어 걸어서 관광할 수 있다. 또한 마법의 성과 타운을 아주 작게 만든 미니어쳐월드 (Miniature World), 밴쿠버 아일랜드는 물론이고 브리티시컬럼비아 주의 역사, 문화, 풍습 등을 전시하는 박물관 (Royal British Columbia Museum)도 항구 주변에서 볼 수 있다.

1 Dallas Rd, Victoria, BC (맨스 워프)
649 Humboldt St, Victoria, BC (미니어쳐월드)
675 Belleville St, Victoria, BC (로얄 BC 박물관)

항구에서 걸어서 약 30분 정도 떨어진 곳에 탄광으로 엄청난 부를 쌓은 캐나다 서부지역의 최고 부호인 로버트 던스 무어의 크레익다록 성 (Craigdarroch Castle)이 있다. 로버트 던스 무어는 1984년부터 1990년까지 로마네스크 양식의 집을 건축하였다. 그러나 완공 1년을 남겨 놓고 본인이 사망하여 남아 있는 부인과 자식이 살았다고 한다. 오늘날 이 집은 유명한 관광지가 되었다.

1050 Joan Cres, Victoria, BC (크레익다록 성)

<밴쿠버 아일랜드 주요 퍼블릭 골프장>

지역	골프장	설계자, 특징 및 위치
빅토리아	Bear Mountain	- Jack Nicklaus/Steve N. (2003년) Mountain (18홀, 파70, 캐나다 43위) - Jack Nicklaus/Steve N. (2008년) Valley (18홀, 파71, 캐나다 58위) - 1999 Country Club Way, Victoria
	Olympic View	- Bill Robinson (1990년) 18홀 (파72) - 643 Latoria Rd, Victoria

c. 빅토리아에서 나나이모 가는 길

덛칸 (Duncan)은 빅토리아 (Victoria)와 나나이모 (Nanaimo)의 중간에 위치하며 토템의 타운으로 불릴 만큼 시청 주변에 원주민 토템을 많이 세워 놓았다.

200 Craig St, Duncan, BC (시청)

나나이모 강에 북미최초로 시작한 46m의 번지점프장이 있고, 빅토리아 주변에 나무 위로 쇠줄을 연결한 Zip Line장도 있다.

- WildPlay Nanaimo (번지 점프장)
  35 Nanaimo River Rd, Nanaimo, BC
- Adrena LINE Zipline Adventure Tours (Zip Line 장)
  5128C Sooke Rd, Victoria, BC
- WildPlay West Shore Victoria (나무 위 모험)
  1767 Island Hwy, Victoria, BC

체마이너스 (Chemainus & District Chamber of Commerce)는 나나이모 남쪽 30분 거리에 있는 아주 작은 마을이지만 세계 최대의 벽화로 매우 유명하다. 마을 곳곳에 수십 개의 벽화 중에서 가장 유명한 것은 “Native Heritage"으로 원주민 초상화이다. 또한 이 마을은 캐나다 속에 있는 관광 소공화국으로 관광기념 여권을 만들어 주기도 한다.

9796 Willow St, North Cowichan, BC (주차장)

d. 서해안 퍼시픽 림 국립공원

나나이모에서 4번 산악도로를 이용하여 밴쿠버 아일랜드를 동서로 관통하여 3시간 정도 가면 퍼시픽 림 (Pacific Rim) 국립공원에 도착한다. 태평양에서 불어오는 태풍과 거센 파도에 의해서 만들어진 약 18km의 매우 훌륭한 롱비치 (Long Beach)가 있다. 브리티시컬럼비아 주 이외의 다른 주는 태풍이 거의 없어서 모래 비치가 매우 귀하기 때문에 롱비치는 캐나다 최대 규모의 모래 비치이다.

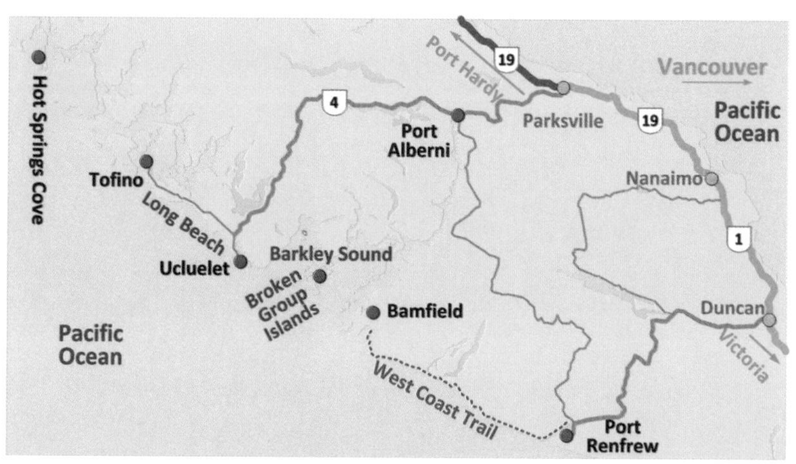

<퍼시픽 림 국립공원 주요 지역과 접근 도로>

롱비치 북쪽에 위치한 토피노 (Tofino) 타운에서 고래 관광 (3, 4월 절정), 해안 기암절벽 관광, 핫 스프링 코브 (Hot Springs Cove) 온천 관광 등을 하는 배들이 출발한다.

롱비치 남쪽에 위치한 유클룰렛 (Ucluelet) 타운에서 다도해 섬 (Broken Group Islands)들이 있는 바클리 해협 (Barkley Sound)

으로 가는 배들이 출발한다.

이들 섬 보다 훨씬 더 먼 남쪽에 위치한 밤필드 (Bamfield) 타운은 나나이모에서 4번 산악도로를 타고 토피노 가는 도중에 위치한 포트 알버니 (Port Alberni) 선착장에서 출발하는 배를 이용할 수도 있다. 밤필드에서 남쪽으로 있는 웨스트 코스트 트레일 (West Coast Trail)은 포트 랜프레 (Port Renfrew)까지 해안가 절경을 보면서 가는 75km의 등산로 이다.

2) 큰마음 먹고 가야하는 선사인 코스트 해안

선사인 코스트 (Sunshine Coast) 해안은 페리를 여러 번 타고 가야 하는 만큼 밴쿠버 주민도 큰마음 먹고 가는 지역이다. 밴쿠버-선사인 코스트 해안-밴쿠버 아일랜드-밴쿠버 루트를 한 바퀴 돌아오는 일정으로 다녀 올 수 있으며 이 경우 페리를 4번 이용해야 한다.

① Horseshoe Bay (밴쿠버 출발 페리) → Langdale → 해안도로
② Earls Cove (페리) → Saltery Bay → 해안도로
③ Powell River (페리) → Comox → 고속도로 (Hwy 19)
④ Nanaimo (페리) → Horseshoe Bay (밴쿠버 도착)

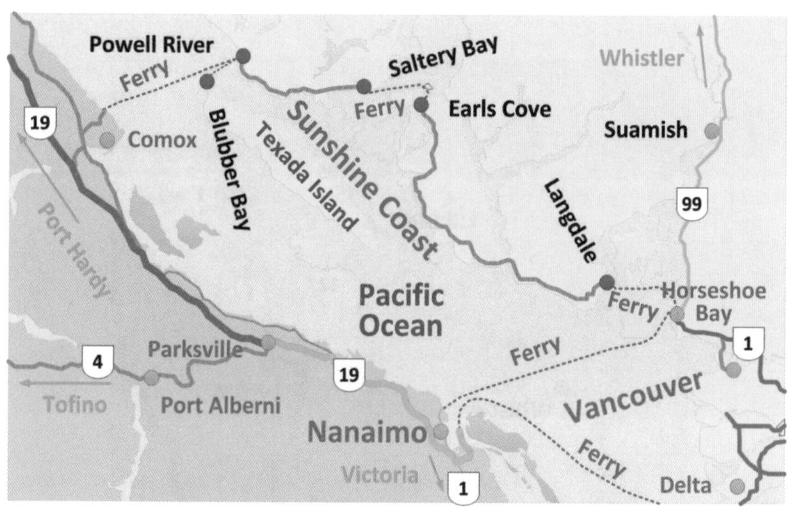

<선사인 해안 지역 주요 도로 및 페리 루트>

먼 여정이지만 이 지역은 다른 관광지 보다 한적한 자연의 모습을 볼 수 있으며, 파웰에서 출발하는 페리를 이용하여 테사다 아일랜드 (Texada Island) 섬으로도 들어 갈 수 있다. 선착장에서 그리 멀지 않은 거리에 신선들이 살 것 같은 자연 녹색의 매우 아름다운 스펙타큘러 레이크 (Spectacular Lake) 호수가 있다.

3) 휘슬러-릴루엣-호프 지역

밴쿠버에서 외각으로 빠지는 길은 북쪽 휘슬러 (Whistler) 스키장 가는 고속도로 Hwy 99, 동쪽 프레이저 (Fraser) 강을 따라 앨버타로 가는 고속도로 Hwy 1 그리고 남쪽 미국으로 가는 고속도로 Hwy 99 이다. 남쪽 미국 가는 도로 주변은 평범한 농촌 들녘이지만, 북쪽과 동쪽으로 가는 길은 험준한 산들이 많아서 관광하기에 좋은 지역이다. 프레이저 강의 하류는 동쪽에 내려오지만 호프 (Hope) 지역에서 방향을 바꾼 것으로 강의 상류는 북쪽이다. 따라서 프레이저 강 상류로 가면 휘슬러 스키장에서 북쪽으로 올라오는 고속도로와 릴루엣 (Lillooet)에서 만나므로, 밴쿠버에서 출발하여 이 코스를 한 바퀴 돌아오는 관광을 할 수 있다.

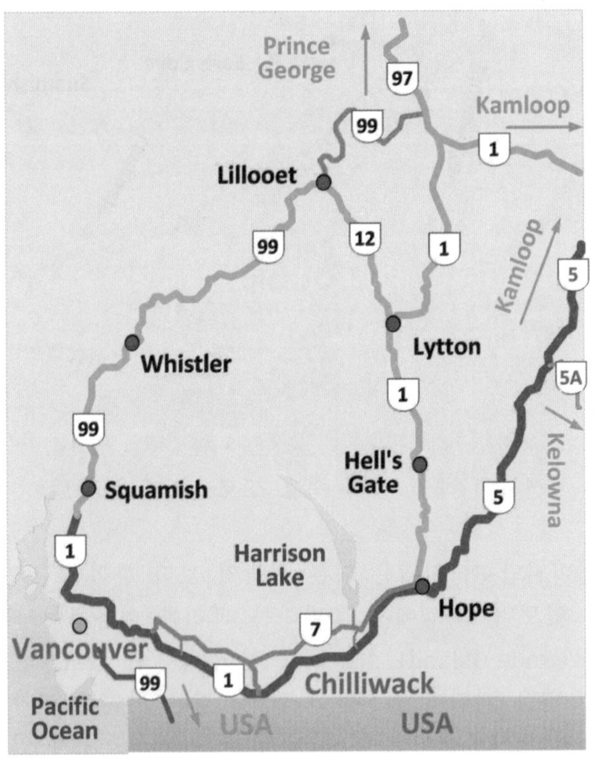

<남부 브리티시컬럼비아 주의 주요 지역 및 도로>

a. 북쪽 휘슬러 가는 드라이브 코스

a) 하우 해협과 원주민 마을 스쿼미시

하우 해협 (Howe Sound)은 피오르드 해안으로 홀슈베이 (Horseshoe Bay) 페리 선착장에서 시작하여 벌목으로 유명한 스쿼미시 (Squamish)까지 48km 이다. 하우 해협의 해안선을 따라가는 고속도로 Hwy 99는 시-투-스카이 하이웨이 (Sea to Sky Highway)로 불우며 주변에 펼쳐지는 얼음으로 덮인 산자락은 마치 그림 속 풍경에서 달리고 있는 것 같은 느낌을 갖게 해준다.

스쿼미시 타운 근처에 가면 브리타니 광산 박물관 (Britannia Mine Museum), 북미에서 3번째로 높은 샤논 폭포 (335m, Shannon Falls), 그리고 하우 해협을 높은 곳에서 볼 수 있는 시-투-스카이-곤돌라 (해발 885m, Sea to Sky Gondola)가 차례로 나타난다. 샤논 폭포는 광산 박물관과 6km 정도 떨어져 있고 곤돌라는 옆에 있다. 샤논 폭포는 나무에 가려서 잘 보이지 않지만 주변에 피크닉 테이블이 여러 개 있고 샤논 폭포에서 내려오는 아주 깨끗한 물에 발을 담그고 놀 수 있는 것이 장점이다.

1 Forbes Way, Britannia Beach, BC (광산 박물관)
36800 Highway 99, Squamish, BC (곤돌라)

스쿼미시 타운에는 웨스트 코스트 철도 공원 (West Coast Railway Heritage Park)이 있다.

39645 Government Rd, Squamish, BC (철도 공원)

<하우 해협>

<철도 공원>

b) 북미 대륙 최고의 스키리조트 휘슬러 블랙콤

캐나다의 1~2월은 너무 추워서 많은 스키장이 한산하고, 12월과 3월에 많이 이용한다. 그러나 2010년 동계 올림픽이 열렸던 휘슬러 (Whistler) 블랙콤 스키장은 겨울철 내내 온도가 0도 약간 아래에 있어서 언제나 스키를 즐길 수 있다. 또한 연간 적설량이 10.22m나 되어 언제나 스키 코스가 좋다.

밴쿠버에서 휘슬러 스키장 갈 때 약 15분 정도 못 미친 곳에 70m 높이의 브랜드 와인 폭포 (Brandywine Falls)가 있다.

휘슬러 스키 리조트는 밴쿠버에서 125km 2시간 거리에 있지만 면적이 8천 에이커에 달하며 2개의 스키장으로 되어 있다. 휘슬러 리조트의 스키장과 여러 가지 야외 활동시설은 캐나다는 물론이고 세계 최고 수준이다. 1996년 개장한 휘슬러 스키장은 해발 2,182m에서 시작하고, 1980년 개장한 블랙콤 (Blackcomb) 스키장은 해발 2,436m에서 시작한다. 슬로프가 매우 길고 다양한 200개 이상의 코스와 39개의 리프트들이 있다. 최장 코스는 11km나 되고 국가 대표나 프로 스키어들이 즐기는 급경사 코스도 20개나 있다.

4545 Blackcomb Way, Whistler, BC (블랙콤 곤돌라)

4282 Mountain Sq, Whistler, BC (휘슬러 곤돌라)

<블랙콤 콘도라 장소>

<휘슬러 콘도라 장소>

<휘슬러 지역의 주요 퍼블릭 골프장>

지역	골프장	설계자, 특징 및 위치
펨버튼	Big Sky	- Bob Cupp (1994년) 18홀 (파72, 캐나다 33위) - 1690 Airport Rd, Pemberton
휘슬러	Fairmont Chateau Whistler	- Robert Trent Jones Jr. (1993년) 18홀 (파72, 캐나다 41위) - 4612 Blackcomb Way, Whistler
	Nicklaus North	- Jack Nicklaus (1995년) 18홀 (파71, 캐나다 47위 - 8080 Nicklaus N. Blvd, Whistler

c) 휘슬러 보다 더 북쪽 지역

휘슬러에서 북쪽 릴루엣까지 130km 2시간 거리이며, 원주민 마을과 여러 호수들을 지나가게 된다. 등산가들이 좋아하는 산정호수 3개가 있는 조프리 호수 (Jofrre Lakes), 작은 로키로 불리는 더피 호수 (Duffey Lake) 그리고 릴루엣 타운 근처의 세턴 호수 (Seton Lake) 등이 대표적이다.

<조프리 호수>

<더피 호수>

b. 프레이저 강을 따라 상류로 가는 드라이브 코스

프레이저 강은 앨버타 주의 자스퍼 주변에서 발원하여 BC주의 북부 거점 도시 프린스조지 (Prince George)를 거처 남쪽으로 내려와 밴쿠버 시내를 관통하여 태평양으로 흘러 들어간다. 이 강을 통해서 개척시대에는 모피무역과 금광을 개발하였고 벌목한 나무를 운송하였다.

a) 호프

호프 (Hope)는 밴쿠버에서 동쪽으로 150km 1시간 40분 거리에 위치하며 이곳에서 강도 합류되고 고속도로도 합류된다. 깊은 계곡과 험준한 산들을 배경으로 1981년 람보 영화를 이곳에서 촬영하였다. 코퀴할라 캐논 (Coquihalla Canyon) 주립공원 안에 있는 오델로 터널은 (Othello Tunnel)은 유명한 관광코스이다. 타운에는 조그마한 호프 박물관도 있다.

919 Water Ave, Hope, BC (호프 박물관)

<호프 타운>

<오델로 터널>

b) 헬스 게이트

헬스 게이트 (Hell's Gate)는 밴쿠버에서 220km, 3시간 거리이고 호프에서는 50분 거리의 상류이다. 강폭이 매우 좁아 유속이 너무 빨라 옛날 개척시대에 이곳을 지나가는 사람들이 지옥문이란 뜻으로 헬스 게이트라고 불렀다. 프레이저 계곡 (Fraser Canyon)을 가로지르는 케이블카 (Hell's Gate Airtram)를 이용하여 7개의 산악 터널을 통과하는 아름다운 골드러시 트레일 (Gold Rush Trail)을 관광할 수 있다.

43111 Trans-Canada Hwy, Boston Bar, BC (케이블카)

c) 리턴

리턴 (Lytton)은 밴쿠버에서 260km, 3시간 10분 거리이고 헬스게이트에서는 50분 거리이다. 이곳에서 진흙의 프레이저 강과 맑고 투명한 톰슨 (Thompson) 강이 합류하고 고속도로 Hwy 1과 Hwy 12도 만난다.

c. 마일 제로의 릴루엣 타운과 왜건 카리브 트레일

a) 건조한 사막 기후의 릴루엣

릴루엣 (Lillooet)은 밴쿠버에서 휘슬러를 거쳐 오면 260km, 4시간, 호프를 거쳐 오면 320km, 4시간 10분 거리이다. 만약 휘슬러에서 고속도로 (Hwy 99)를 타고 올라오면 릴루엣 주변에서 전혀 다른 풍경이 갑자기 나타나는 것에 놀랄 수 있다. 울창한 원시림 숲은 온데간데없고 주변이 온통 메마른 흙산으로 둘러싸여 있다. 다만 다행히 위안이 되는 것은 이곳에 프레이저 강이 흐르고 강변에 원주민 타운이 있다.

<프레이저 강과 주변 산>

<릴루엣 타운>

b) 릴루엣에서 북쪽으로 가는 카리부 왜건 트레일

릴루엣은 광산도로인 카리부 왜건 트레일 (Cariboo Wagon Trail)을 기점으로 릴루엣 마일 제로 (Lillooet Mile Zero)로 불렸다.

릴루엣에서 프레이저 강을 따라 북쪽으로 가는 도로 (Hwy 99)의 처음 약 40km 구간은 상태가 매우 열악하여 야간 운전은 매우 위험한 곳이다. 진흙땅인 곳에 프레이저 강이 협곡을 만들어 흐르기 때문에 지반이 매우 약한 지역으로 도로에서 약간만 벗어나도 추락할 수 있는 위험이 있다. 더구나 일부 구간은 비포장 도로 이다.

<건조한 사막 기후>

가끔씩 있는 농장들은 전적으로 스프링클러 물에 의존하여 작물을 재배하고 있다.

<스프링클러 물에 의존하는 농장>

BC 주의 중부지역과 동부지역

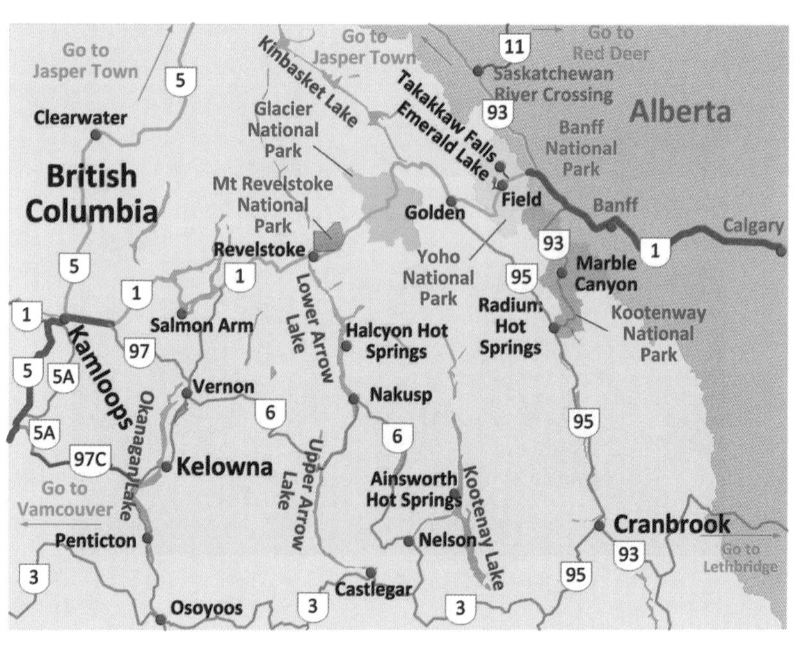

<브리티시컬럼비아 주의 중부 및 동부지역>

1) 따뜻하고 건조한 기후의 중부지역

a. 포도 농사가 잘 되는 오카나간 호수 주변

이 지역은 동쪽 거대한 로키산맥이 앨버타 주의 찬 공기를 막아주고 서쪽 밴쿠버 주변의 코스트 (Coast) 산맥이 태평양의 습한 공기를 막아주기 때문에 여름철은 날씨가 건조하고 겨울철은 토론토보다 온화하고 눈도 적당히 내린다.

기후에 영향을 많이 받는 농작물은 지역별로 특별히 잘 자라는 작물이 있다. 포도를 비롯한 과일류는 주로 덥고 건조한 날씨가 많아야 과일이 크고 맛이 있다. 이러한 기후 때문에 이 지역은 온타리오 나이아가라 지역과 더불어 캐나다에서 유명한 포도 농장 지역이다. 일부 한인도 이 지역에서 과일 농장을 경영하며 밴쿠버 한인들에게 U-Pick (과일 수확하는 체험) 서비스를 제공하고 있다.

건조한 기후는 과일 농사에는 좋지만 화재가 한번 발생하면 광범위한 지역에 큰 피해가 발생하고 주민들이 긴급 대피하는 소동을 벌이곤 한다. 이 지역은 캐나다에서 대형 화재가 가장 많은 지역으로도 유명하다.

a) 캘로나

캘로나 (Kelowna)는 밴쿠버에서 서쪽으로 약 390km, 4시간 거리에 있는 아주 긴 오카나간 (Okanagan) 호수 주변의 내륙 지역으로 광역권 인구가 2011년 18만으로 조사되어 BC주에서 3번째로 인구가 많은 지역이다. 조용하고 저렴한 생활비로 인해 한인 유학생들이 선호하는 지역이다.

1435 Water St, Kelowna, BC (캘로나 시청)

b) 버논과 팬틱턴

버논 (Vernon)은 6만의 타운으로 캘로나 북쪽 (50km, 50분) 호수변에 위치하고 팬틱턴 (Penticton)은 4만의 타운으로 캘로나 남쪽 (63km, 55분) 호수변에 위치한다. 두 타운 모두 캘로나의 경제 및 생활권에 밀접한 영향을 받는다.

3400 30th St, Vernon, BC (버논 시청)
171 Main St, Penticton, BC (팬틱턴 시청)

팬틱턴 먼 남쪽 미국 국경에 접하고 있는 오소유스 (Osoyoos)는 원주민 타운이 있으며 전설 속에 나오는 빅풋 (Bigfoot)인 사스콰치 (Sasquatch)가 나타났다는 이야기가 전해오고 있다.
타운 동쪽 18km, Hwy 3 도로변 (사스콰치 트레일과 동상)

또한 오소유스 타운에는 원주민의 생활상을 볼 수 있는 센터도 있다.
1000 Rancher Creek Rd, Osoyoos (Nk'mip Desert & Heritage Centre)

b. 교통의 요충지 캄루프스 지역

캄루프스 (Kamloops)는 캘로나에서 북쪽으로 2시간 거리에 있으며, 2011년 10만 명이 거주하는 것으로 조사되어 BC주에서 4번째로 큰 도시이다. 이중 원주민이 약 8천명으로 다른 큰 도시에 비하여 비중이 좀 높은 편이다.

7 Victoria St. W, Kamloops, BC (시청)

기후는 캘로나와 비슷하여 건조하며 산에 나무가 거의 못 자라는 황무지 이지만 탐슨 (Thompson River) 강이 합류되고 캄루프스 호수가 있어서 많은 인구가 거주할 수 있다.

<캄루프스 타운>

<캄루프스 호수>

이 도시 주변은 산이 높지 않아서 고속도로 및 철도가 이 도시에서 분기된다. 즉 밴쿠버에서 캘거리 또는 에드먼턴을 갈 때 도

로가 분기되는 교통의 요충지로, 캄루프스와 밴쿠버를 연결하는 360km 거리의 고속도로 (Hwy 1 - Hwy 5)는 상태가 좋아서 약 3시간 30분 정도 소요된다.

이 도시의 산업은 자원을 1차 가공하는 산업으로 펄프, 시멘트, 구리 광산 등 이며, 교통의 요충지이므로 주변 지역에서 주민들이 이용할 수 있는 대규모 병원이 위치하고 있다.

c. 캄루프스 광역권 밖 주변

a) 밴프 방향 동쪽 살몬 암

살몬 암 (Salmon Arm)은 호수 근처에 형성된 인구 1.8만 명의 작은 타운으로 캄루프스 (110 km, 1시간 20분)에서 밴프국립공원 갈 때 만난다. 이 타운과 주변의 여러 호수들의 물이 합쳐져서 사우스 탐슨 강 (South Thompson River)을 따라 캄루프스로 흘러 내려간다. 이 지역의 호수가 있는 곳부터 매우 험한 산악 지대가 본격적으로 시작되어 밴프국립공원까지 이어 진다.

b) 자스퍼 방향 북쪽 클리어워터

캄루프스에서 자스퍼 타운으로 가는 고속도로 (Hwy 5)는 중앙 분리대 없는 왕복 2차선이지만 험하지 않아 제대로 속도를 낼 수 있다. 자스퍼 가는 길은 캄루프스에서 120km, 1시간 20분 거리에 위치한 인구 2,300명의 클리어워터 (Clearwater) 타운이 제법 큰 타운일 정도로 거주 인구가 적다. 클리어워터 타운의 노스 탐슨 강물이 (North Thompson River) 캄루프스로 흘러 내려간다.

c) 프린스조지 방향

o 캐시 크릭

캄루프스에서 프린스조지 (Prince George) 방향으로 80km, 1 시간 거리에 고속도로가 분기되는 (Hwy 1 & Hwy 97) 곳에 작은 캐시 크릭 (Cache Creek) 타운이 있다. 인구가 약 1천 정도인 캐시 크릭 타운은 주유소, 모텔, 식당, 가게, 소방서 등이 약간 있고 독특한 원주민 마을의 분위기를 잠깐 느낄 수 있다.

<캐시 크릭 마을의 모텔 및 식당>

<캘로나 및 캄루프스 지역의 유명 스키장>

캘로나, 빅 화이트 (Big White)	캄루프스, 선 피크스 (Sun Peaks)
• 118개 코스, 16개 리프트 • 최장 코스 7.2km • 해발 2,319m • 연간 적설량 7.5m • 2,765 Acres 면적	• 122개 코스, 11개 리프트 • 최장 코스 8km • 해발 2,080m • 연간 적설량 5.6m • 3,678 Acres 면적

<캘로나 및 캄루프스 지역의 주요 퍼블릭 골프장>

지역	골프장	설계자, 특징 및 위치
캄루프스	Sagebrush (Merritt 근처)	- R. Whitman/D. Zokol/A. Suny (2009년) 18홀 (파72, 캐나다 10위) - 6280 Merrit-Kamloops Hwy 5A, Quilchena
	Tobiano (캄루프스 호수변)	- Thomas McBroom (2007년) 18홀 (파72, 캐나다 13위) - 38 Holloway Dr, Kamloops
캘로나	Predator Ridge (캘로나 북쪽)	- Doug Carrick (2009년) Ridge 18홀 (파72, 캐나다 25위) - Les Furber (1991년) Predator 18홀 (파71, 캐나다 86위) - 301 Village Centre Place, Vernon
	Tower Ranch	- Thomas McBroom (2008년) 18홀 (파72, 캐나다 87위) - 1855 Tower Ranch Blvd, Kelowna
	Fairview Mountain Golf Club (캘로나 남쪽)	- Les Furber (1991년) 18홀 (파72) - 933 Old Golf Course Rd, Oliver
	Gallagher's Canyon Golf and Country Club	- Bill Robinson (1980년) 18홀 (파72) - 4320 Gallaghers Dr. W, Kelowna
	Harvest Golf Club	- Graham Cooke (Designed) 18홀 (파72, 73) - 2725 K. L. O. Rd, Kelowna

2) 산악지형의 동부지역

캄루프스에서 캐나다 대륙횡단 고속도로 (Hwy 1)을 따라 앨버타 주의 밴프로 갈 수 있고, 캘로나에서 고속도로 (Hwy 3)를 이용하여 미국 국경을 따라 남부 로키 마운틴을 관통할 수 있다.

캄루프스에서 앨버타 밴프로 가는 고속도로는 대부분이 산악지형이며, 여러 개의 매우 높은 산맥을 가로로 질러가야 하므로 오름과 내림이 반복되어 캐나다 대륙 횡단 고속도로 구간 중에서 가장 험악한 곳이다. 이곳을 통과하고 나면 옛날 밴쿠버에서 중부 대평원으로 가는 고속도로와 철도가 캘거리 대신에 더 먼 거리인 에드먼턴으로 우회하여 건설한 이유를 알 수 있다. 대륙횡단 고속도로 (Hwy 1) 보다 더 남쪽에 있는 고속도로 (Hwy 3)는 상태가 더욱 열악하여 오히려 훨씬 더 많은 시간이 소요된다. 따라서 밴쿠버에 출발하여 위니펙을 갈 때 밴프를 경우 루트 (Hwy 1)가 가장 빠르고, 다음이 크랜브룩 경우 루트 (Hwy 3)로 추가 3시간, 자스퍼 경우 루트 (Hwy 5)는 추가 5시간이 더 소요된다.

BC 동부지역은 아름다운 산악지형 덕분에 국립공원 4개, 청정호수, 유명한 스키장, 골프장, 주립공원 그리고 온천 들이 매우 많이 있다.

동부지역의 계곡을 따라 흐르는 물은 모두 미국 워싱턴 주와 오리건 주를 거치는 컬럼비아 강을 통해 태평양으로 빠진다. 따라서 미국과 캐나다 모두 컬럼비아 강에 거대한 수력 발전소들이 많다.

a. 앨버타 주와 인접한 요호 국립공원

요호 국립공원 (Yoho National Park)은 로키마운틴의 서쪽에 위치하며 대륙횡단 고속도로 (Hwy 1)가 관통하므로 보통 밴프 국립공원과 함께 관광한다.

타카카우 폭포 (Takakkaw Falls)는 루이스 호수에서 서쪽으로 36km, 35분 거리에 있고, 대륙횡단 고속도로에서 약 13km 떨어져 있고 낙차가 캐나다에서 가장 큰 400m (나이아가라 폭포 50m) 이다. 진입로 일부 구간은 좀 가파르고 험한 지그재그 언덕길이다.

에메랄드 호수는 루이스 호수에서 서쪽으로 37km, 34분 정도이고, 대륙횡단 고속도로에서 약 11km 떨어져 있지만, 진입로가 타카카우 폭포 가는 길과 달리 어렵지 않고 호수의 색은 로키에서 가장 아름답다.

<타카카우 폭포>

<에메랄드 호수>

b. 온천으로 유명한 쿠트니 국립공원

쿠트니 (Kootenay) 국립공원은 로키마운틴의 서쪽에 위치하지만 남쪽에 위치하여 관광객들이 보통 잘 모르고 여행 일정에 포함하지 않는다. 그러나 유명한 레디엄 핫 스프링스 (Radium Hot Springs) 온천이 있어서 알만 한 사람들은 일부러 찾아온다. 또한 국립공원에는 마블캐논 (Marble Canyon)이 고속도로 (hwy 93) 옆에 있어서 온천 관광을 가다가 잠시 정차하고 협곡을 관광한다.

> 쿠트니 국립공원에서 대부분 많이 떨어져 있지만 동부지역에는 온천이 여러 개 있다.
> - 에인스워스 온천 (Ainsworth Hot Springs, 쿠트니 호수변)
> - 할시온 온천 (Halcyon Hot Springs, Lower Arrow 호수변)
> - 캐논 온천 (Canyon Hot Springs, Mt Revelstoke 국립공원)
> - 나쿠습 온천 (Nakusp Hot Springs, Lower Arrow 호수주변)
> - 페어몬트 온천 (Fairmont Hot Springs, 레디엄 남쪽)
> - 루지어 온천 (Lussier Hot Springs, 페어몬트 남쪽)

c. 글레이셔 국립공원과 마운트 레벨스톡 국립공원

로키 마운틴은 대부분 해발 3,000m 이상의 모래 산으로 전문 산악인도 등산하기 어렵다. 가끔 산사태로 인해 모래, 자갈이 등산객을 덮쳐 위험에 처하거나 사망하는 경우도 있다.

등산을 좋아하는 산악인들은 보다 안전한 글레이셔 (Glacier) 국립공원과 마운트 레벨스톡 (Mount Revelstoke) 국립공원을 이용한다.

글레이셔 국립공원의 최고봉은 3,377m로 주변에 빙하가 많이 깔려 있고 여러 개의 등산로가 있다. 다만 산이 높아 체력이 좋아야 등산이 가능 한 것이 단점 이다. 따라서 일반 등산객은 대신에 마운트 레벨스톡 국립공원 (해발 2,225m)을 이용한다. 산 정상에 빙하는 없지만 경사가 완만하고 꽃도 피고 주변이 아름답다.
301 Victoria Rd. W, Revelstoke, BC (Revelstoke Visitor 센터)

풍부한 수량으로 인해 마운트 레벨스톡 국립공원 옆에 발전용량 2,480 MW급의 (소양강 댐의 12배) 거대한 수력발전소 (높이 175m)가 있으며, 일반 관광객에게 개발하고 있다. 레벨스톡 타운에서 강변 도로 (Hwy 23)를 따라 북쪽 5km에 위치한다.

d. 동부지역의 타운

동부지역은 워낙 산세가 험해서 작은 타운들이 대부분 이며 가장 큰 타운은 인구 2만의 크랜브룩 (Cranbrook)이다.

<동부지역의 대표적인 타운>

타 운	인구 (명)	비 고
Cranbrook	약 2만	- 해발 900m 이상 고산지대 - 상대적으로 평평한 넓은 평지 발달 - 교통의 요충지
Nelson	약 1만	- 광산 도시
Castlegar	약 8천	- 거대 호수물이 합쳐지는 곳 (Kootenay Lake, Arrow Lake) - 목재소 및 펄프 공장
Revelstoke	약 7천	- 대륙횡단 고속도로 (Hwy 1)에 위치 - 수력발전소, 국립공원, 유명 스키장

<BC주 동부지역의 대표적인 스키장>

대륙횡단 고속도로 주변 (Hwy 1)	미국 국경 주변 (Hwy 3)
레벨스톡 (Revelstoke) 마운틴 · 40개 코스, 4개 리프트 · 최장 코스 15.2km, 해발 2,225m · 연간 적설량 12m - 18m · 3,031 Acres 면적	레드 마운틴 (Red Mountain) · 110개 코스, 5개 리프트 · 최장 코스 7km, 해발 2,072m · 연간 적설량 7.5m · 4,200 Acres 면적
파노라마 (Panorama) 마운틴 · 쿠트니 국립공원 남부 · 120개 코스, 9개 리프트 · 최장 코스 5.5km, 해발 2,380m · 연간 적설량 4.79m, 2,847 Acres	페니 알파인 (Fernie Alpine) · 142개 코스, 10개 리프트 · 최장 코스 5km, 해발 2,149m · 연간 적설량 8.75m, 2,500 Acres
킥킹 홀스 (Kicking Horse) 마운틴 · 요호 국립공원 서부 · 106개 코스, 5개 리프트 · 최장 코스 10km, 해발 2,450m · 연간 적설량 7m, 2,750 Acres	

<BC주 동부지역의 주요 퍼블릭 골프장>

지역	골프장	설계자, 특징 및 위치
쿠트니 국립공원 남부	Greywolf	- Doug Carrick (1999년) 18홀 (파72, 캐나다 23위) - 1860 Greywolf Dr, Panorama
	Eagle Ranch	- Bill Robinson (2000년) 18홀 (파58, 캐나다 92위) - 9581 Eagle Ranch Trail, Invermere
	Radium Resort (핫 스프링)	- Les Furber (1988년) Resort 18홀 (파71) Springs 18홀 (파72) - 8100 Golf Course Rd, Radium Hot Springs

북쪽 노던 브리티시컬럼비아

브리티시컬럼비아 주의 북부지역은 광산, 임업 등이 있고, 북부 앨버타 주의 자원을 태평양으로 운송하거나, 캐나다 및 미국 본토에서 알라스카로 가는 중요한 루트를 제공하고 있다.

1) 금광으로 유명한 카리부 지역

카리부 (Cariboo) 지역은 남쪽으로 릴루엣 (Lillooet)에서 시작하여 윌리엄 레이크 (William Lake)를 거처 북으로 퀘스넬 (Quesnel)과 바커빌 (Barkerville)까지 이어 진다. 옛날 카리부 지역에 금광이 발견되면서 광산도로인 카리부 왜건 트레일 (Cariboo Wagon Trail)이 릴루엣에서 시작하여 북쪽으로 수백 km 건설되었고 거리에 따라 70마일, 100 마일로 지명을 사용하였다.

고속도로 (Hwy 97)가 카리브 왜건 트레일과 비슷한 루트이지만 전혀 다른 도로이므로 고속도로를 기준으로 거리를 계산하면 카리브 마일 지명은 거리상 상당한 오차가 있을 수 있다.

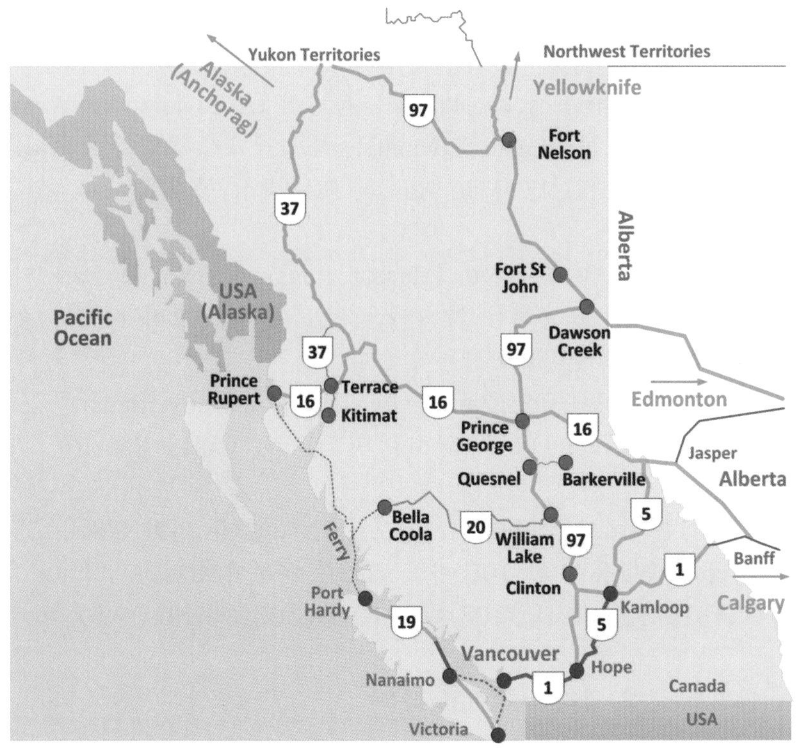

<노던 브리티시컬럼비아의 주요 지역 및 도로>

a. 사우스 카리브 클린턴과 캐즘

클린턴 (Clinton)은 고속도로 Hwy 1과 분리되는 캐시 크릭에서 40km, 30분 거리에 위치하는 타운으로 인구가 약 600명이다. 클린턴 타운은 금광 개발이 한창이던 시절 2개의 광산도로가 만나는 곳에 발달한 타운으로 한때 47 마일로 불리었다. 클린턴 타운은 작은 규모지만 박물관도 운영한다.

1419 Cariboo Hwy, Clinton, BC (클린턴 박물관)

클린턴 타운에서 북쪽으로 16km, 20분 거리에 거대한 현무암 계곡인 캐즘 주립공원 (Chasm Provincial Park)이 있다. 캐즘 크릭 밸리 (Chasm Creek Valley)로 불리는 현무암 계곡은 직각으로 만들어졌으며 규모는 길이 8km, 폭 600m 깊이 300m 이다.

또한 캐즘은 주변에 풍부한 산림 자원을 이용한 목재소가 발달하였다. 프레이저 목재 회사의 캐즘 목재소 (A Division of West Fraser Mills 또는 Chasm Sawmill)는 오늘날까지 운영하고 있다.

Box 190, 70 Mile House, BC (채심 목재소)

마블 파크 레인 주립공원 (Marble Range Provincial Park)의 반대편은 클린턴 타운에서 약 1시간 정도 떨어 졌으며 이곳에 승마와 숙박이 가능한 말 농장들이 있다.

5960 Big Bar Rd, Clinton, BC (Big Bar Guest Ranch)
10635 Jesmond Rd, Clinton, BC (Echo Valley Ranch)

또한 클린턴에서 북쪽으로 고속도로 Hwy 97을 따라 85km, 55분 거리에 숙박을 위한 108 마일 리조트 타운이 있다.

4816 Telqua Dr, 108 Mile Ranch, BC (리조트 타운)

b. 카리부 중심 윌리엄 레이크 타운

윌리엄 레이크 (William Lake)는 인구가 1.1만인 (주변지역 포함 1.85만) 광산타운이지만 카리부 지역에서 가장 큰 타운이다. 캐나다 데이 국경일이 있는 주말 연휴기간 동안 약 4일정도 스템피드 (Stampede) 경기를 매년 개최한다. 임업, 농업, 광산, 관광이 주요 산업이고, 탐슨 리버스 대학 (Thompson Rivers University)의 윌리엄 레이크 캠퍼스도 있다.

450 Mart St, Williams Lake, BC (시청)

윌리엄 타운에는 가우보이와 광산에서 사용하는 물건들을 전시해 놓은 로데오 박물관 (Museum of the Cariboo Chilcotin)이 있다. 그리고 철로 옆에 갤러리 선물 가게 (Station House Gallery and Gift Shop)도 있다.

113 North Fourth Ave, Williams Lake, BC (로데오 박물관)
1 MacKenzie Ave. N, Williams Lake, BC (갤러리 선물 가게)

타운 남쪽 고속도로 (Hwy 97) 옆에 위치한 윌리엄 레이크 호수는 조류를 관찰 할 수 있는 좋은 장소로 스코트 아일랜드 자연 센터 (Scout Island Nature Centre)가 있다.

1305A Borland Rd, Williams Lake, BC (자연 센터)

c. 북부 카리부 타운 퀘스넬과 바커빌

윌리엄 레이크 타운에서 북쪽으로 120km, 1시간 20분 거리에 인구 1만 (광역권 2.2만)의 퀘스넬 (Quesnel) 타운이 있다. 이곳에서 다시 동쪽으로 86km 1시간 20분 거리에 광산으로 유명한 바커빌 (Barkerville) 타운이 있다.

퀘스넬 타운에는 과거 개척시대의 의류, 도구, 그림, 사진 등을 전시하는 박물관 (Quesnel & District Museum & Archives)이 있다. 또한 독특한 그림과 예술품을 전시하는 아트 갤러리 (Quesnel Art Gallery)도 있다.

703 Carson Ave, Quesnel, BC (퀘스넬 박물관)
500 North Star Rd, Quesnel, BC (갤러리)

퀘스넬 타운에서 약 8km 떨어진 곳에 산봉우리가 후드스 (Hoods)인 피나클스 주립공원 (Pinnacles Provincial Park)이 있다. 퀘스넬은 주변 강에서 즐길 수 있는 다양하고 긴 래프팅 (Big Canyon Rafting) 코스가 있다. 또한 다운타운 (Kinchant St. & Carson Ave)에서 지역 주민들은 농산물 거래 상설시장 (Quesnel Farmers' Market)도 운영한다.

바커빌 타운은 카리부 골드러시 (Cariboo Gold Rush)가 한창이었던 1862년 빌리 바커 (Billy Barker) 이라는 사람이 발견한 금맥 때문에 생긴 아주 유명한 광산도시 이다. 오늘날은 당시의 골드러시 상황을 보여주는 유명한 민속촌인 바커빌 타운 (Barkerville Historic Town)을 운영하고 있다.

14301 Barkerville Hwy 26, Barkerville, BC (바커빌 민속촌)

2) 북부 내륙 거점 도시 프린스조지

프린스조지 (Prince George)는 BC주 북쪽에 위치하여 위도가 상당히 높지만 동쪽 로키마운틴이 찬 공기의 유입을 막아주고, 서쪽 코스트 (Coast) 산맥이 태평양의 습한 공기를 막아주고, 남쪽 따듯하고 건조한 공기의 영향만 받아 겨울철 건조하고 덜 춥다.

지형적으로 BC 주 내륙 중간에 위치하고 온도가 주변 산악지대보다 따듯한 관계로 교통의 중심지가 되어 BC주 북부지역으로 가는 전진 기지 역할도 한다. 이곳을 통해서 앨버타 북부지역, 태평양 북부 연안, 알라스카 앵커리지 (Anchorage)로 가는 길이 연결되며, 고속도로 및 철도가 모두 이 지역을 지나간다.

지형적인 중요성으로 인해 과거 도시를 관통하여 캐나다 중부 내륙과 태평양으로 연결하는 철도 건설 공사를 과거 일찍 시작하였으나 세계 1차 대전으로 인해 건설 노동자들이 군인으로 징집되면서 공사가 장기간 중단되었다. 이후 세계 2차 대전 때 군대가 주둔하고 목재 산업도 발전하면서 도시가 다시 발전하기 시작하여 전쟁 이후 철도를 완공하였다.

프린스조지 광역권 인구가 2011년 약 8.5만으로 조사되어 중소도시 규모이지만 노던 브리티시컬럼비아의 거점 도시이기 때문에 대학이 있다. 주변 풍부한 임업 자원과 교통의 장점을 살린 2개 정유 회사가 이 도시의 주요 산업이다.

향후 캐나다가 아시아와 교역이 늘어나면 이 도시도 함께 발전할 가능성이다. 즉 앨버타 북부의 자원을 이 도시로 옮겨와서 1차 가공을 하여 수출을 할 수 있고, 아시아로부터 수입되는 제품의 물류 기지 역할도 할 수 있기 때문이다.

다운타운 강가에 있는 포트조지파크 (Fort George Park)는 지역 주민들이 가장 애용하는 공원 중에 하나로 포트조지 박물관 (Fraser-Fort George Regional Museum), 사이언스 센터 (The Exploration Place), 페인트 볼 (Predator Paintball) 등의 문화시설이 함께 있다.

333 Gorse St, Prince George, BC (포트조지 박물관)

333 Becott Pl, Prince George, BC (사이언스 센터)
2269 Queensway, Prince George, BC (페인트 볼)

다운타운에 있는 또 다른 공원인 카튼우드 아일랜드 네이처 파크 (Cottonwood Island Nature Park)에는 철도 산림 박물관 (Prince George Railway and Forestry Museum)이 있다.

850 River Rd, Prince George, BC (철도 및 산림 박물관)

도심 외각 지역에 있는 문화 스포츠 시설로는 동쪽 63km, 45분 거리에 모래비치가 있는 퍼던 레이크 주립공원 (Purden Lake Provincial Park, Hwy 16 도로변)이 있다. 그리고 북쪽 45km, 45분 거리에 1912년 허블이라는 사람이 건축하여 살았던 옛날 주택 (Huble Homestead Historic Site, Hwy 97 도로변)을 일반인에게 개방하고 있다.

15000 Mitchell Rd, Prince George, BC (옛날 주택)

3) 북부 태평양 연안 해안 타운

a. 아시아와 최단거리 항구 도시, 프린스루퍼트

프린스루퍼트 (Prince Rupert)는 밴쿠버에서 북쪽으로 1,498km 거리, 자동차로 약 19시간 떨어진 해안가에 위치한 조그마한 항구도시로 인구가 1만3천정도 밖에 안 된다. 이 도시의 항구는 멀리 않은 거리에 미국 알라스카 주의 경계가 있을 정도로 북쪽에 있지만 따뜻한 해류의 영향으로 겨울철에도 얼지 않으며 수심이 깊고 항구 앞에 큰 섬이 있어서 풍랑도 막아 준다. 북미에서 아시아와 거리가 가장 짧은 곳에 위치하여 다른 지역 어느 항구 보다 유리하다. 이 도시 항구는 5개 종류의 터미널을 운영하고 있다.

- 페어뷰 컨테이너 (Fairview Container) 화물 터미널
- 프린스루퍼트 곡물 (Prince Rupert Grain) 터미널
- 리들리 (Ridley) 터미널 - 석탄 등 연료
- 노스랜드 크루즈 (Northland Cruise) 여객 터미널
- 아틀린 크루즈 (Atlin Cruise) 여객 터미널

이 항구는 밴쿠버 이외의 캐나다 어느 지역이던 화물을 보낼 때 시간과 비용 측면서 경쟁력을 갖추고 있다. 아시아에서 출발할 경우 밴쿠버나 시애틀 보다 최소 하루 일찍 도착 한다. 그리고 정박한 배에서 화물을 하역하여 바로 화물 열차로 싣기 때문에 시간과 비용이 추가로 더 절약 된다. 그러나 이러한 장점과 함께 다음과 같은 단점들도 있다.

- 지진과 화산이 많은 지역으로 최근 가장 큰 지진은 진도 7.1
- 강수량이 연간 2,530mm (서울 약 1,450mm)로 캐나다에서 가장 많고, 조금씩 자주 내려서 화창한 날이 별로 없음
- 선적물량과 하역물량의 불균형 (만약 빈 배로 돌아가면 아무리 항구를 이용하는 비용이 저렴해도 선박회사는 적자 운영)
- 이 도시로 가는 고속도로 (Hwy 16)는 도로상태가 양호한 편이지만 인구 밀도가 매우 낮고 투자가 적극적이지 않음
  (미궁의 캐나다 판 화성의 연쇄 살인 지역 - 수십 명 사망)

과거 캐나다에서 아시아로 가는 수출 물량이 별로 없어서 선적과 하역의 심각한 불균형 문제가 있었지만, 2000년대부터 시작된 자원, 에너지 가격이 폭등하면 상황이 180도 변하였다. 아시아는 엄청나게 많은 자원 에너지 물량을 수입해야 하는 입장이고, 미국의 에너지 자급률이 급격히 높아지면서 캐나다는 새로운 판매처를 찾아야 하는 입장 때문에 자원 선적 물량이 급격히 늘었다.

b. 테라스와 키티매트

테라스 (Terrace)는 프린스루퍼트에서 내륙으로 145km, 1시간 40분 들어온 강 (Skeena River)가에 있는 1.2만의 원주민 타운이다. 고속도로 (Hwy 16 & Hwy 37)이 교차되고 목제소 등 약간의 산업이 있지만 주로 BC주 북서부 지역의 생활 용품이나 서비스를 제공하는 타운이다.

키티매트 (Kitimat)는 테라스에서 37번 도로를 따라 해안으로 가면 (65km, 50분) 나타나는 항구 타운이다. 내륙으로 깊숙이 들어온 만에 형성된 타운으로 인구가 약 9천명이다. 산업으로는 알루미늄 제련 공장, 수력발전소 그리고 내륙에서 태평양으로 연결되는 가스 파이프라인을 통해 선적을 하는 항만 터미널 이다.

c. 벨라 쿨라

벨라 쿨라 (Bella Coola)는 밴쿠버와 북쪽 프린스루퍼트의 중간에 위치하고 전체인구가 2천명도 안 되는 아주 조그마한 해안가 타운이다.

교통편은 밴쿠버 아일랜드 북쪽 끝에 위치한 포트 하디 (Port Hardy) 터미널에서 출발하는 페리를 이용할 수 도 있고, 밴쿠버에서 프린스조지 (Prince George)로 가는 고속도로 (Hwy 97) 중간에 위치한 윌리엄 레이크 (William Lake) 타운에서 분기하는 고속도로 (Hwy 20)를 이용할 수 도 있다. 고속도로 (Hwy 20)의 상태는 윌리엄 레이크 주변에서 나쁘지 않지만, 전 구간 중 절반 이상이 왕복 1차선으로 도로가 좁다. 더구나 해안으로 가면서 거대한 산을 넘는 일부 구간은 옛날 태백산맥을 넘어 가는 비포장 도로 같은 곳도 있을 정도로 열악하다.

벨라 쿨라 주변은 산과 섬이 많고 거주 인구가 적지만 작은 비행장도 있다. 또한 밴쿠버 아일랜드에서 오는 페리는 여러 섬들 사이를 지나 내륙 깊숙이 들어온 타운 선착장까지 운행한다. 주변의 우수한 경관과 한 겨울에도 바다가 얼지 않아서 관광객들은 연중 언제든 갈 수 있다.

4) 북부 내륙 알라스카 하이웨이 주변

프린스 조지에서 유콘 (Yukon)을 거처 알라스카 앵커리지로 가는 고속도로 (Hwy 97) 주변은 BC 북쪽에 위치하여 한겨울 날씨가 영하 50도 이하 까지도 떨어질 수 있으며 장거리 운전자들이 휴식을 취할 수 있는 조그마한 타운들이 있다.

이 지역에서 발원하여 앨버타 주의 북부를 거쳐 북극해로 빠져나가는 강수량이 풍부한 피스 리버 (Peace River) 강에 BC 최대인 발전용량 2,876 MW급 (소양강 댐의 14배)의 WAC 베네트 댐 (Bennett Dam)이 있다.

a. 도슨 크리크

도슨 크리크 (Dawson Creek)는 에드먼턴에서 올라오는 고속도로 (Hwy 43)와 만나는 곳에 위치하며, 피스 리버 (Peace River) 강이 흐르고 1만 이상의 인구가 살고 있다. 알라스카로 갈 때 이 타운을 기점으로 거리를 계산한다는 뜻으로 "Mile 0 City"로 불린다.

b. 포트 세인트 존

포트 세인트 존 (Fort Saint John)은 도슨 크릭에서 멀리 않지만 오일 및 가스 등의 생산 활동이 매우 활발하다. 알라스카로 가는 고속도로 주변에서 가장 큰 타운으로 인구가 18,000명 이상이며, BC주의 다른 지역과 달리 MST (Mountain Standard Time) 시간을 사용하고 서머타임을 사용하지 않는다.

c. 포트 넬슨

포트 넬슨 (Fort Nelson)은 BC 주에서 가장 북쪽에 있는 타운으로 약 4,000 명의 인구가 거주하고 있으며, 가스 생산이 주요 산업이다.

제 5 장

엄청난 자원의 중부 대평원

대평원의 농장과 오일 생산

세계적인 대평원과 오일 생산

1) 세계적인 곡창지대

캐나다 중부의 세계적인 대평원은 앨버타, 사스카츄완, 위니펙 주로 분할되어 있으며, 이들 주의 위도는 49도 이상으로 시베리아와 같다. 그러나 약 6백만이 살고 있고, 세계적인 곡창지대가 있다.

중부 대평원은 산이 없고 밀 농장이 끝없이 펼쳐져 주변을 보면 자신이 아주 거대한 원으로 된 땅 안에 홀로 서 있는 느낌이 들 정도이다. 약간의 나무들이 군데군데 있고 가끔 지나는 기차 그리고 고속도로의 차량이 전부이다.

미국과 캐나다의 중부 지방은 산이 없어서 여름철 멕시코 만의 더운 공기가 이들 지역까지 올라와서 농사가 잘된다. 반대로 겨울철에는 캐나다의 추운 공기가 미국 남부지역까지 내려간다. 대평원에서 가장 따듯한 캘거리도 겨울철 영하 20도 이하로 자주 내려가지만 매일 그렇지는 춥지는 않고 한국의 삼한사온 같이 가끔씩 남쪽에서 더운 공기가 올라와 그래도 견딜만한 하다.

<대평원의 노란색 유채밭>

<대평원의 끝없는 밀밭>

앨버타, 사스카츄완, 위니펙 주에 걸쳐 있는 대평원 농장의 면적은 39만 km^2 으로 남한 면적의 4배 이다. 밀생산은 약 2천2백만 톤, 보리 생산은 7백만 톤을 수확한다. 이는 대략 한국의 쌀 생산량 (약 6백만 톤) 보다 약 5배 정도 많다.

<앨버타, 사스카츄완, 매니토바의 밀 농장 지역>

1930년대 세계 대 경제공항 당시, 대평원에 불어 닥친 극심한 가뭄으로 식량이 부족하여 아사 위기에 처한 많은 사람들이 동부 토론토, 몬트리올 등으로 떠났다. 오늘날은 농업 기술도 발달하고 장비도 발달하여 가뭄이 오더라도 예전 같은 어려움은 없다.

2) 캐나다를 산유국으로 만든 샌드오일

앨버타 주의 북부지역은 매우 춥고 눈도 많이 내리지만 샌드오일 등의 자원 생산이 활발하면서 에너지 기업과 근로자들이 거주하고 있다.

<앨버타, 사스카츄완의 샌드오일 생산 지역>

사스카츄완 주의 북부지역도 자원개발을 하고 있지만 앨버타 주에 비하여 작은 규모이고 대부분 광활한 숲과 늪지대로 되어 있다. 남부지역은 대부분 농장 지역이지만 대평원의 동서 중간에 위치하여 건조한 기후로 사막도 있다.

매니토바 주는 대평원의 농업과 캐나다 동부에서 오는 관문으로 교통의 중심지 역할을 하고 있다. 장거리 열차, 버스의 노선이 매니토바 위니펙을 중심으로 발달하였다. 그러나 위니펙 호수 보다 더 북쪽지역은 날씨가 매우 추워 사람이 거의 살지 않는다.

2014년 말부터 원유 가격이 갑자기 폭락하여 배럴당 \$100 정도에서 \$45 이하로 불가 3개월 사이에 내려가면서 약 15년의 호황이 끝나고 대평원의 기업, 투자자, 개인, 주정부 모두 어려운 상황이 되었다.

자원이 풍부한 앨버타 주

1) 태고 신비를 간직한 로키 마운틴의 호수들

캐나다 관광을 이야기 할 때 로키 마운틴은 항상 그 중심에 있고 세계 어느 지역과 비교해도 전혀 손색이 없는 아주 유명한 관광지이다. 너무도 환상적인 태고의 풍광들이 있어서 평생 기억에 남을 수 있다고 한다.

a. 밴프 타운과 미네완카 호수

밴프 (Banff) 타운은 캘거리에서 밴쿠버로 가는 대륙횡단 고속도로인 트랜스 캐나다 (Trans Canada) 바로 옆에 위치하고 있으며, 로키 관광의 허브역할을 하는 조그마한 타운이다. 자연 온천이 발견 되면서 1885년 국립공원으로 지정되고 개발되어 오늘날은 아주 예쁘게 꾸며 놓은 호텔들과 관광객을 위한 편의시설들이 타운을 이루고 있다.

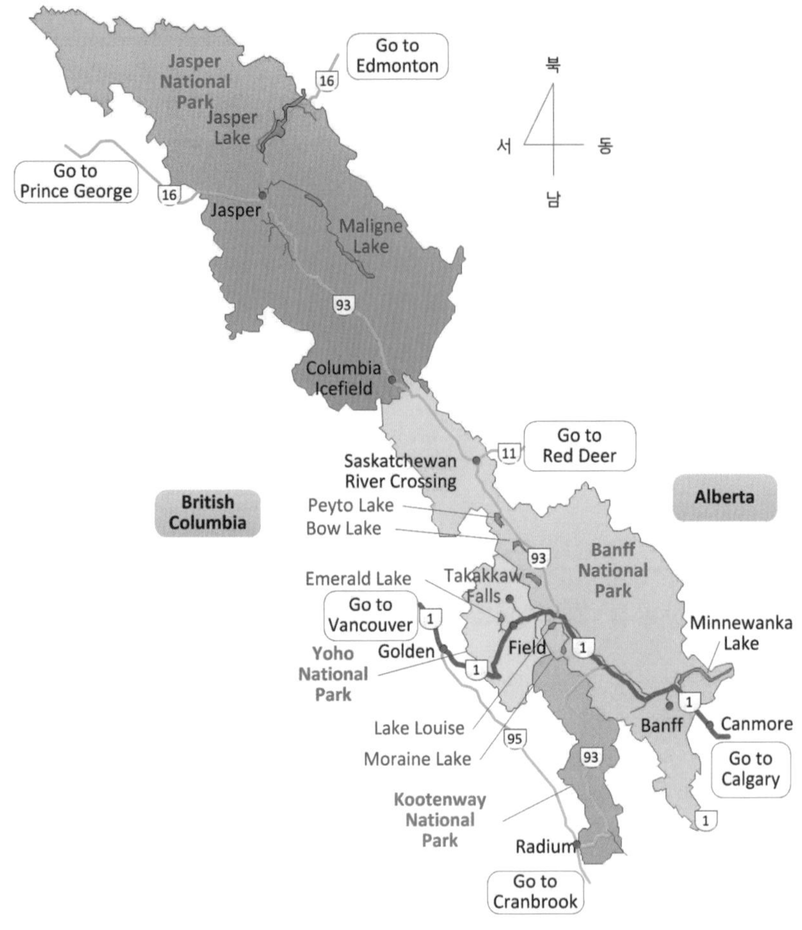

<로키 산맥 관광 지도>

달력이나 유명한 잡지에 자주 소개되는 밴프 스프링스 호텔(The Fairmont Banff Springs Hotel)도 밴프 타운에 있으며, 로키를 관광하는 누구나 경제적 여건이 되면 이 호텔에서 숙박을 하고 싶어 하는 곳이다.

405 Spray Ave, Banff, AB (스프링스 호텔)

밴프 타운은 한 여름에도 온도가 선선하며 주변에 있는 눈 덮인 설퍼산 (Surphur Mountain) 정상까지 올라 갈 수 있다.

1 Mountain Ave, Banff, AB (콘도라)

미네완카 호수 (The Lake Minnewanka)는 원주민 언어로 "죽은 자의 영혼"이라는 뜻이며, 밴프 타운에서 가장 가까이 있는 호수이다. 저수량이 밴프 국립공원에서 가장 많고, 크루즈를 이용하여 악마의 협곡 (Devil's Cap) 까지 다녀 올 수 있다.

<밴프 타운>

<미네완카 호수>

<로키 마운틴의 대표적인 스키장>

스키장	특징
레이크 루이스 (Lake Louis)	· 139개 코스, 9개 리프트 · 최장 코스 8km · 해발 2,637m · 연간 적설량 4.54m · 4,200 Acres 면적
밴프 노르쿠와이 (Banff Norquay)	· 올림픽 개최 2회 월드컵 1회 · 소규모 전문스키어 스키장 (스키 점프) · 33개 코스, 4개 리프트 · 최장 코스 1.167km · 해발 2,133m · 연간 적설량 3m · 190 Acres 면적
썬샤인 빌리지 (Sunshine Village)	· 107개 코스, 12개 리프트 · 최장 코스 8km · 해발 2,730m · 연간 적설량 9.14m · 3,360 Acres 면적

b. 루이스 호수와 모레인 호수

밴프 타운에서 아름다운 보 계곡 (Bow Valley)을 따라 북쪽으로 60km, 45분 거리에 위치한 레이크 루이스 (Lake Louise)는 세계 10대 절경 중에 하나로 꼽을 정도로 자연 경관이 감탄사를 만발하도록 만드는 곳이다. 또한 캐나다 횡단 고속도로에서 가장 접근하기 쉬운 로키 마운틴의 호수이다.

<루이스 호수>

<모레인 호수>

모레인 호수 (Moraine Lake)는 루이스 호수에서 약 14km 더 안쪽에 위치하고 있으며, 사진 보다 훨씬 더 아름다운 호수로 10개의 봉우리와 호수가 어우러져 있는 신비의 세계 같다.

c. 고속도로 93 주변의 컬럼비아 아이스 필드와 호수들

아이스 필드에 있는 호수들은 주변의 거대한 산들을 비교적 가까이서 볼 수 있는 장점이 있다. 더구나 아이스필드 센터 주변의 빙하는 직접 접근할 수 있다.

보우 호수 (Bow Lake)는 루이스 호수에서 북쪽으로 93번 고속도로를 따라 약 42km, 35분 거리에 있다. 페이토 호수 (Peyto Lake)는 루이스 호수에서 북쪽으로 93번 고속도로를 따라 약 50km, 40분 거리에 있으며, 빙하가 녹아서 만들어낸 호수가 완두콩 (Pea) 또는 새의 발 (Toe) 모양을 하고 있다.

<보우 호수>

<페이토 호수>

컬럼비아 아이스 필드 (Columbia Icefield)는 로키산맥 여러 곳에 산재해 있는 빙하들이다. 그 중 관광객에게 널리 알려진 곳은 페이토 호수에서 북쪽으로 1시간 20분 거리의 남부 자스퍼 국립공원에 위치한 빙하로 면적이 325km^{2}이고 두께는 100m에서 365m로 로키 산맥에서 가장 크다.

Trans Canada Hwy 93, Jasper, AB T0E 1E0
(Columbia Icefield Discovery Centre)

관광은 설상차 (Snow Coach)를 타고 1시간 반 정도하며 중간에 차에서 내려 구경도 가능하다. 그러나 한 여름에도 온도가 영하 10도까지 떨어져 방한복, 방한모, 신발, 장갑 등을 빌려 준다. 설상차를 이용하지 않는 경우는 가까운 곳에 주차하고 빙하가 시작되는 입구까지 걸어 갈 수 있다.

<고속도로 주변 빙하 입구>

<아이스 필드 센터>

d. 자스퍼 인근 호수

자스퍼 (Jasper)는 고속도로 Hwy 93을 따라 북쪽으로 루이스 호수에서 265km, 3시간 30분 거리에 있어서 캘거리 보다는 에드먼턴에서 가깝다. 자스퍼 타운도 밴프 타운 같이 호텔과 식당들이 많아 관광객들이 많으며 주변 산들을 실감 있게 볼 수 있다. 다만 자스퍼 호수는 물 깊이가 매우 낮아 관광객들이 고속도로 옆에 차를 세우고 호수 안으로 걸어 들어가기도 한다.

<자스퍼 타운>

<자스퍼 호수>

멀라인 호수 (Maligne Lake)는 캐나디언 로키 중 가장 깊고, 장엄한 석회암 (Limestone)으로 이루어져 있으며, 스플리트 섬 (Spirit Island)으로 가는 크루즈 (Cruise)를 운행한다. 멀라인 호수를 가기 전에 메디신 호수 (Medicine Lake)를 먼저 만난다. 이 호수도 상당히 예쁘지만 호수 옆에 있는 거대한 모래 산이 특징적이다. 그러나 산의 경사도가 매우 심해 종종 모래와 암석이 도로로 흘러내리는 산사태를 각별히 주의해야 한다.

<메디신 호수>

<멀라인 호수>

자스퍼 타운에서 서쪽으로 약 20분 정도 가면 BC 주 경계를 지나면서 아주 훌륭한 마운트 랍슨 (Mount Robson) 공원이 나타난다. 이곳에서 밴쿠버 시내를 관통하는 프레이저 (Frazer) 강의 근원인 옐로헤드 (Yellowhead) 작은 연못, 무스 호수 (Moose Lake) 그리고 여러 아름다운 산들을 차례로 만날 수 있다.

<옐로헤드>

<마운트 랍슨>

e. 남부 로키 마운틴

캘거리 서쪽에 위치한 밴프가 세계적으로 너무 유명하여 많은 사람들이 캘거리 남부로 여행을 고려하지 않는 경우가 많다. 캘거리에서 미국 국경까지는 남쪽으로 약 270km 이며, 이 지역에서 가볼만한 곳은 옛날 원주민들이 사냥하던 버펄로 점프 절벽과 로키 마운틴에 비하여 전혀 손색이 없을 만큼 아름다운 워터튼 (Waterton) 국립공원 이다.

버펄로 점프 절벽은 “Head-Smashed-In Buffalo Jump” 으로 불리며, 캘거리에서 남쪽으로 약 180km, 1시간 50분 거리에 위치하고 있다. 이 절벽은 워터튼 국립공원 가는 길에 볼 수 있으며 약 10m 정도의 계단모양으로 형성된 절벽이다. 높은 쪽에서 보았을 때 절벽이 전혀 보이지 않고 평지로만 보여 옛날 원주민들이 이 절벽으로 버펄로 (Buffalo)들을 몰아서 사냥 하였던 장소이며, 오늘날은 유네스코 세계 유산으로 등록하여 관리해오고 있다.

워터튼 국립공원은 버펄로 점프 절벽에서 남쪽으로 약 120km 1시간 30분 거리에 있으며, 미국과 캐나다에 걸쳐 있는 남부 로키 마운틴이라고 생각하면 된다. 캐나다 지역은 워터튼 국립공원으로 미국 지역은 클레이셔 (Glacier) 국립공원으로 각각 지정하여 관리하고 있다. 캐나다 지역에 위치한 워터튼 호수는 붐비지 않는 조용한 곳이라서 아름다운 영화 촬영 장소로 종종 이용된다.

상업시설물이 있는 공원단지 (Waterton Park Townsite)는 해발 1,290m 이고 호수 옆에 보이는 블라키스톤 산 (Mount Blakiston)은 해발 2,910m 이나 된다. 다양한 등산로가 있어서 자연을 연구하거나 등산 전문가에게는 좋은 장소이다.

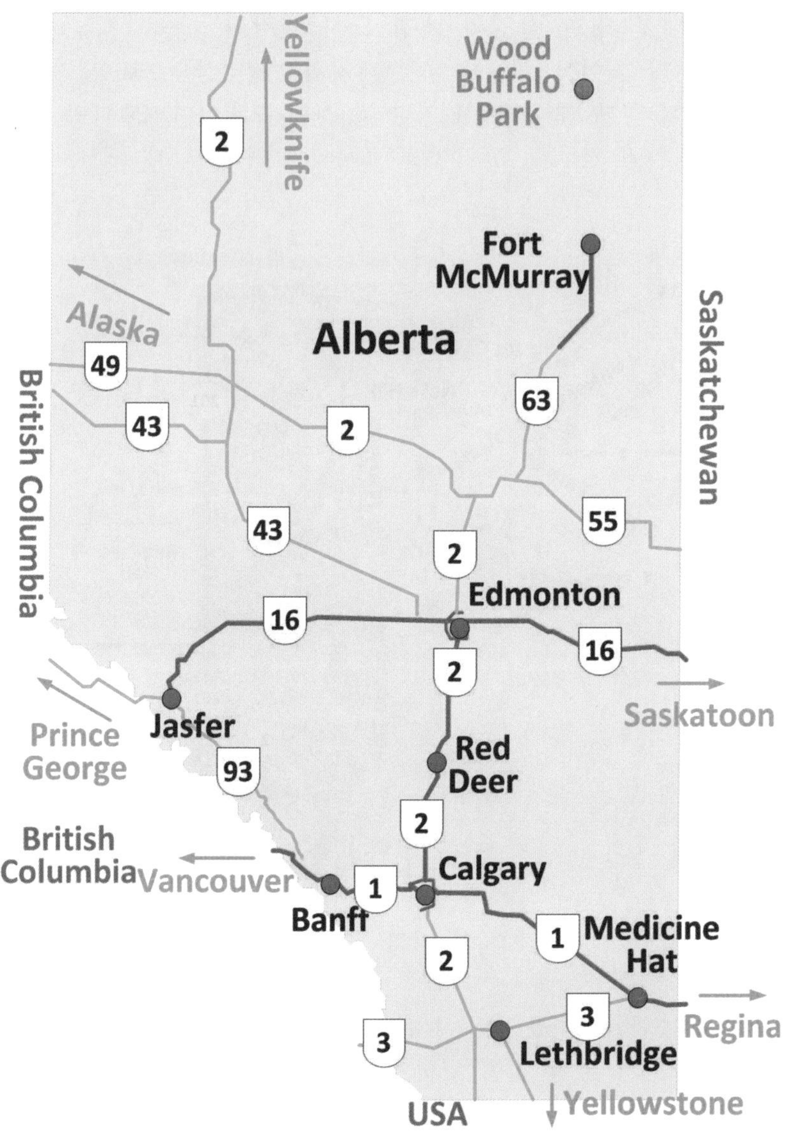

<앨버타 주의 주요 도시 및 도로>

2) 아름다운 영화 촬영의 배경 도시 캘거리

2000년대 들어서 오일을 비롯한 자원 가격 상승으로 캘거리는 에드먼턴과 함께 캐나다에서 가장 잘 사는 도시이며, 2011년 센서스에서 광역권 인구가 121만으로 조사되어 캐나다 5대 도시이다.

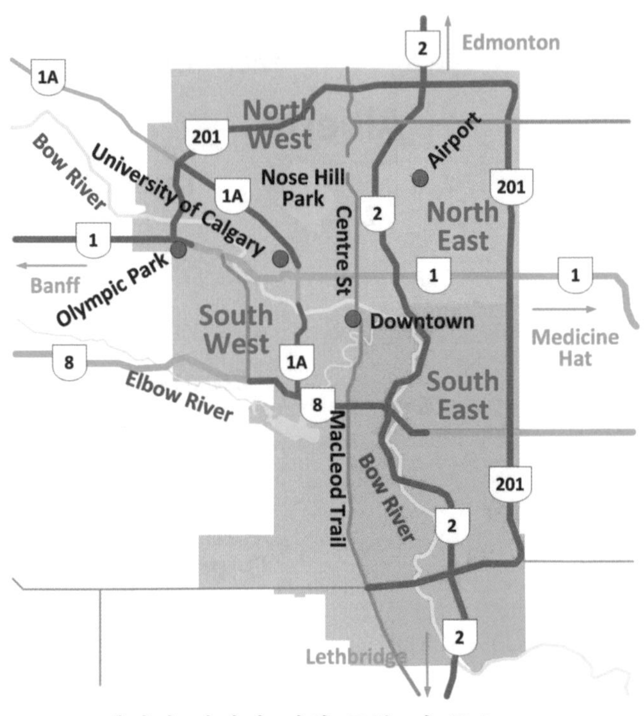

<캘거리 시티의 지역 구분 및 주요도로>

캘거리는 모든 곳을 깨끗하게 꾸며 놓았지만 갑자기 인구가 증가하면서 장기 계획 없이 급하게 도로 등 기반 시설에 투자하여 도시가 어수선한 느낌이 든다. 다운타운에 있는 191m 캘거리 타워에 올라가면 도시 전체는 물론이고 웅장한 로키산맥의 경관과 광활한 대평원을 볼 수 있다.

101 9th Ave. SW, Calgary, AB (타워)

800 Macleod Trail SE, Calgary, AB (시청)

캘거리 부촌은 엘보 강 서쪽에 위치한 마운트 로열 (Mount Royal), 엘보우 파크 (Elbow Park, SW), 글렌코우 (Glencoe, SW) 그리고 북서 외각 고속도로 주변에 위치한 링스 릿지 (Lynx Ridge, NW) 등 이다. 그러나 다운타운 동쪽 이스트 빌리지 (East Village, SE) 엘보 강 동쪽 미도우락 (Meadowlark, SW), 산업단지 맨체스터 (Manchester, SE), 말보로우 (Marlborough, NE) 등은 저소득층이 많다.

보통 북극에 가까운 준주 지역에서 밤하늘의 오로라를 볼 수 있지만, 여름철 특별한 날에 캘거리 등 대평원 남부지역까지 내려온다. 이때 오로라를 촬영하려면 성능 좋은 카메라를 준비해야 한다.

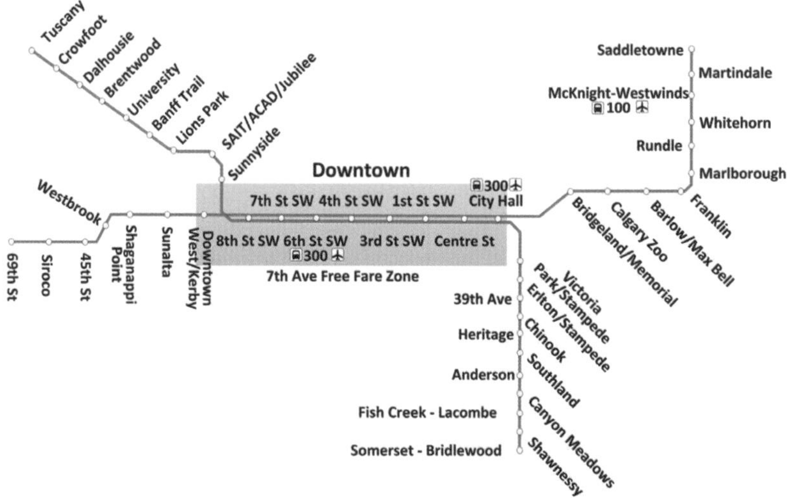

<캘거리 시내 운행 CTrain 기차 노선>

<캘거리 타워>

<CTrain>

a. 동계 올림픽 경기장과 축제

1988년 동계 올림픽을 개최하였던 "Canada Olympic Park"은 도시를 막 벗어나는 서쪽 외각에 있으며, 외줄을 타고 내려오는 Zip Line, 동계올림픽에서 볼 수 있는 봅슬레이, 그리고 산악용 자전거를 즐길 수 있는 코스 등을 운영하고 있다.

88 Canada Olympic Rd. SW, Calgary, AB

동계 올림픽 주경기장으로 사용하였던 스템피드 그랜드스탠드 (Stampede Grandstand)는 다운타운에서 가까운 거리에 있으며, 1998년부터 스템피드 (Stampede) 경기를 매년 개최 하고 있다. 이는 여름철 캘거리의 최대 축제로 각종 로데오 경기 및 쇼 공연을 즐길 수 있다.

1410 Olympic Way SE, Calgary, AB (스템피드 행사장)

칼라웨이 공원 (Calaway Park)은 로키 마운틴 가는 서쪽 외각 고속도로 옆에 있으며 원더랜드 놀이 시설이 있다.
245033 Range Rd. 33, Calgary, AB

<올림픽 공원>

<칼라웨이 놀이 공원>

스템피드 행사가 열리는 공원 내의 스코샤뱅크 새들돔 (Scotiabank Saddledome)은 캘거리 플레임스 (Flames) 프로 하키팀홈구장으로도 사용하며 여름철에는 콘서트, 서커스, 아이스쇼, 자동차 경주, 농구 경기를 관람할 수 있다. 캘거리에는 스템피더스 (Stampeders)

프로 풋볼팀의 맥마혼 스타디움 (McMahon Stadium)은 캘거리 대학 앞에 있다.

555 Saddledome Rise SE, Calgary, AB (하키 구장)

1817 Crowchild Trail NW, Calgary, AB (풋볼 구장)

캘거리 시민의 문화 시설로 1,800석 규모의 대규모 공연장 (Arts Commons)이 다운타운에 있다. 205 8th Ave. SE, Calgary, AB

b. 전통 공원 및 박물관

헤리티지 공원 (Heritage Park)은 캘거리 초기 정착민들의 마을부터 20세기 초까지의 거리를 재현해 놓은 민속촌으로 숙박도 가능하다.

1900 Heritage Dr. SW, Calgary, AB

글렌보우 박물관 (Glenbow Museum)은 원주민부터 캐나다의 역사를 알 수 있도록 전시하고 있으며, 아트 갤러리, 도서관, 영화관, 예술 문화 체험관 등도 함께 있다.

130 9th Ave. SE, Calgary, AB

포트 캘거리 (Fort Calgary)는 도시가 형성되기 이전인 1875년 건설된 군사 요새로, 원주민 생활, 기마경찰 등 옛날 개척시대의 모습을 볼 수 있는 공원이다.

750 9th Ave. SE, Calgary, AB

캘거리 동물원 (Calgary Zoo)은 다른 동물원과 달리 잘 꾸며 놓았지만 보우 (Bow) 강가에 위치하고 있어서 2013년 홍수가 났을 때 안전한 곳으로 동물들을 옮기냐고 엄청 고생하였다. 동물원에는 공룡이 살던 선사시대 공원 (Prehistoric Park)과 식물원 (Botanical Garden)도 함께 있다. 1300 Zoo Rd. NE, Calgary, AB

c. 영화 및 방송프로그램 촬영지

아름다운 대자연을 배경으로 수십여 편의 유명한 영화 및 TV

프로그램들이 캘거리 다운타운은 물론이고 주변 곳곳에서 촬영되었으나 일반인들에게는 많이 알려지지 않았다.

아카데미상 수상영화인 브로크백 마운틴 (BrokeBack Mountain)은 미국의 와이오밍 대자연을 배경으로 동성애를 다룬 영화이지만, 실제 촬영 장소는 캘거리 시내와 남부지역 (Cowley, Kananaskis, Fort Macleod) 이다. 그 중 시내에 있는 랜치맨스 (Ranchmans)는 영화에서 카우보이들이 모였던 장소로 많은 사람들로 분비는 유명한 클럽 식당이다.

9615 Macleod Trail SW, Calgary, AB

슈퍼맨 III 영화에 등장하는 호텔이 바로 캘거리의 세인트루이스 호텔 (St-Louis Hotel) 이다.

403 8th Ave. SE, Calgary, AB

론 클라크 스토리 (The Ron Clark Story) 영화는 뉴욕의 문제 고등학교를 다루고 있지만 실제 촬영 장소는 캘거리의 퀸엘리자베스 (Queen Elizabeth) 고등학교이다.

512 18th St. NW, Calgary, AB

블루 스모크 (Blue Smoke) 영화는 미국 볼티모어를 배경으로 로맨틱 스릴러 TV 영화이다. 실제 촬영 장소는 캘거리의 데어리 레인 밀크 바 (Dairy Lane Milk Bar) 이다.

319 19th St. NW, Calgary, AB

산타베이비 (Santa Baby)는 북극을 배경으로 한 영화지만 실제는 캘거리의 랜치 레스토랑 (Bow Valley Ranche Restaurant)과 캘거리 서쪽 어퍼 카나나스키스 호수 (Upper Kananaskis Lake)를 합성한 것 이다.

<캘거리 시립 골프장>

지역	골프장	특징 및 위치
북동지역	McCall Lake	- 18홀 고급코스, 9홀 (파3/홀) 초급코스 골프래슨, 드라이빙 레인지 - 1600 32nd Ave. NE
북서지역	Confederation Park	- 9홀 고급코스, 드라이빙 레인지 - 3204 Collingwood Dr. NW
남동지역	Maple Ridge	- 18홀 고급코스 - 1240 Mapleglade Dr. SE
남서지역	Lakeview	- 9홀 중급코스 - 5840 19th St. SW
	Richmond Green	- 9홀 (파3/홀) - Bow Trail, SW
	Shaganappi Point	- 18홀 중급코스, 9홀 중급코스, 드라이빙레인지 - 1200 26th St. SW

앨버타 주의 주요 쇼핑몰과 대형 아울렛은 다음과 같다.

쇼핑몰

- West Edmonton Mall (에드먼턴)
  8882 170th St. NW, Edmonton, AB
- Chinook Centre (캘거리 다운타운 주변)
  6455 Macleod Trail SW, Calgary, AB
- Market Mall (캘거리 대학 주변)
  3625 Shaganappi Trail NW, Calgary, AB

아울렛

- 크로스 아이론 몰 (Cross Iron Mills, 캘거리)
  261055 Crossiron Blvd, Rocky View, AB (Hwy 2 Exit 275)
- Tanger Outlets Calgary (RioCan 회사, 캘거리)
  Trans Canada Highway & Range Road 33, Rocky View, AB
- The Outlet Collection at Edmonton International Airport

<앨버타 남부지역의 주요 퍼블릭 골프장>

지역	골프장	설계자, 특징 및 위치
캘거리	Heritage Pointe Golf Course	- Ron Garl (1992년) 27홀 (파36, 36, 36/37 캐나다 95위) - 캘거리 남쪽 근교 (Hwy 2 Exit 227)
	The Links of GlenEagles	- Les Furber (1999년) 18홀 (파72) - 100 GlenEagles Dr, Cochrane (캘거리 동쪽 주변)
	Sirocco Golf Club	- Bill Robinson (2005년) 18홀 (파72) - Site 13, Comp 21, RR#9 Calgary (캘거리 남쪽 외각 Range Rd. 14)
밴프	Fairmont Banff Springs Golf Course	- Stanley Thompson (1928년) 27홀 (파71, 캐나다 6위) - 405 Spray Ave, Banff (밴프 타운)
	Stewart Creek Golf Club	- Gary Browning (2001년) 18홀 (파72, 캐나다 35위) - 4100 Stewart Creek Dr, Canmore
	Kananaskis Country Golf Course	- Robert Trent Jones (1983, 84년) 18홀 (파72) - Hwy 40 S, Kananaskis (Hwy 1 Exit 118 -> Hwy 40, 26km)
	Silvertip Resort Golf Course	- Les Furber (1998년) 18홀 (파72) - 2000 Silvertip Trail, Canmore
미국 국경지역	Paradise Canyon Golf Resort	- 18홀 (파71) - 185 Canyon Blvd. W, Lethbridge

3) 가장 북쪽에 위치한 아름다운 대도시, 에드먼턴

에드먼턴은 캐나다의 대도시들 중에서 위도가 가장 높은 북쪽에 위치하며, 광역권 인구가 2011년 센서스에서 116만으로 조사되어 캐나다 6대 도시이다. 앨버타 주의 주도이고 북미지역 샌드 오일의 후방 기지이며 동부 변두리에 정유공장도 있다.

웨스트 에드먼턴 몰 (West Edmonton Mall)은 세계에서 가장 큰 실내 쇼핑몰로 1981년에 개장 했다. 약 377만 평방피트의 공간에 아이스 링크, 놀이공원, 800개 이상의 상점들이 있다. 8882 170th St. NW, Edmonton, AB

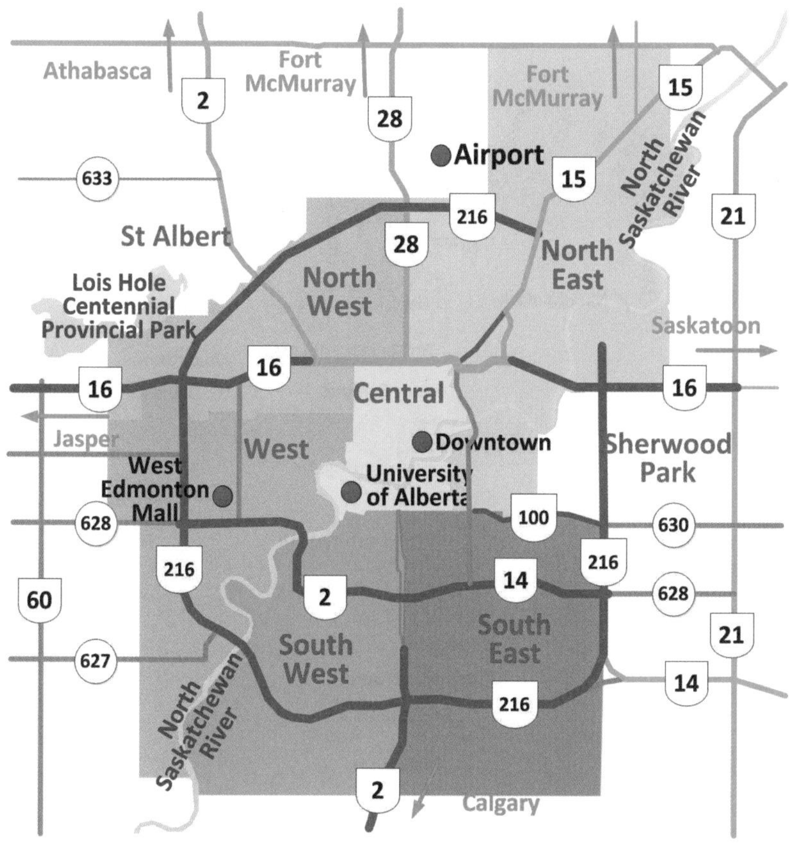

<에드먼턴 시티의 지역 구분 및 주요 도로>

에드먼턴 부촌은 다운타운 서쪽 올리버 (Oliver), 서부지역의 크레스트우드 (Crestwood), 글랜노라 (Glenora), 웨스트마운트 (Westmount), 다운타운 남쪽 강 건너 에드먼턴 대학 주변의 가노 (Garneau), 스트라스코나 (Strathcona), 스트라선 (Strathearn), 릿치 (Ritchie), 북동부 지역의 노스 사스카츄완 서쪽 강변 하이랜즈 (Highlands) 등이다.
그러나 다운타운에 인접한 북쪽과 정유공장 등 굴뚝 산업이 많은 동부 지역은 개발이 낙후되었다.

<에드먼턴 지하철 기존/계획 노선>

a. 다운타운 처칠 광장과 주의사당

다운타운 중심부에 위치하고 있는 윈스턴 처칠 광장 (Sir Winston Churchill Square) 주위에 시청, 기차역이 있고 다운타운에서 가까운 거리에 둥근 돔을 가진 주의사당 건물 (Alberta Legislature Building)이 있다.

> 2015년 앨버타 주 의회는 신민당 53석, 와일드로즈 22석, 보수당 8석, 자유당 1석, 앨버타당 1석, 독립당 1석, 공석 1석이며, 주 수상은 레이첼 노틀리 (Rachel Notley) 이다. 1857년 이후 주 수상은 보수당이 8회, 자유당이 3회, 농민당이 3회, 사회당이 3회, 신민당이 1회 하였다.

1 Sir Winston Churchill Sq, Edmonton, AB (시청)
10800 97th Ave. NW, Edmonton, AB (의사당)

<처칠 광장>

<주의사당>

b. 다운타운 남쪽 뮤타트 식물원

뮤타트 식물원 (Muttart Conservatory)은 시내를 관통하는 노스 사스카츄완 강 (North Saskatchewan River)의 남쪽에 위치하며, 유리로 만든 온대성 피라미드 (Temperate Pyramid), 건지성 피라미드 (Arid Pyramid), 열대성 피라미드 (Tropical Pyramid), 특화된 피라미드 (Feature Pyramid) 등이 있다.

9914 89th Ave. NW, Edmonton, AB

c. 다운타운 서쪽 로얄 앨버타 박물관

로얄 앨버타 박물관 (Royal Alberta Museum)은 다운타운에 위치하며 자매결연한 강원도의 정자가 박물관 입구 공원에 있다. 고대시대 유물 및 앨버타 주의 광물을 전시하고 있다.

12845 102nd Ave. NW, Edmonton, AB

<뮤타트 식물원>

<로얄 앨버타 박물관>

d. 포트 에드먼턴

포트 에드먼턴 공원 (Fort Edmonton Park)은 군사 요새이며 1846년부터 1929년까지 4개의 기간으로 구분하여 재현하였다. 즉 150년 전 모피 무역 시대, 1885년 개척 시대, 1905년의 생활 그리고 1920년의 생활을 느낄 수 있도록 당시 증기기관차, 전차 등을 전시하고 있으며 부가적으로 놀이 공원도 있다.

7000 143rd St, Edmonton, AB

e. 텔러스 사이언스 센터

텔러스 사이언스 센터 (Telus World of Science)는 창의성을 키우고 기술을 체험할 수 있는 과학관으로 각종 전시회와 행사가 열리며 iMAX관에서 영화도 볼 수 있다.

11211 142nd St. NW, Edmonton, AB

f. 에드먼턴 밸리 동물원

에드먼턴 밸리 동물원 (Edmonton Valley Zoo)은 100종 이상의 동물이 있는 전형적인 동물원이다.

13315 Buena Vista Rd. NW, Edmonton, AB

h. 우크라이나 개척시대 빌리지

우크라이나 개척시대 빌리지 (Ukrainian Culture Heritage Village)는 에드먼턴에서 고속도로 Hwy 16을 따라 동쪽 52km, 45분 정도 소요되는 곳에 있다. 서부 개척시대에 살던 전통 농촌 마을로 여러 건물들이 넓은 지역에 산재해 있다.

195041 Hwy 16 E, Tofield, AB

<기차역과 곡물창고>

<초가집>

에드먼턴은 로키 마운틴에서 비교적 멀리 떨어진 평지에 있어서 작은 스키장 2개만 (Rabbit Hill, Snowvalley) 있고 제대로 된 스키장을 가려면 4시간 30분 거리의 자스퍼 (Jasper)에 있는 Marmot Basin 스키장 (해발 2,612m, 86코스, 최장 5.6km, 8 리프트) 까지 가야 한다.

에드먼턴에는 에스키모스 (Eskimos) 프로 풋볼팀과 오일러스 Oilers 프로 하키팀이 있다. 풋볼팀 홈구장인 커먼웰스 스타디움 Commonwealth Stadium)과 하키 홈구장인 렉셀 플레이스 (Rexall Place)이 모두 다운타운 북동쪽 주변에 있다.

11000 Stadium Rd, Edmonton, AB (풋볼 구장)
7424 118th Ave, Edmonton, AB (하키 구장)

에드먼턴 시민의 문화 시설로 1,932석 규모의 대규모 공연장 (Francis Winspear Centre for Music)이 다운타운 처칠광장에 있다.

4 Sir Winston Churchill Sq, Edmonton, AB

<에드먼턴 시립 골프장>

지역	골프장	특징 및 위치
에드먼턴 중심 강변	Victoria Golf Course	- 18홀 (파71), 드라이빙 레인지 - 캐나다 최초 시립골프장 (1896년) - 12130 River Valley Rd. NW
	Riverside Golf Course	- 18홀 (파71) - 8630 Rowland Rd. NW
	Rundle Park Golf Course	- 18홀 (파3/홀), 초급코스 - 2909 118 Ave. NW

<앨버타 주의 중부지역 주요 퍼블릭 골프장>

지역	골프장	설계자, 특징 및 위치
자스퍼	Jasper Park Lodge	- Stanley Thompson (1925년) 18홀 (파71, 캐나다 4위) - 1 Lodge Rd, Jasper (자스퍼 타운)
에드먼턴	Northern Bear Golf Club	- Jack Nicklaus (2002년) 18홀 (파72, 캐나다 68위) - 51055 Range Rd. 222 Sherwood Park (에드먼턴 남동쪽 외각)
	The Ranch Golf and Country Club	- Bill Robinson (1989년) 18홀 (파71) - 52516 Range Rd. 262, Acheson (에드먼턴 서쪽 외각)
레드 디어	Wolf Creek Golf Resort	- Rod Whitman (1984년) 18홀 (파70, 71, 캐나다 30위) - RR#3, Box 5, Site 10, Ponoka (Hwy 2 Exit 239 E)

4) 앨버타 주의 중소 도시

앨버타 주에 5~10만 정도의 인구가 사는 중소 도시는 제일 북쪽부터 포트 맥머리, 레드 디어, 메디신 헷, 래스 브리지 등 4개가 있으며 이들 도시는 모두 과거 또는 현재 광산 도시이다. 주변 농촌 지역 곳곳에 세일 오일 생산 시설과 풍력 발전 시설들이 자주 목격 된다.

<세일 오일 생산 시설>

<풍력 발전 시설>

a. 스타워즈 영화에 등장하는 우주 도시 드럼헬러

드럼헬러 (Drumheller)는 캘거리에서 북동쪽으로 1시간 30분 거리에 위치하고 있으며, 사무엘 드럼헬러 (Samuel Drumheller) 대령이 1910년 이 지역 땅을 구입하여 석탄 광산을 개발하면서 1965년까지 6천만 톤의 석탄을 채굴한 유명한 광산 도시이었다.

석탄 산업이 쇠퇴하면서 타운이 많이 축소되었으나, 오늘날은 다행히 공룡의 유적이 발견되면서 많은 사람들에게 공룡 타운으로 알려졌다.

오늘날도 공룡 유적이 계속발견 되어 유네스코 세계문화 유산으로 지정되어 있고, 타운 외각에 공룡 티렐 박물관 (Royal Tyrrell Museum)을 건립하여 운영하고 있다. 박물관은 1884년에 앨버트 사우루스라는 공룡 뼈를 처음 발견한 조셉 티렐의 이름으로 정하였으며, 고생물의 진화 과정과 공룡 조각들을 전시하고 있다.

1500 North Dinosaur Trail, Drumheller, AB

<타운 관광안내소>

<강 상류 공룡 박물관>

드럼헬러에서 남동쪽으로 100km 떨어진 공룡 주립 공원 (Dinosaur Provincial Park)은 1979년 세계문화 유산으로 등록된 세계 최대의 공룡화석 발굴지로 발굴 프로그램에 참여 할 수 있다.

드럼헬러 타운은 사람이 살수 없는 황무지 땅 (Badland) 이지만 지형이 매우 특이하여 많은 관광객들이 방문한다. 타운 중심으로 흐르는 레드 디어 강 (Red Deer River)을 따라 상류는 홀슈 캐논 (Horseshoe Canyon)과 공룡박물물관이 있는 공룡 트레일이 있고, 하류는 스타워즈 영화의 배경으로 등장한 후두스 (The Hoodoos) 트레일이 있다. 후두스는 아주 옛날 바다 모레가 압축되어 굳어진 스탠드 스톤 (Stand Stone)으로 생각만큼 단단하지 않으며 사람이 올라가거나 건드리면 부서질 수 있다.

<강 상류 공룡 트레일>

<강 하류 후두스>

b. 세계 제일의 샌드오일 도시, 포트 맥머리

포트 맥머리 (Fort McMurray)는 에드먼턴 시에서 북쪽으로 약 440km, 5시간 거리에 있는 인구가 7만 7천의 중소도시이다. 이 도시는 앨버타 주에서 가장 넓은 샌드오일 지역인 아타라스카 (Atharasca)에 있다. 겨울철 날씨는 캘거리 보다 평균 10도 정도 더 추우며 심할 때는 영하 50까지도 내려갈 수 있어서 자원이 아니면 개발하지 않았을 지역이다.

샌드 오일 광풍으로 외지인들이 몰려들면서 도시는 날로 번창하지만 방 값과 물가가 캐나다에서 제일 비싼 도시 중에 하나이다. 이 지역 방문객이면 제일 먼저 찾는 곳이 오일 샌드 디스커버리 센터 (Oil Sands Discovery Centre) 이다.

9909 Franklin Ave, Fort McMurray, AB (시청)

515 MacKenzie Blvd, Fort McMurray, AB (디스커버리 센터)

캐나다 대부분의 도시들은 겨울철 특별히 추운 날을 빼고는 보통 영하 20도 이하로는 잘 내려가지 않아서 한국에서 스키장 갈 때 입는 방한복 정도면 생활하는데 큰 무리가 없다. 그러나 이 도시는 심할 경우 영하 50도 까지 내려갈 수 있으므로 완전히 다른 준비가 필요하다. 방한모, 방한화, 장갑은 기본이고 얼굴 가리개도 필수적으로 더 필요하다. 영하 30 이하부터는 속눈썹까지 얼어 버릴 정도이다.

이 도시는 날씨가 추운 것이 제일 큰 원인이지만, 오일 추출과정에 발생하는 대기 및 수질 오염으로 인해 가족이 함께 살기에는 적합하지 않은 지역으로 가족 없이 홀로 거주하는 근로자가 많다. 캐나다 환경부와 퀸즈 대학의 연구조사에 의하면 암을 유발할 수 있는 PAH가 인근 호수에서 다량으로 검출되어서 예상보다 빠른 속도로 오염되고 있는 것이 문제로 지적하고 있다.

PAH (Polycyclic Arcomatic Hydrocarbons)는 다환 방향족 탄화수소로 불리며, 우리가 고기를 구울 때 타면서 미세 소량이 발생하는 일종의 발암물질로 알려져 있다.

채굴된 샌드오일은 400톤까지 실을 수 있는 거대한 트럭 (한국 컨테이너 트럭의 10배 이상)을 이용하여 옮긴 후 분쇄하고 온수를 투입하여 배관으로 운송된다. 샌드오일은 배관 운송 과정에서 기름, 물, 모래, 자갈 등 4개 층으로 1 단계 분리 한다, 1차 추출된 기름 역청에 공기를 주입하여 불순물을 제거하고 원심분리기를 이용하여 무거운 물질을 밖으로 내보내고 가벼운 기름만 남도록 2 단계 분리하여 석유 제품을 생산하는 공장으로 보낸다.

2016년 5월 1일 포트 맥머리의 남쪽 변두리에서 시작된 화재가 건조한 기후와 바람으로 인해 도시 전체가 화염에 휩싸이면서 약 9만 시민이 대피하고 수많은 집이 불에 탔다. 20일 이상 지속된 화재로 캐나다 건국 이래 가장 많은 이재민이 발생한 재난으로 기록되었다.

북쪽 노스웨스트 테리토리스 경계지역에 위치한 우드 버펄로 국립공원 (Wood Buffalo National Park)은 들소들이 매우 많으며, 그 풍광은 매우 아름다워 세계문화 유산으로 등록되어 있다. 다른 동물들도 다양하게 많이 살고 있어서 추운 지역에 사는 동물 연구가들에게 더 할 나위 없이 좋은 곳이다.

포트 맥머리 타운에서 우드 버펄로 국립공원까지 직선거리로 수백 km 정도 떨어져 있지만, 아직 개발이 안 되어 바로 가는 도로는 없고 빙 돌아서 공원 북쪽으로 올라갔다가 다시 내려와야 하므로 편도 최소 2일 정도의 시간이 필요하다.

c. 앨버타 3대 도시, 레드 디어

<레드 디어 다운타운>

<메디신 햇 다운타운>

레드 디어 (Red Deer)는 캘거리와 에드먼턴의 중간에 위치하고 있어서 어느 쪽 도시든 모두 1시간 30분이 소요되며, 광역권 인구가 약 9만 (2011년) 명으로 앨버타에서 세 번째로 크다. 곡물류와 목축이 전통적으로 주요 산업이고, 오늘날 오일 및 가스 추출 산업 또는 석유화학산업이 주요 산업에 추가되었다.

4914 48th Ave, Red Deer, AB (시청)

d. 래스브리지

래스브리지 (Lethbridge)는 캘거리에서 남동쪽으로 210km 2시간 거리에 위치하며, 인구가 약 8만 4천 (2011년) 명으로 앨버타에서 네 번째로 큰 도시 이다. 과거에 석탄 광산 도시였으나 세계 1차 대전이후 부터 오일과 가스가 생산되면서 석탄 광산은 폐쇄 되었다.

910 4th Ave. S, Lethbridge, AB (시청)

> 라이팅 온 스톤 (Writing on Stone) 주립공원은 래스브리지 남쪽 미국 국경 근처에 위치하며 이상한 모양으로 된 후드가 있는 원주민 지역으로 작은 우주도시 드럼헬러를 연상케 한다.

e. 서부의 피츠버그, 메디신 햇

메디신 햇 (Medicine Hat)은 캘거리에서 동쪽으로 294km 3시간 반 거리에 위치하며 인구가 약 6만 (2011년) 명으로 앨버타에서 여섯 번째로 큰 도시이다. 이 도시는 거대한 가스 지대에 위치하고 있어서 “가스 시티“로 부르기도 한다. 가스 뿐 아니라 석탄 등 다른 자원도 많이 있어서 과거 서부지역의 피츠버그 (Pittsburgh of the West)로 부르기도 하였다.

580 1st St. SE, Medicine Hat, AB (시청)

대평원 중앙에 위치한 사스카츄완 주

리자이나 (Regina) 및 사스카툰 (Saskatoon)은 사방 어느 방향으로도 산이 없는 매우 광활한 대평원의 중간에 있는 도시들이다. 대평원 중심을 흐르는 강이나 호수 주변에 대륙횡단 기차역 또는 주 정부 청사가 생기면서 이 도시들이 발달하였다.

두 도시는 서로 약 260km, 3시간 정도 떨어져 있고, 리자이나가 남쪽에 위치하며 행정 도시인 반면 사스카툰은 상업도시이고 주에서 가장 큰 종합대학이 있다. 두 도시의 인구는 서로 비슷하며, 모두 캘거리나 위니펙 보다 많이 작다. 대평원의 다른 주 도시 같이 1900년 전·후에 캐나다 윌프리드 로리에 수상의 새로운 이민 정책에 의해 유럽에서 대거 유입된 농민들이 농경지를 개간하고 도시를 만든 곳이다.

이 지역은 말 그대로 사람이 전혀 살지 않는 땅을 개척하여 농경지로 바꾼 것으로 유럽에서 온 초기 농민들은 엄청 고생 하였다. 1930년대 세계적으로 불어 닥친 경제 불황기에 이 지역은 가뭄이 들고 병충해가 심해서 많은 농민들이 아사 직전으로 몰려서 캐나다 동부지역으로 피신하는 사태까지 벌어 졌던 곳이다.

과거 어려운 환경요인들은 생존을 위한 사회적 복지 시스템에

대한 절실한 필요성이 대두되어 오늘날까지도 정치적으로 강력한 복지 정책을 주장하는 신민당에 대한 지지층이 두터운 지역이다. 사스카츄완 주는 주 수상이자 연방 신민당 당수였던 도미 더글라스 (Tommy Douglas)에 의해 캐나다에서 제일 먼저 무료 의료보험 제도를 시행하였다.

오늘날 경제 수준은 2000년대 자원 개발 붐이 일면서 캐나다에서 앨버타 다음으로 소득이 높다. 그리고 유학생을 비롯하여 주에 거주하는 모든 이들에게 의료보험을 무료로 제공할 정도로 의료보험 제도가 가장 잘 발달된 주이다.

사스카츄완 주는 MST (Mountain Standard Time) 지역에 위치하고 있으나 CST (Central Standard Time)을 공식적으로 사용하고 서머타임 (Daylight Saving Time)을 사용하지 않는다. 따라서 여름철은 캘거리와 시간이 같고 겨울철은 위니펙과 시간이 같다.

Northwest Territories
Lake Athabasca
Saskatchewan
955
Fort McMurray
155
Prince Albert Park
La Ronge
Lac La Ronge
Flin Flon
Alberta
Manitoba
55
2
55
55
4
3
Lloydminster
16
Edmonton
Prince Albert
11
3
North Battleford
16
Lake Winnipegosis
Saskatoon
16
4
11
Regina
Yorkton
Great Sandhills
Medicine Hat
Swift Current
1
Moose Jaw
1
Winnipeg
35
1
Calgary
Yellowstone
4
6
Rapid City
39
Winnipeg
Castle Butte
Chicago
Estevan
USA

<사스카츄완 주의 주요 지역 및 도로>

1) 대평원의 기마경찰 도시 리자이나

a. 리자이나 도심

리자이나 (Regina)는 사스카츄완 (Saskatchewan) 주의 주도이며, 2011년 센서스에서 인구가 21만으로 조사되었다. 캐나다 연방국가가 탄생 할 때 만하더라도 대평원 지역은 너무 넓고 교통이 발달하지 않아서 연방정부에서 영향력을 행사하는 것은 매우 어려웠다. 따라서 연방정부는 우선적으로 지역을 통과하는 대륙횡단 철도를 건설하고 기마경찰을 창설하였다.

리자이나 관광은 돔 형태의 사스카츄완 주의 의사당 건물을 (Legislative Assembly) 보는 것으로 시작할 수 있다.

2405 Legislative Dr, Regina, SK (주 의사당)
2476 Victoria Ave, Regina, SK (리자이나 시청)

2015년 사스카츄완 주 의회는 사스카츄완당 49석, 신민당 9석이고, 주 수상은 브래드 월 (Brad Wall) 이다. 1897년 이후 주 수상은 자유당이 7회, 신민/사회당이 5회, 보수당이 3회, 사스카츄완당이 1회 하였다.

주 의사당 앞에 위치한 와스카나 (Wascana) 호수는 면적만 따지면 북미 최대 호수 공원이다. 또한 공원 주변에는 서부지역 예술가들의 작품을 3,800여 점 이상 전시하는 맥킨지 미술관 (MacKenzie Art Gallery), 사스카츄완 사이언스 센터 (Saskatchewan Science Centre), 로얄 사스카츄완 박물관 (Royal Saskatchewan Museum) 등이 있다.

3475 Albert St, Regina, SK (미술관)
2903 Powerhouse Dr, Regina, SK (사이언스 센터)
2445 Albert St, Regina, SK (박물관)

리자이나 시민의 문화 시설로 2,031석 규모의 대규모 공연장 (Francis Winspear Centre for Music)이 와스카나 호수변에 있다. 200 Lakeshore Dr, Regina, SK

리자이나는 1876년 창설된 캐나다 왕립 기마경찰대의 발상지로

과거 캐나다 기마경찰대의 본부 역할을 하였다. 오늘날 본부는 캐나다 수도인 오타와로 옮기고 리자이나에는 지역본부와 박물관(RCMP Heritage Center)을 운영하고 있다. 운이 좋으면 왕립 기마경찰 퍼레이드를 구경할 수 있다.

5907 Dewdney Ave, Regina, SK (기마경찰대)

연방정부는 리자이나에 지역 군대를 창설하려다 미국과 원주민을 자극하지 않기 위하여 경찰로 명칭을 정하였다. 하지만 영국기병대와 동일한 빨간색 유니폼을 입고 치안은 물론이고, 군대의 임무도 병행하여 남아프리카공화국에서 발생한 보어전쟁에도 참전하였다. 오늘날도 리자이나의 기마경찰은 영국으로부터 캐나다를 방문하는 여왕을 극진히 환대하고 의장대 사열을 받는다.

<주의사당>

<RCMP 기마경찰대>

리자이나는 소도시 이지만 사스카츄완 러프라이더스 (Saskatchewan Roughriders) 프로 풋볼팀이 있으며 다운타운의 모자이크 스타디움 (Mosaic Stadium at Taylor Field)을 홈구장으로 사용하고 있다.

1910 Piffles Taylor Way, Regina, SK (풋볼 구장)

<리자이나 시립 골프장>

지역	골프장	특징 및 위치
남부지역	Lakeview	- 18홀 (파3/홀) - 3100 Kings Rd, Regina
	Tor Hill	- 9홀 (파36, 파35/36, 파34/35), 드라이빙 레인지) - Kings Pk, Regina
	Murray	- 18홀 (파72), 드라이빙 레인지 - King's Pk, Regina
	Craig Golf Course	- 미 오픈 - 2255 Empress Rd, Regina (Royal Regina Golf Club 근처)
북서지역	Joanne Goulet	- 18홀 (파64), 드라이빙 레인지 - 8045 Kestal Dr, Regina
북부지역	Regent Par 3	- 9홀 (파3/홀) - 3810 McKinley Ave, Regina,

사스카츄완 주는 대평원 중간에 위치하여 캐나다에서 스키장 건설이 가장 어려운 지역으로 강가 비탈에 만든 아주 작은 스키장만 있다.

- Mission Ridge Winter Park (리자이나 북동쪽 1 시간)
  슬로프 높이 91m, 3개 리프트, 10개 코스
- Table Mountain Ski Resort (사스카툰 북서쪽 2시간 20분)
  최장 슬로프 1.1km
- Waipiti Valley Ski Resort (사스카툰 북동쪽 2시간 50분)

b. 리자이나 외각 무스죠 타운

무스죠 (Moose Jaw)는 리자이나에서 서쪽 캘거리 방향으로 약 50분 정도 떨어져 있는 작은 타운이지만 앨버타 주 등 타지 관광객이 많다.

미국 옛날 금주법을 시행할 때 알 카포네가 비밀리에 만든 밀주 제조 공장과 지하터널은 마치 영화 속의 한 장면 같다. 또한 다운타운의 벽화를 통해서 당시 갱들의 상황을 조금이나마 느낄 수 있다.

18 Main St. N, Moose Jaw, SK

이 작은 타운에 고농도의 미네랄을 함유한 소형 천연온천 탕이 있어서 시간이 난다면 여행에 피로를 풀면서 휴식을 취할 수 있다.

24 Fairford St. E, Moose Jaw, SK (Temple Gardens Mineral Spa)

<지하 터널의 밀주 제조 공장>

거대한 모래사막

리자이나 서쪽 약 380km, 5시간 거리의 대평원 중간에 거대한 모래사막과 아주 작은 박물관 (Great Sandhills Museum & Interpretive Centre)이 있다. 리자이나에서 대륙횡단 고속도로 (Trans Canada)를 타고 캘거리를 갈 때 주 경계 1 ~ 2시간 전부터 나무 없이 목초지만 있는 거대한 텔레토비 동산 같은 구릉지를 지나간다. 사막은 이 구릉지에서 북쪽으로 2시간 이상 떨어져 있다.

(Highway 32 & Jutland St) Sceptre, SK

대초원의 거대한 성

리자이나 남쪽 180km, 2시간 40분 거리의 미국 국경 주변 대평원에 우뚝 솟아 오른 거대한 산 캐슬 버트 (Castle Butte)가 있다.

2) 사스카츄완 주에서 제일 큰 도시 사스카툰

a. 사스카츄완 도심

사스카툰 (Saskatoon)은 2011년 센서스에서 인구가 26만으로 조사되었으며, 동서와 남북을 모두 고려한다면 캐나다 대평원의 정중앙에 위치하고 있다. 농업이 대부분인 도시라서 관광, 제조업 등 다른 특징적인 것이 거의 없는 도시이다.

222 3rd Ave. N, Saskatoon, SK (사스카툰 시청)

미드타운 플라자 (Midtown Plaza)는 이 도시의 최대의 쇼핑몰로 나름대로 꾸며 놓았으며, 이 플라자에서 델타 베스보로 호텔까지 다운타운 상가가 형성되어 있다.

201 1st Ave. S, Saskatoon, SK

미와신 밸리 트레일 (Meewasin Valley Trail)은 시내를 관통하는 사우스 사스카츄완 강변을 따라가는 산책로이다. 산책로 주변에 사스카툰의 성이라고 불리 우는 델타 배스보로 (Delta Bessborough) 호텔이 위치하고 있다.

601 Spadina Cres. E, Saskatoon, SK

<미드타운 플라자>

<델타배스보로 호텔>

사스카툰 시민의 문화 시설로 약 2,000석 규모의 대규모 공연장 (TCU Place)이 다운타운 미드타운 플라자에 있다.
35 22nd St. E, Saskatoon, SK

사스카툰에서 가 볼만한 곳은 서부개척 박물관 (West Development Museum) 으로, 개척시대의 마을을 재현하고 거리에는 당시 마차가 가득하며 자동차 및 기차도 있다.

2610 Lorne Ave, Saskatoon, SK (서부개척 박물관)

<트와신 벨리 산책로>

<서부개척 박물관>

세인트존스 앙리칸 성당 (Saint John's Anglican Cathedral)은 서부지역 성당 중에서 가장 높은 첨탑을 가진 고딕양식의 건물이다.

816 Spadina Cres. E, Saskatoon, SK

<사스카툰 시립 골프장>

지역	골프장	특징 및 위치
북부지역	Holiday Park	- 18홀, 9홀 - 1630 Ave. U & 11th St, Saskatoon
시외북부	Silverwood	- 18홀 (파3/홀) - 3503 Kinnear Ave, Saskatoon
동부지역	Wildwood	- 18홀 - 4050 8th St. E, Saskatoon

b. 사스카츄완 외각

땅은 넓고 인구는 적어서 각종 어마어마한 농기계들을 농장에서 사용하고 있으며, 농사철이 시작되기 전인 4월 중순경에 열리는 농기계 경매시장 (Ken Pfeifer & Vern Pfeifer Estate)은 3천명 이상 몰릴 정도로 대단히 큰 행사가 되었다. 아마도 이때 여행 중이라면 경매 문화와 대평원에서 사용되는 각종 다양한 농기계를 한 자리에서 볼 수 있다. 경매 장소는 주소가 없고 사스카툰 남쪽 있는 그라스우드 파크 애소 주유소 (Grasswood Park Esso)에서 남쪽으로 4마일 더 떨어진 농장이다.

(Hwy 11 & Melness Rd. 352) Saskatoon, SK

<대평원의 초대형 농기계>

<대평원 철로 옆에 선적 엘리베이터를 갖춘 곡물 창고>

<사스카툰 지역의 주요 퍼블릭 골프장>

지역	골프장	설계자, 특징 및 위치
사스카툰 근교	Dakota Dunes Golf Links	- G. Cooke/Wayne Carleton (2004년) 18홀 (파72, 캐나다 63위) - 204 Dakota Dunes way, Whitecap (사스카툰 남쪽 외각)
사스카툰 서쪽 외각 (1시간 30분)	North Battleford	- 18홀 (파72) - 1 Riverside Dr, Saskatchewan 16, North Battleford

사스카툰 동쪽 125km, 1시간 20분 거리 (리자이나 북쪽 180km, 1시간 50분)에 매니토 미네랄 온천 (Manitou Springs Resort and Mineral Spa)이 있어서 지역 주민들이 종종 이용한다.

302 Maclachlan Ave, Manitou Beach, SK

3) 사스카츄완 주의 작은 타운

a. 개척시대 사스카츄완 주도 역할을 한 프린스앨버트

개척시대에 프린스 앨버트는 사스카츄완 지역을 대표하는 행정 중심도시 역할을 하였다. 그러나 사스카츄완이 새로운 주로 탄생하면서 주도가 남쪽 리자이나로 정해지고, 위니펙과 에드먼턴을 연결하는 철도가 당초 예상과 달리 남쪽 사스카툰을 통과하도록 건설되면서 이 도시는 쇠퇴하기 시작하였다.

더구나 주에서 제일 큰 사스카츄완 종합대학교 (University of Saskatchewan)와 연방 교도소 유치경쟁에서 대학 유치는 사스카툰에 밀리고 도시 발전에 별로 도움이 안 되는 연방교도소만 유치하였다.

이 도시의 인구가 3.5만 밖에 안 되지만 향후 자원개발이 더 활성화되면 이 도시는 전진 기지 역할을 하며 발전할 가능성이 있다. 남쪽 140km, 1시간 반 거리의 사스카툰에서 내려오는 강이 이 도시를 통과하며, 강의 남쪽은 대평원이 있고 북쪽은 울창한 나무숲이 끝없이 펼쳐지는 전혀 다른 토양과 기후가 만나는 곳이다.

지역 주민들은 이 도시를 북쪽으로 가는 관문 (Gateway to the North)으로 부르며 도시 발전을 위해 많은 노력을 하고 있다. 타운의 북쪽에 위치한 국립공원 (Prince Albert Nation Park)은 주에서 가장 큰 규모이고 침엽수 들이 울창하게 들어서 있어서 야생동물들을 어렵지 않게 만날 수 있다.

1084 Central Ave, Prince Albert, SK (시청)

> 캐나다는 우라늄 생산량이 세계 2위 (2009년 전 세계 생산량의 20%)이며, 사스카츄완 주의 북부지역에 우라늄 광산들이 대부분 이다. 맥아더 리버 (McArthur River) 광산, 카메코 (Cameco Corp.) 회사의 시거 레이크 (Cigar Lake) 광산 등이 있다. 아타바스카 (Athabasca) 호수 북쪽에는 우라늄 시티로 불리는 아주 작은 타운도 있다.

<프린스앨버트 지역의 주요 퍼블릭 골프장>

지역	골프장	설계자, 특징 및 위치
프린스 앨버트 국립공원	Waskesiu Golf Course	- 18홀 (파70, 71) - 500 Kingsmere Dr, Waskesiu Lake (프린스앨버트 국립공원)
	Elk Ridge Resort	- 18홀 (파72), 9홀 - Hwy 264, Waskesiu Lake
프린스 앨버트 타운	Cooke Municipal Golf Course	- J.H. Lindsay (1909년) 18홀 (파71) - 900 22nd St. E, Prince Albert

<사스카츄완 주의 작은 타운>

타운	특징
스위프트 커런트 (Swift Current)	- 리자이나 서쪽 245km, 2시간 40분 거리 - 인구 1만 - 양과 소를 기르는 목장으로 시작한 타운이며, 서쪽 앨버타 주의 메디신 헷 (Medicine Hat)까지 2시간 이상 나무 없는 목초지로 광활한 텔레토비 동산 같은 지형
노스 배틀포드 (North Battleford)	- 사스카툰 서쪽 137km, 1시간 30분 거리 (Hwy 16과 노스 사스카츄완 강이 만나는 곳) - 인구 1만 4천
로이드민스터 (Lloydminster)	- 사스카툰 서쪽 274km, 3시간 거리 (앨버타 주와 사스카츄완 주의 경계) - 인구 2만 8천 - 시청 등 관공서에 두 주의 국기를 동시 계양
요크턴 (Yorkton)	- 사스카툰 동쪽 274km, 3시간 거리 (위니펙과 사스카툰의 거의 중간) - 인구 1만 5천
에스테반 (Estevan)	- 리자이나 남동쪽 200km, 2시간 20분 거리 (미국 시카고 가는 고속도로의 국경 근처) - 인구 1만 1천 - 석탄, 오일, 가스, 전력 등을 생산
라 롱지 (La Ronge)	- 프린스 앨버트 북쪽 240km, 2시간 50분 거리 (북쪽 광산으로 가는 호숫가에 위치한 타운) - 인구 약 3천

동부 대평원의 매니토바 주

위니펙은 캐나다 건국 3년 후인 1870년에 반란이 일어나 별도의 임시 정부가 수립되었던 곳이다. 연방정부는 이 지역을 빼기면 캐나다 국토 면적에 절반 이상을 잃어버리기 때문에 물러설 수 없었던 곳으로 군대를 파견하여 무력 진압하였다. 진압 후 주동자 리엘 (Riel)은 교수형에 처하고 위니펙과 주변을 서부 캐나다에서 분리하여 별도의 매니토바 주를 만들었다. 그 이후 1917년 위니펙 제너럴 (Winnipeg General) 회사의 대량해고에 대항하여 불만을 품고 파업을 일으켰을 때도 러시아 혁명이 일어났던 직후라서 연방정부는 공산화를 우려하여 결국 군대를 동원하여 진압하였다.

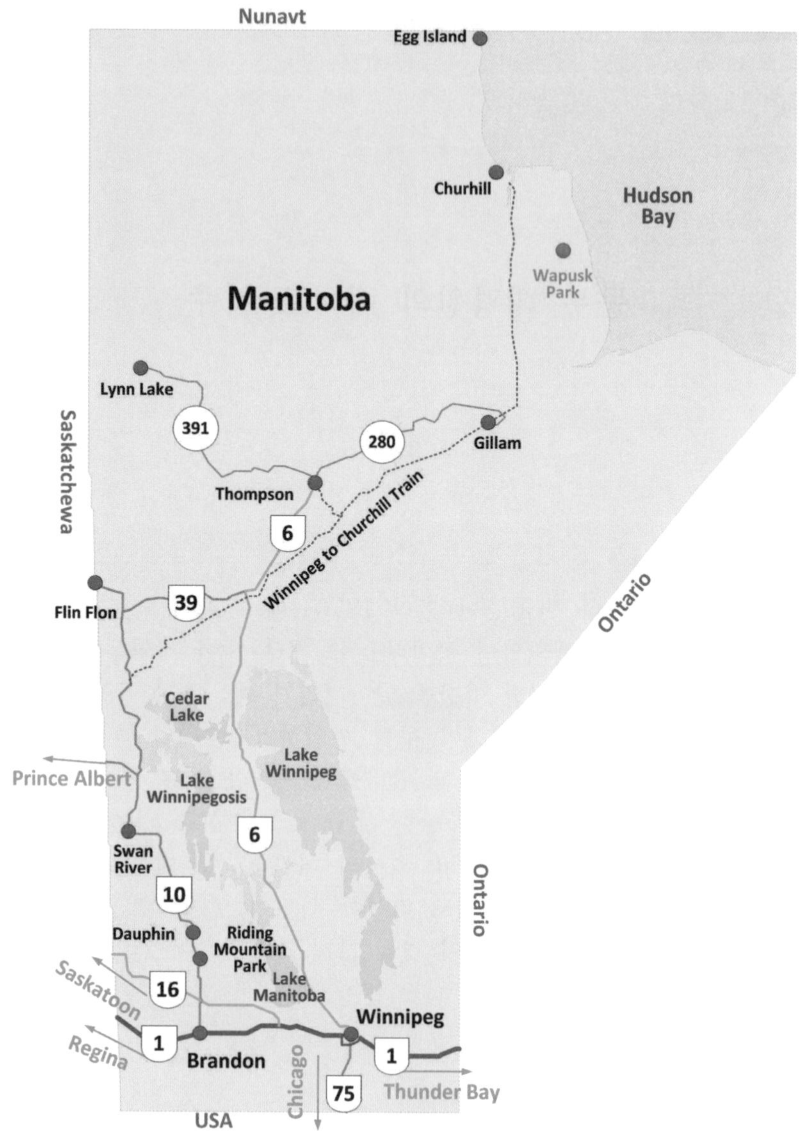

<매니토바 주의 주요 지역 및 도로>

1) 매니토바 주의 주도 위니펙

위니펙 (Winnipeg)은 매니토바 주의 주도로 주 의사당 건물이 (Manitoba Legislative Building) 있으며, 2011년 센서스에서 인구가 73만으로 조사되어 캐나다에서 8번째로 크다. 또한 원주민이 약 8만 (11.7%)명으로 캐나다 큰 도시 중에서 가장 비율이 높다.

위니펙의 동남쪽으로는 오대호가 있고 북쪽으로는 위니펙 호수와 매니토바 호수가 있어서 대륙을 횡단하는 모든 차량들이 이 호수들 사이를 통과하지 않고 가는 방법은 없다. 위니펙은 대평원이 시작하는 곳에 위치하고 있어서 장거리 여행객이나 트럭 운전자들이 휴식을 취하는 매우 중요한 도시이다.

a. 위니펙 지역 구분

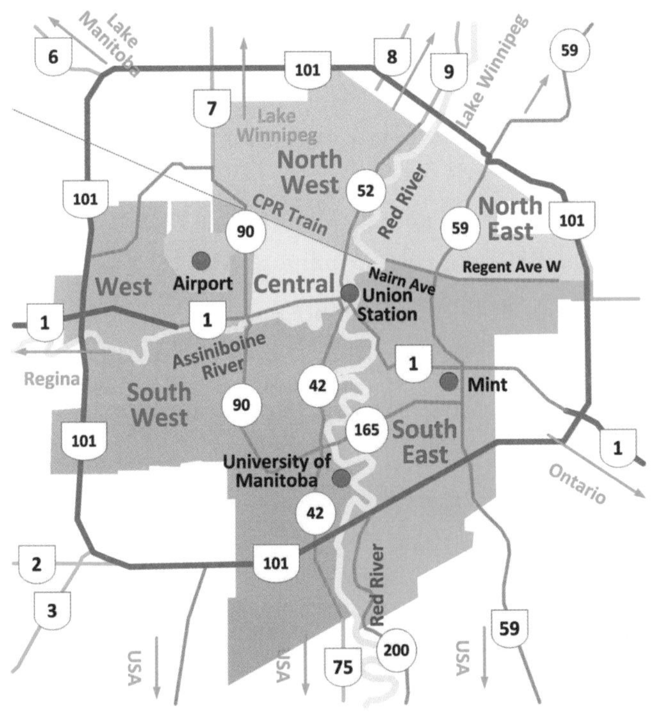

<위니펙의 비즈니스 편의상 지역 구분>

위니펙은 중급 규모의 도시로 지역 별로 차이는 크지 않다. 한마디로 엄청 부자도 없지만 엄청 가난한 사람도 없다. 그래도 부자 동네를 찾는다면 사우스웨스트 지역의 턱시도 (Tuxedo)와 린덴 우즈 (Linden Woods) 지역이다. 정부의 행정구역은 아니고 단지 편의를 위하여 위니펙을 6개 지역으로 나눈다. 레드리버를 기준으로 동서를 나누고 CPR 철로를 기준으로 남북으로 나누어 4개 구역으로 나누고, 사우스웨스트에서 다운타운 Central 지역과 공항이 있는 웨스트 (West) 지역을 더 분리하여 총 6개로 구분한다.

사우스 웨스트 지역의 턱시도 부자동네 근처에 위니펙 시민들로부터 사랑을 받는 아시니보인 파크 동물원 (Assiniboine Park Zoo)이 있다. 2595 Roblin Blvd, Winnipeg, MB

b. 다운타운

다운타운에 대륙 횡단 열차가 정차하는 유니언 역이 있으며 건물 안에 작은 박물관도 운영하고 있다. 유니언 역 앞쪽 1.4km 지점에 주 의회가 있고 오른쪽 1.8km 지점에 시청이 있으며, 이곳은 위니펙 최대 중심가 이다.

123 Main St, Winnipeg, MB (유니언 장거리 기차역)

510 Main St, Winnipeg, MB (시청)

450 Broadway, Winnipeg, MB (주의사당)

2015년 매니토바 주 의회는 신민당 37석, 보수당 19석, 자유당 1석이며, 주 수상은 그래그 셀린저 (Greg Selinger) 이다. 1888년 이후 주 수상은 보수당이 7회, 자유당이 4회, 신민당이 4회 하였다.

<주의사당>

<위니펙 유니언 기차역>

유니언 역 뒤쪽에서 레드 리버 (Red River) 강과 아시니보인 (Assiniboine) 강이 합류 된다. 강변에 박물관, 재래시장, 놀이 시설 등 다양한 시민 편의 시설을 갖춘 더 폭스 (The Forks) 공원이 있다. 캐나다 인권 박물관 (Canadian Museum for Human Rights)은 사람 손 모양으로 건물을 디자인하여 사람의 권리를 주제로 전시하고 있고, 더 폭스 마켓 (The Forks Market)은 다양한 생필품을 판매하는 재래시장 이고, 그 옆에 존스턴 터미널 (Johnston Terminal)은 앤티크 제품을 취급 한다. 그 밖에 어린이 박물관, 연극 공연장 등도 더 폭스 공원에 있다.

85 Israel Asper Way, Winnipeg, MB (인권 박물관)
1 Forks Market Rd, Winnipeg, MB (재래시장)

<더 폭스 공원>

<캐나다 인권 박물관>

<더 폭스 재래시장>

<존스턴 터미널 앤티크 몰>

c. 프랑스계를 포함한 주로 백인들이 거주하는 도시

동양인, 흑인, 남미 이민자들이 드물고 대다수가 영국, 프랑스, 우크라이나 등의 유럽에서 이주한 백인들이 거주한다.

유니온 역에서 프로밴처 (Provencher) 다리를 통해 레드 리버 강 (Red River)을 건너면 생 보니파스 (St-Boniface) 지역으로 프랑스계 주민들이 모여 사는 타운이다. 이곳에 프랑스계 주민들을 위한 가톨릭의 대형 성당 (St-Boniface Cathedral)이 있다.

190 Av. de la Cathedrale, Saint Boniface, MB

<프로벤처 다리>

<생 보니파스 가톨릭 성당>

캐나다 화폐뿐 만 아니라 세계 여러 나라의 화폐를 만드는 조폐국 (Royal Canadian Mint)이 다운타운에서 동쪽 온타리오 주로 빠지는 고속도로 (Hwy 1) 주변에 있다.

520 Lagimodière Blvd, Winnipeg, MB (Hwy 1 주변)

d. 홍수가 자주 발생하는 위니펙

남쪽으로 미국의 멕시코 만까지 산이 없는 평지이고, 북쪽에는 바다 같이 거대한 위니펙 호수가 있다. 따라서 여름철 남쪽 더운 공기가 이곳까지 올라와 농사가 잘되지만 계절이 바뀌는 봄에는 남쪽 더운 공기가 북쪽 위니펙 호수나 북극해 허드슨 만 (Hudson Bay)에서 내려온 찬 공기를 만나 비가 자주 내린다.

위니펙 도심을 관통하는 레드 리버 (Red River)는 미국에서 발원하여 위니펙 호수를 거쳐 북극해 허드슨 만으로 흘러간다. 봄철 눈이 녹아 강물이 불어 날 때 강의 상류인 미국에 비까지 내리면 강물이 위험 수위까지 올라가거나 범람하기도 한다. 위니펙은 잦은 홍수 때문에 강물의 범람을 방지하는 시설을 갖추고 있지만 그래도 4월말에서 5월 초순까지는 주의를 기울여야 한다.

사스카츄완 주에서 발원하여 브랜든 (Brandon)을 거쳐서 내려오는 아시니보인 리버 (Assiniboine River)의 상류는 서쪽이기 때문에 봄 보다는 여름에 홍수가 종종 발생하고 위니펙 다운타운 유니언 역 뒤편에서 레드 리버 강과 합류하기 때문에 이때도 홍수에 대한 주의가 필요하다.

한국에 비하여 강물의 양이 많은 것은 아니지만 아주 평평한 운동장에 물을 빼는 것이 매우 어려운 것과 같이 100미리 정도의 비만 내려도 대평원의 강들은 심각한 상황이 된다. 심지어 대륙횡단 고속도로도 지면 보다 아주 조금 높고 강을 통과하는 다리도 같은 높이로 건설되어 홍수때 물이 거의 다리 상판 가까이 찬다. 물론 강의 바닥도 깊지 않고 유속도 느려서 자주 홍수 때문에 어려움을 겪는다.

위니펙에도 아울렛 매장 오픈을 준비하고 있다.
- The Outlet Collection at Winnipeg (Tuxedo 근처 Seasons)
  590 Sterling Lyon Pkwy, Winnipeg, MB (Hwy 90 & 145)

위니펙에서 가까운 미국 쇼핑몰은 남쪽 2시간 40분 거리에 있다.
- Columbia Mall Shopping Center
  2800 South Columbia Rd, Grand Forks, ND (Hwy 138 Exit 29)

<위니펙 시립 골프장>

지역	골프장	특징 및 위치
남부지역	Crescent Drive	- 9홀 (파27) 초급코스 - 781 Crescent Dr, Winnipeg
	Windsor Park	- 18홀 (파69) - 10 Rue Des Meurons, Winnipeg
북부지역	Kildonan Park	- 18홀 (파69) (1921년 오픈) - 2021 Main St, Winnipeg

위니펙에는 블루 밤버스 (Blue Bombers) 프로 풋볼팀과 위니펙 제츠 (Jets) 프로 하키팀이 있다. 풋볼팀 홈구장인 인베스터스 그룹 필드 스타디움 (Investors Group Field-Stadium)은 매니토바 대학 주변에 있고, 하키팀 홈구장인 MTS 센터는 다운타운에 있다.

315 Chancellor Matheson Rd, Winnipeg, MB (풋볼 구장)
300 Portage Ave, Winnipeg, MB (하키 구장)

다운타운 시청 주변에 위니펙 시민의 문화 시설로 약 2,300석 규모의 대규모 공연장 (Centennial Concert Hall), 매니토바 박물관 (The Manitoba Museum), 매니토바 갤러리 (Manitoba Planetarium & Science Gallery) 등이 있다.

555 Main St, Winnipeg, MB (공연장)
190 Rupert Ave, Winnipeg, MB (박물관 및 갤러리)

e. 위니펙 외각 지역

위니펙 외각 지역은 산은 고사하고 언덕도 거의 없어서 제대로 된 스키장이 없다. 만족스럽지는 않지만 스키장 같은 곳이라도 가려면 적어도 2시간 반 이상 운전을 해야 한다.

<매니토바 주의 대표적인 스키장>

스키장	특징
Holiday Mountain (위니펙 남서쪽 174km, 2시간 반)	· 미국 국경 근처 (LaRiviere) · 4개 리프트, 127cm 적설량 · 슬로프 높이 91m, 최장 792m
Minnedosa Ski Valley (위니펙 서쪽 240km, 3시간 반)	· 라이딩 마운틴 공원 근처 · 2개 리프트 · 슬로프 높이 75m, 최장 548m
Asessippi Ski Area (위니펙 서쪽 380km 5시간)	· 사스카츄완 주 근처 (Hwy 16 Russell) · 2개 리프트, 25개 코스 · 슬로프 높이 122m, 최장 701m
Mystery Mountain Winter Park (위니펙 북쪽 780km, 9시간)	· Thompson 지역 · 4개 리프트 · 슬로프 높이 76m, 최장 640m
Stony Mountain Ski Area (위니펙 외각, Hwy 47)	· 2개 리프트 · 슬로프 높이 33m, 최장 200m

※ 위니펙 시민은 동쪽 220km, 2시간 30분 거리의 온타리오 주에 있는 캐노라 스키장 (Kenora's Mount Evergreen Ski Club)을 이용할 수 있다.

또한 여름철 물놀이를 할 수 있는 모래 비치가 매우 귀하여 시민들은 북쪽 1시간 반 거리에 있는 위니펙 호숫가의 그랜드 비치 (Grand Beach) 주립 공원까지 간다.

> 위니펙 호수의 서쪽 주변에 미주 한인들이 가장 많이 구입하는 크라운 로얄 (Crown Royal) 위스키를 생산하는 디아지오 (Diageo) 공장이 있다.
>
> 19107 Seagram Rd, Gimli, MB

메노나이트 농촌 마을 (Mennonite Heritage Village)
메노나이트는 세속에 물들지 않고 전통적인 생활방식으로 살아가는 유럽계 종교인들을 의미한다. 이들은 종교의 자유를 찾아서 온타리오 주의 남서부에 위치한 키치너 주변에 대거 정착하였고, 그 중 일부가 중부 대평원으로 다시 이주하였다. 오늘날 그들의 생활상을 위니펙 동쪽 1 시간 거리에 있는 농촌 마을에 가면 볼 수 있다.
231 Provincial Trunk Highway 12, Steinbach, MB
(대륙횡단 고속도로 Trans-Canada 1 Exit 375A에서 남쪽 15분)

펨비나 트레셔맨스 (Pembina Threshermen's) 박물관
위니펙 서남쪽 1시간 30분 거리 (미국 국경 근처)에 아주 조그만 타운인 윈클러 (Winkler)가 있다. 타운에서 서쪽으로 Hwy 3 도로를 따라 6km 지점에 옛날 농기구와 곡물저장 창고를 모아놓은 10개의 건물이 있다.
www.threshermensmuseum.com

<위니펙 외각 지역의 주요 퍼블릭 골프장>

지역	골프장	설계자, 특징 및 위치
동부지역	Falcon Lake Golf Course	- Norman Woods (1958년) 18홀 (파72) - South Shore Rd, Falcon Beach (Hwy 1 & 301번 도로, 온타리오 주 경계)
	Links at Quarry Oaks Golf and Country Club	- Les Furber (1998년) 18홀 (파72) - Municipal Rd, 38 E, Steinbach (메노나이트 빌리지 주변)
서부지역	Clear Lake Golf Course	- Stanley Thompson (1928년) 18홀 (파72, 74) - Wasagaming Dr, Wasagaming (라이딩 마운틴 국립공원 내)
북부지역	Lakeview Hecla Golf Course	- Jack Thompson (1975년) 18홀 (파72) - Hecla Island (위니펙 호수 내, 8번 도로 끝)
	Granite Hills Golf Course	- Les Furber (2007년) 18홀 (파72) - Lac du Bonnet 호수 주변 (433번 도로 옆)

2) 매니토바 주의 작은 타운

a. 매니토바 제 2의 도시 브랜든

브랜든 (Brandon)은 위니펙에서 서쪽으로 214km, 2시간 40분 거리에 있으며, 기후는 위니펙과 비슷하고 여름철에 강물이 종종 범람하여 주민들이 대피하고 군대가 동원되기도 한다. 매니토바 제 2의 도시이지만 인구 5만의 매우 작은 도시이다. 도시의 산업은 농업이 전부라고 해도 거짓말이 아닐 정도로 비료공장과 돼지 도축장이 도시의 큰 산업시설이다.

410 9th St, Brandon, MB (시청)

맥킨지 씨즈 (McKenzie Seeds)는 1896년 캐나다에서 처음으로 설립된 종자 씨앗을 판매하는 회사로 유명하며, 오늘날에도 캐나다 종자시장의 60%를 차지하고 있다. 이 회사의 씨앗은 맥킨지 (McKenzie), 탐슨 & 모간 (Thompson & Morgan), 게스토 이탈리아 (Gusto Italia), 그리고 파이크 (Pike) 브랜드로 전국에서 판매되고 있으며 인터넷 주문을 통한 우편 판매도 함께하고 있다.

<다운타운>

<맥킨지 종자 씨앗 회사>

비교적 생활비가 적게 들고 입학이 쉬운 장점 때문에 일부 한인 유학생들이 이 도시에 거주하고 있으나 교민들은 많지 않아 한인회는 물론이고 한국식품점도 없다.

위니펙에서 서쪽 사스카툰 방향으로 4시간 정도 소요되는 곳에 라이딩 마운틴 국립공원이 (Riding Mountain Nation Park) 있다. 호수도 있고 작지만 산도 있어서 대평원에 사는 주민들에게 오아시스 같은 역할을 한다. 이 공원에는 야생 사슴이 너무 많아 주변 농민들이 농작물 피해로 어려움을 겪을 정도 이다.

이 공원에서 고속도로 Hwy 16을 이용하여 남쪽으로 약 100km, 1시간 10분 정도 내려가면 매니토바 제 2의 도시 브랜든이 있다.

b. 북극곰의 수도로 불리는 처칠

처칠 (Churchill)은 인구 813명 (2011년)의 아주 작은 타운으로 북쪽 허드슨 베이 (Hudson Bay) 해안에 위치한다. 위니펙에서 기차를 이용하여 갈 수 있지만 1,700km나 되고, 날씨가 춥고 철로를 이용하는 승객이 많지 않아 낡은 선로를 달리는 기차는 제 속도를 못 내서 위니펙에서 꼬박 2일이 소요된다. 가끔 탈선도 발생하지만 안전속도를 잘 준수하여 대형 사고로 이어지지는 않는다. 자동차를 이용하여 위니펙에서 고속도로 (Hwy 6)를 타고 북쪽 탐슨 (Thompson) 타운까지 지름길로 가서 기차를 이용하면 시간을 상당 부분 절약할 수 있다. 매니토바 주와 온타리오 주의 허드슨 베이 주변은 질퍽한 늪지대가 광활하게 있는 로랜드 (Lowland)로 자동차도로는 없고 철로만 있다.

이런 고생스런 먼 여정에도 불구하고 처칠은 북극곰, 북극해의 고래, 밤하늘의 오로라를 보고 싶어 하는 여행객들이 가장 가고 싶어 하는 도시이다. 처칠은 북극곰의 수도 (The Polar Bear Capital of the World)로 불릴 정도로 곰이 많이 살고 있어서 가끔 곰의 공격으로 사람이 다치거나 죽는 경우도 발생한다. 곰을 잘 볼 수 있는 시즌은 10, 11월이고 고래를 잘 볼 수 있는 시즌은 6월 말부터 8월까지라고 한다.

<매니토바 주의 작은 타운>

타운	특징
탐슨 (Thompson)	- 위니펙 북쪽 740km, 9시간 - 광석이 발견되면서 1970년대 인구가 2.6만 까지 증가하였다가 감소하여 현재 인구는 1.3만 - 항공기 극한 온도 시험 및 연구 기관
길람 (Gillam)	- 탐슨 북동쪽 300km, 4시간, 인구 1,300명 (자동차로 갈수 있는 마지막 타운) - 넬슨 강 (Nelson River)의 수력발전소
린 레이크 (Lynn Lake)	- 탐슨 북서쪽 320km, 5시간 반, 인구 500명 (자동차로 갈수 있는 마지막 타운) - 금, 구리, 니켈 등의 광산 지역
스완 리버 (Swan River)	- 브랜든 북쪽 340km, 4시간 30분, 인구 4,000명 - 농업과 임업이 주요 산업
도핀 (Dauphin)	- 브랜든 북쪽 170km, 2시간 30분, 인구 8,000명 - 마운트 라이딩 공원의 북쪽에 위치하고 대륙횡단 철도역이 있는 농업 지역

제 6 장

조용한 분위기의 대서양 연안

빨간 머리 앤의 고장 프린스에드워드아일랜드 가는 길

대서양 연안의 주 (Maritime Provinces)는 노바스코샤, 뉴브런즈윅, 프린스에드워드아일랜드 그리고 뉴펀들랜드를 의미한다. 지정학적으로 유럽에서 오는 관문에 위치하고 있어서 개척시대는 중요한 지역이었지만, 오늘날은 경제적으로 덜 발달 되어 4개 주를 모두 합친 인구가 고작 240만 정도 밖에 안 된다.

핼리팩스와 뉴펀들랜드의 세인트존스 (Saint John's)는 미국에서 올라오는 더운 해류의 영향을 받아 따듯하고 비교적 많은 인구가 살고 있지만, 세인트로렌스 만 (Gulf of Lawrence) 주변은 날씨가 추워 몽턴 (Moncton)을 제외한 나머지 지역은 거주인구가 적다. 또한 세인트존스를 제외한 뉴펀들랜드의 나머지 지역은 땅 면적이 넓지만 너무 춥고 눈이 많이 내려 거주 인구가 희박하다.

뉴브런즈윅은 거대한 애팔레치아 산맥의 북쪽 끝에 위치하고 있어서 날씨가 춥고 눈도 많이 내린다. 더구나 습도가 높으면서 춥기 때문에 지표상 수치보다 체감 온도는 더 낮다. 그리고 한 여름에도 대서양 연안 지역은 날씨가 흐리면 긴팔 겉옷을 입어야 할 정도로 싸늘하여 농작물이 잘 자라지 않는다. 애팔레치아 산맥 북쪽 끝에 위치하다 보니 당연히 울창한 산림이 많아 임업이 주요 산업 중에 하나이다.

과거 유럽과 거래가 활발할 때는 “핼리팩스“ 및 “세인트존스“는 항구 도시로 발달하였다. 특히 세계 2차 대전 중에는 지정학적으로 매우 중요한 곳으로 사용되었다. 그러나 오늘날은 무역이 비중이 대부분 미국과 아시아에 편중되면서 지역 발전에 어려움을 겪고 있다. 주정부 재정이 어려워 연방정부의 지원에 의존하고 있다. 특히 PEI 주는 관광산업이 발달하였지만 인구가 약 15만으로 캐나다에서 재정 자립도가 가장 열악하다. 반면 과거 경제 상황이 어려워서 캐나다 연방으로 부터 많은 지원을 받았던 뉴펀들랜드는 오늘날은 자원 개발이 활발하면서 경제 상황이 양호한 주가 되었다.

스코틀랜드 출신이 많은 노바스코샤 주

노바스코샤 주는 영국의 스코틀랜드 지방 출신이 많이 이주하여 오면서 노바스코샤 (noʊvə skoʊʃə)"라고 불리었다. 이는 스코틀랜드 언어로 뉴 스코틀랜드라는 뜻이다. 오늘날 발음하는 그대로 영어 철자로 (Nova Scotia) 변경하여 주 명칭으로 사용하고 있다.

노바스코샤 주는 섬으로 착각할 수 도 있지만 사실 뉴브런즈윅 주의 몽턴 지역과 육지로 연결이 되어 있기 때문에 반도이다.

헬리팩스 대폭발 (Explosion)

1917년 12월 6일 오전 세계 1차 대전 중 핼리팩스 항구에서 화약을 가득 선적한 프랑스 화물선 몽블랑 (SS Mont-Blanc)호와 빈 배인 노르웨이 화물선 이모 (SS Imo)호가 충돌하여 화재가 발생하였으나 당시 배들은 소화전 능력이 없어서 20분 후 대규모 폭발로 이어졌다.

폭발의 규모는 TNT 2,900 톤으로 히로시마 원자폭탄의 1/10 정도의 위력이었으며, 2,000명이 사망하고 9,000명이 부상하였다. 반경 900m 이내의 건물은 물론이고 모든 구조물이 부서 졌다. 핼리팩스 지역의 모든 유리창이 안전히 파손되고 심지어 길거리 나무까지 부러졌다.

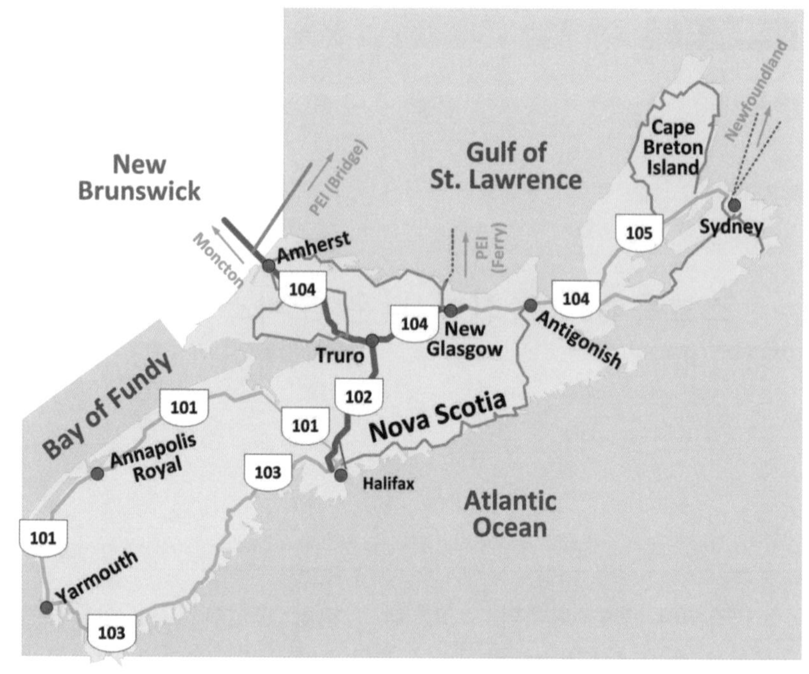

<노바스코샤 주의 주요 지역 및 도로>

1) 헬리팩스와 동부 해안

a. 헬리팩스

헬리팩스는 캐나다 대서양 연안에서 겨울철 가장 날씨가 따뜻한 지역으로 토론토와 비슷한 기온을 보인다. 노바스코샤 반도를 따라 중앙에 길게 뻗은 산들이 병풍처럼 북동쪽 찬 공기의 유입을 막고 남쪽 미국으로부터 올라오는 따뜻한 바닷물의 영향을 받아서 그렇게 춥지는 않다. 그리고 여름철도 위도가 높아서 미국 남부에서 태풍 패해가 심해도 헬리팩스까지 올라오면 위력이 상당히 약화되어 바람만 강할 뿐이지 큰 피해는 없다.

한국에서 미국 갈 때 최단거리 코스가 알라스카 주변을 거쳐 가듯이 미국에서 북유럽으로 갈 때 헬리팩스 주변을 반드시 거쳐 가야하므로 지정학적으로 매우 중요한 위치이다. 이러한 이유들로 헬리팩스는 세계 1, 2차 대전 때에 유럽으로 군대와 군수품 수송을 위한 매우 중요한 항구도시였다. 세계 1차 대전 중 프랑스 화약 운반선이 항구에서 폭발하면서 캐나다 역사상 가장 큰 참사가 있었다. 핼리팩스는 교통의 요충지로 과거 군사적으로 매우 중요하여 시타델 (Citadel)을 건설하였는데 이는 적의 공격을 방어하기 유리하도록 별 모양으로 건축한 성이다. 다운타운 고지대에 위치하고 있어서 관광객들이 많이 찾는 장소이다. 캐나다 횡단 열차가 마지막으로 정차하는 종착역도 있다.

5425 Sackville St, Halifax, NS (시타델)
1161 Hollis St, Halifax, NS (핼리팩스 종착역)
1841 Argyle St, Halifax, NS (시청)
1740 Granville St, Halifax, NS (주 의회)

2015년 노바스코샤 주 의회는 자유당 33석, 보수당 10석, 신민당 6석, 독립당 2석이며, 주 수상은 스테판 맥닐 (Stephen McNeil) 이다. 1867년 이후 주 수상은 자유당이 15회, 보수당이 12회, 신민당이 1회 하였다.

<핼리팩스 종착역>

<핼리팩스 다운타운>

다운타운의 핼리팩스 항구 주변 (Harbour Front)에 위치한 히스토리 프로퍼티스 (History Properties)에 가면 과거 스코틀랜드의 정서를 느끼며 쇼핑도 하고 산책을 할 수 있다.

1869 Upper Water St, Halifax, NS (히스토리 프로퍼티스)

<헬리팩스 항구>

<History Properties>

오늘날 헬리팩스는 캐나다 대서양에서 가장 큰 항구도시이자 노바스코샤 주도로 주변지역까지 포함하면 2011년 인구가 39만으로 조사되어 주 전체 인구의 약 절반이다. 항구는 물론이고 행정, 교육, 군수 및 IT 산업이 발달하였다. 대서양 연안에 있는 2개의 의대 중 하나인 달하우지 (Dalhousie) 대학교가 헬리팩스에 있다. 군수산업 및 일반산업은 항구의 이점을 중심으로 발달하였다.

또한 헬리팩스는 캘거리에 이어 캐나다에서 두 번째로 영화 촬영이 많은 곳이다. 대표적인 영화는 "타이타닉"이다. 실제 타이타닉은 헬리팩스에서 수백 km 떨어진 먼 앞 바다에서 침몰하였다.

헬리팩스 시민의 문화 시설로 달하우지 대학 (Dalhousie University) 캠퍼스 내에 1,040석 규모의 공연장 (Dalhousie Arts Centre)이 있다.
6101 University Ave, Halifax, NS

헬리팩스는 대서양 연안 지역에서 해수욕장이 가장 많이 있다.

- 다운타운: Chocolate Lake Beach, McNabs Islands (항구 앞 섬)
- 동북쪽해안: Rainbow Haven Beach (30분), Lawrencetown Beach (40분, 가장 인기 있는 해변), Conrade Beach (40분), Martinique Beach (1시간, 가장 긴 해변), Clam Harbour Beach (1시간 20분, 모래와 자갈)
- 서남쪽해안: Crystal Crescent Beach (40분, 모래와 자갈), Byswater Beach (1시간, 모래와 자갈)

노바스코샤 주는 대서양의 따뜻한 해류의 영향으로 헬리팩스에서 좀 떨어진 곳에 스키장이 있다.

- Ski Martock (헬리팩스 북서쪽 1시간)
  슬로프 높이 183m, 최장 1.6km, 4개 리프트
- Ski Wentworth (헬리팩스 북쪽 1시간 40분, 뉴브런즈윅 주 근처)
- Ski Cape Smokey (시드니 주변)
  슬로프 높이 305m, 최장 2.4km, 2개 리프트, 16개 코스
- Ski Ben Eoin (시드니 주변)
  슬로프 높이 149m, 최장 1.3km, 2개 리프트, 11개 코스

샤블 아일랜드 (Sable Island) 국립공원

헬리팩스에서 대서양 바다로 약 300km 떨어진 곳에 여름철 피서지로 유명한 매우 가늘고 조그마한 섬 (길이 42km, 폭 1.5km)이 있다.

b. 페기스 코브 등대 및 어촌

헬리팩스에서 동쪽 50분 거리에 위치한 페기스 코브 (Peggy's Cove)는 암반 해안으로 유명하다. 등대가 위치한 지역은 바위가 넓게 퍼져 있어서 유명한 관광지로 연중 관광객이 끊이지 않는다.

등대로 가는 입구에 아주 작은 어촌과 부두가 있다. 작은 부두, 작은 배 그리고 어촌의 작은 집들이 안개와 어우러진 풍경들이 전문 사진작가나 화가들에게 중요한 소재로 자주 사용된다.

124 Peggy‘s Point Rd, Peggy‘s Cove, NS

<페기스 코브 등대>

<페기스 코브 어촌>

1998년 스위스 항공기가 페기스 코브에서 약 8km 정도 떨어진 바다에 추락하여 전원이 사망하는 사고가 있었다. 사고 지점 옆에 위치한 해안가에 기념공원을 만들었다.

c. 마혼 베이와 루넨버그 어촌마을

마혼 베이 (Mahone Bay) 역시 헬리팩스 서쪽 1시간 거리에 위치하고 있는 매우 작은 어촌 마을로 3개의 교회가 나란히 있는 것이 특징이다. 이곳은 루넨버그 (Lunenburg) 가는 길에 잠시 머무르는 곳으로 적당하다.

65 Edgewater St, Mahone Bay, NS (마혼베이 교회)

<마혼베이 교회>

<마혼베이 선착장>

유네스코 세계문화 유산으로 등재된 루넨버그는 마혼베이에서 약 15분 거리에 위치한 곳으로 조그마한 항구 타운이지만 붉은 색 계통으로 매우 예쁘게 꾸며 놓아 많은 사진작가들의 사랑을 받고 있다. 헬리팩스를 방문하는 관광객이라면 꼭 추천하고 싶은 곳이다.

68 Bluenose Dr, Lunenburg, NS

<Lunenburg 항구>

<Lunenburg 박물관>

2) 서쪽 펀디 만 해안

노바스코샤 주의 펀디 만 유역은 산이 별로 없는 평지이나 뉴브런즈윅 주와 달리 많은 인구가 거주하지 않고 조용한 농촌과 어촌으로 이루어진 지역이다.

그러나 옛날 이곳에서 프랑스와 영국이 7 차례나 전쟁을 치룰 정도로 매우 중요한 지역이었다. 1605년 프랑스인 사무엘 드 샹플랭 (Samuel de Champlain)이 포트-로얄 (Port-Royal)이라는 정착촌을 캐나다 처음으로 아나폴리스 로얄 (Annapolis Royal)에 건설하였다. 이 정착촌은 1749년 핼리팩스가 주도로 지정되기 이전까지 약 150년 동안 아카디안 및 노바스코샤의 주도였었다. 그러나 오늘날 포트-로얄은 인구가 지속적으로 감소하여 2011년 500명도 안 되는 아주 조금만 타운이며 관광객을 상대로 하는 숙박업소들이 있다.

정착촌에서 그리 멀지 않지만 217번 도로를 따라 육지와 평행하고 가늘게 이어지는 반도 끝으로 가면, 페리를 이용하여 밸런싱 락 (Balancing Rock)이 있는 섬으로 들어갈 수 있다. 또한 섬 입구에서 조디악 고래 크루즈 (Ocean Exploration Zodiac Whale Cruises)도 이용할 수 있다.

트러로 (Truro)는 펀디 만 유역에서 가장 큰 타운으로 약 12,000명이 거주한다. 이곳은 지리적으로 펀디 만의 제일 깊숙한 곳이면서 노바스코샤 주의 중간에 위치하여 몽턴, 핼리팩스. 북쪽 캡 브래튼과 연결되는 고속도로가 만나고 대륙 횡단 철도가 지나간다.

앰허스트 (Amherst)는 뉴브런즈윅과 경계를 하고 있는 펀디 만 유역에 위치하며, 인구가 1만 명도 안 되는 조그만 도시이다. 돌로 건축된 교회 건물이 특징이며, 뉴브런즈윅, 노바스코샤, PEI 주들의 중간에 위치하고 있어서 만약 3개 주가 미래에 통합한다면 주도로 거론 될 수 있는 후보지역이다.

3) 북쪽 세인트로렌스 만 해안

겨울철 세인트로렌스 만의 바다가 얼어버려 항구가 제 기능을 못하고 습도가 높아서 주 내에서도 추운 지역에 속한다. 대부분 농촌과 어촌 지역이며 지리적으로 교통이 중요한 지역에 작은 타운들이 발달하였다.

뉴 글라스고 (New Glasgow) 광역권은 2011년 인구가 약 3만6천명으로 북부 세인트로렌스 만 유역에서 제일 큰 도시이다. 광역권 내에 있는 픽토 (Pictou)에 PEI로 가는 페리 선착장이 있고, 트랜턴 (Trenton)에 철강회사가 있고, 스텔라턴 (Stellarton)에 석탄 광산이 있어서 작지만 산업도시로 성장할 수 있는 여건은 갖추고 있지만 그리 활발하지는 않다. 한국의 대우조선해양이 트랜턴 시의 철도 차량기지였던 곳에 풍력 발전 설비를 위한 시설을 구축, 운영하였다.

안티고니시 (Antigonish)는 인구가 약 5천명인 아주 작은 항구도시로 병원과 대학이 주요 기관이고 주민들 대부분 어업과 농업에 종사하고 있다. 그러나 이 도시는 협동조합인 안티고니시 운동 (Antigonish Movement)의 발상지이기 때문에 유명하다.

이 도시의 생 프랑스와 자비에 (Saint Francis Xavier) 대학의 제임스 탐킨스 (James Tompkins) 박사는 1920년대 지역 주민이 매우 가난한 원인을 연구하였다. 그는 경제사회구조의 모순과 주민들 스스로 문제해결 능력이 부족한 것이 가난의 원인이라고 판단하고 대학 내에서 임시 민중 교육 (People's School)을 시작하였다. 차후에 이 교육은 코디 (Coady) 신부를 중심으로 대학 내에 정식 지역사회교육으로 발전하였다.

이 교육은 주민들 스스로 문제를 토론하고 방법을 찾아가는 것이며, 농촌회의 (Rural Conference)를 통하여 주민 간 단결을 유도하는 일종의 협동조합 운동이었다. 오늘날 개발 도상국가에서 많은 사람들이 이 교육을 이수한다. 오늘날 이 지역의 소득은 주에서 다른 지역보다 다소 높은 즉 평균 보다 5% 정도 높다

4) 노바스코샤 최북단 케이프 브래턴 아일랜드

시드니 (Sydney)는 노바스코샤 주에서 제일 북쪽에 위치하고 있어서 뉴펀들랜드로 가는 페리가 운영되는 항구 도시이기도 하다. 시드니는 케이프 브래턴 아일랜드에서 가장 큰 도시이며 세계 2차 대전까지는 석탄과 철강 생산이 활발했던 도시이다. 그러나 이후 산업이 쇠퇴하여 1976년 관련 공장을 닫으려고 할 때 강력한 데모가 발생하여 정부 지원을 받는데 성공하여 더 운영하다가 2001년 모두 닫았다. 오늘날도 인구가 지속적으로 줄어드는 도시 중에 하나이다.

이 섬의 또 다른 자랑 거리는 케이프 브래턴 하이랜즈 (Cape Breton Highlands) 국립공원으로 뉴펀들랜드 섬을 제외한 대서양 연안 지역에서 자연 경관이 가장 뛰어난 곳으로 알려져 있으며, 가끔 곰이 출현하는 곳으로 안전에 각별히 조심해야 한다. 캐벗 트레일 (Cabot Trail)은 해안가를 따라 한 바퀴 도는 약 300km의 자동차 도로로 아름다운 해안 풍경을 볼 수 있으며 그 중 가장 하이라이트인 지역은 스카이라인 트레일 (Sky line Trail) 이다.

<노바스코샤 주의 주요 퍼블릭 골프장>

지역	골프장	설계자, 특징 및 위치
캡 브래튼	Cabot Link	- Rod Whitman (2012년) 18홀 (파70, 캐나다 2위) - Cap Breton 섬의 Inverness 지역
	Highlands Links Golf Club	- Stanley Thompson (1939년) 18홀 (파72, 캐나다 7위) - Cap Breton 섬의 Ingonish Beach
	Bell Bay Golf Club	- Thomas McBroom (1997년) 18홀 (파72) - 761 Nova Scotia 205, Baddeck
세인트로렌스 만 해안	Fox Harb'r Resort	- Graham Cooke (2001년) 18홀 (파72, 캐나다 71위), 9홀 (파27) - 북부 해안 Wallace
	Northumberland Links	- Bill Robinson (1990년) 18홀 (파72) - 1776 Gulf Shore Rd, Pugwash
펀디 만 해안	Digby Pines Golf Resort and Spa Golf Course	- Stanley Thompson (1931년) 18홀 (파71) - 103 Shore Rd, Digby

영·불어를 가장 잘하는 뉴브런즈윅 주

뉴브런즈윅은 북미 대륙 동부 애팔래치아 산맥의 북쪽 끝에 위치하여 임업, 해안을 통한 물류, 수산업, 관광 등이 주요산업이다.

주요도시들은 주의사당 (Provincial Legislative Assembly Building)이 있는 프레더릭턴 (Fredericton), 항구 도시인 세인트존 (Saint John), 관광 및 상업도시인 몽턴 (Moncton)이며, 2011년 센서스에서 광역권 인구가 각각 10만 이상으로 조사되었다.

뉴브런즈윅 주를 관통하는 대륙 횡단 고속도로 (Hwy 2)가 2000년대 초반만 해도 신호등이 있는 시골 일반 국도 같았으나 확장 공사를 하여 내륙에서 대서양 연안으로 가는 것이 한결 수월해졌다.

<고속도로 Hwy 2>

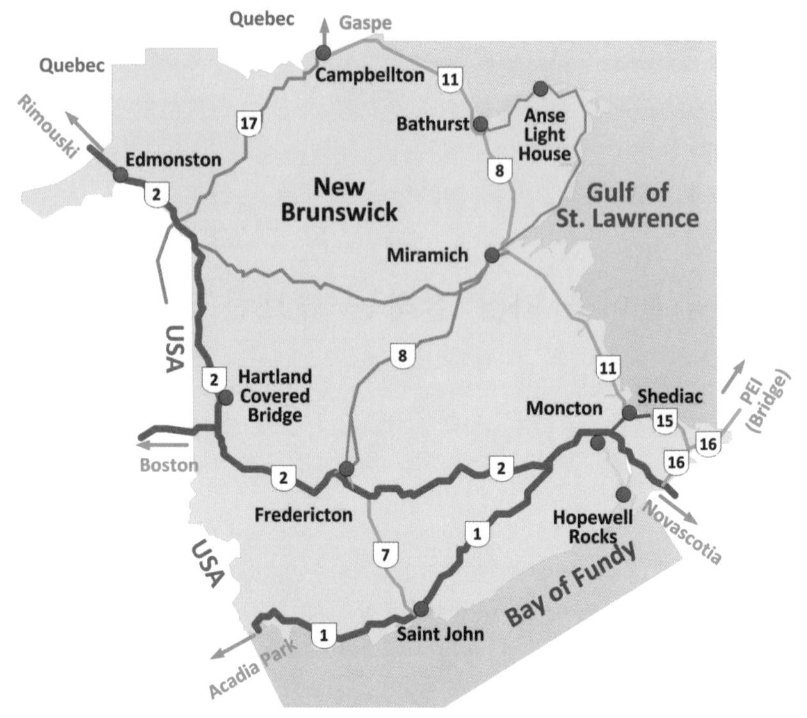

<뉴브런즈윅 주요 지역 및 도로>

1) 펀디 만의 세인트 존

세인트 존 (Saint John) 광역시는 남부 펀디 만에 위치하고 있어서 펀디 시티로도 불리며, 주 내에서 두 번째로 큰 도시이다. 주의 다른 지역에 비하여 겨울철 조금 덜 춥고 눈도 덜 내려 과거 항구도시로 발전하였다. 겨울철 퀘벡을 관통하는 생로랑 강이 얼었을 때, 이 도시의 항구에서 화물을 하역하여 기차로 캐나다 내륙으로 운송하였다. 그러나 생로랑 강의 얼음을 쇄빙선으로 깨어 뱃길을 열어 주면서 이 도시의 항구는 쇠락하기 시작하였다.

15 Market Sq, Saint John, NB (시청)

세인트존 (St-John)에서는 심한 조수간만의 차로 인하여 강이 역류하는 리버싱 리버 (Reversing River) 현상을 볼 수 있다.

55 Fallsview Ave, Saint John, NB (Reversing Falls)

펀디 만은 세계에서 조수 간만의 차가 가장 심하여 오늘날 거대한 화물선이 장시간 정박하며 화물을 하역하고 선적하는데 어려움이 있어서 경쟁력 있는 항구 도시로 발전하는데 제약이 있다. 그러나 조수 간만에 차가 심한 단점을 역으로 이용하여 과거 세계에서 제일 큰 드라이 도크 (Dry Dock)가 있는 조선소가 있었다. 배를 건조하거나 수리할 때 물이 없는 장소에서 작업을 해야 하기 때문에, 육지에서 배를 건조하여 바다로 밀어 넣거나 부유물을 이용하여 바다의 배를 들어 올려서 배 밑바닥이 보이는 상태에서 수리를 한다. 조수 간만차가 심한 곳은 도크에 물이 자연적으로 빠지고 들어오기 때문에 도크에 문만 잘 만들면 언제든 원할 때 물을 채우기도 쉽고 빼기도 쉽기 때문에 훌륭한 자연 환경이다. 그러나 아쉽게도 이 조선소는 인건비 상승 및 기타 원인으로 경쟁력을 상실하여 2003년 폐쇄되었다. 대신 2000년대에 에너지 가격 상승으로 액화천연가스 터미널을 이 도시 주변에 건설하여 캐나다와 미국에 공급하고 있다.

대서양 연안 지역은 여름철에도 바다 온도가 높지 않아 발만 담그는 것을 만족해야 한다. 특히 펀디 만 지역은 심한 조수로 인해 해수욕장이 발달하지 않았다. 따라서 세인트 존 외각에 위치한 강가에 모래사장이 있는 조그만 미난스 코브 비치 (Meenan's Cove Beach)가 있다.

2) 프랑스계와 영국계가 만나는 몽턴

a. 몽턴

몽턴 (Moncton) 광역시는 주에서 가장 큰 도시이며, 펀디 만 안쪽 깊숙한 곳으로 바다에서도 40~50km 정도 떨어져 있어서 항구가 없다. 옛날에 나무로 만드는 목선 제작소가 있었으며, 도심을 가로지르는 강을 따라 목선을 타고 펀디 만으로 나갈 수 있었다.

655 Main St, Moncton, NB (시청)

몽턴은 프랑스어를 모국어로 사용하는 주민이 약 1/3 가량 되고 시민의 절반 정도가 영어, 불어를 모두 구사할 수 있다. 이러한 이유로 이 도시에 있는 몽턴대학교는 퀘벡 주 밖에 있는 가장 큰 불어 대학교이다. 몽턴 광역시 내에서 동쪽에 위치한 디에프 (Dieppe)는 주민의 80% 이상 불어를 사용하고, 리버뷰 (Riverview)는 주민의 95% 이상 영어를 사용한다.

이 도시의 건물들이 대부분 낮아서 로 시티 (Low City)로도 불린다. 벨 전화 회사의 안테나가 설치된 벨 타워가 이 도시에서 제일 높을 정도이다.

몽턴 광역시의 산업 규모는 크지 않지만 이중 언어 인구가 많고 인건비가 저렴하여 약 40개 기업들의 콜센터 (Call Center)가 있다. 그리고 지하자원을 발굴하는 세계적인 드릴링 기업 “Major Drilling Group International”, 소비자가 주체가 되는 농산물 유통 기업 “Co-op Atlantic“, 피자 프랜차이즈 기업 ”Pizza Delight Corporation“의 본사가 이 도시에 위치하고 있다.

b. 몽턴 주변 가볼만한 곳

몽턴 시내로 들어오는 입구에 오르막길로 착시 현상을 일으키는 마그네틱 힐 (Magnetic Hill) 내리막길이 있어서 관광객들이 잠시 휴식을 겸하여 멈추는 곳이 있다.

2875 Mountain Rd, Moncton, NB

페이 들 라 사구인느 (Pays de la Sagouine) 라는 아카디안들이 조성한 예쁜 마을이 쉐디악에서 동해안을 따라 북쪽으로 15분 거리에 바다로 흘러들어가는 매우 작은 강에 있다.
57 Acadie St, Bouctouche, NB

몽턴 근처에 호프웰 락스 (Hopewell Rocks)가 있다. 펀디 만 (Bay of Fundy)은 조수 간만의 차가 15m 이상으로 세계에서 가장 심한 곳이며, 이중 호프웰 케이프 (Hopewell Cape) 해안은 밀물과 썰물에 의하여 특이한 지형이 형성되어 있으며 물이 빠진 시간대에 방문해야 제대로 구경할 수 있다.

131 Discovery Rd, Hopewell Cape, Albert County, NB

<Hopewell Rocks>

뉴브런즈윅 주에는 대규모 공연장 거의 없다. 다만 아쉬운 대로 몽턴 주변 노바스코샤 주 경계 지역에 위치한 마운트 알리슨 대학 (Mount Allison University) 캠퍼스 내에 약 1,000석 규모의 공연장 (Convocation Hall)이 있다.
37 York St, Sackville, NB

3) 중부내륙 행정도시 프레더릭턴과 북부지역

프레더릭턴 (Fredericton)은 중부 내륙 고지대에 위치하여 펀디 만 해안지역 보다 기온이 낮지만 주도로 각종 행정기관이 있어서 주에서 3번째로 큰 도시이다. 과거 주도 후보로 세인트존이 유력하였으나, 당시는 미국 독립전쟁 이후이므로 국경근처 도시는 미국의 공격을 받기 쉬워 보다 안전하고 지리적으로 중간에 위치한 프레더릭턴으로 최종 결정하였다.

북부지역은 산간 내륙으로 애팔레치아 산맥의 한 부분으로 울창한 산림을 이루고 있다. 이 지역을 흐르는 세인트 존 (Saint John) 강은 퀘벡 주 경계에서 시작하여 그랜드 폭포 (Grand Falls)와 프레더릭턴을 거쳐서 남쪽 펀디 만으로 빠져 나간다. 과거 북쪽 산간 내륙에서 벌목한 목재는 강을 이용해서 운송되었고, 중간 지점에 위치한 프레더릭턴은 자연스럽게 목재가공 산업이 발달하였다. 오늘날 프레더릭턴은 IT 산업을 육성하여 뉴브런즈윅 주의 IT 기업 중 50% 이상이 몰려있다.

397 Queen St, Fredericton, NB (시청)

706 Queen St, Fredericton, NB (주 의사당)

> 2015년 뉴브런즈윅 주 의회는 자유당 26석, 보수당 22석, 녹색당 1석이며, 주 수상은 브라이언 갤런트 (Brian Alexander Gallant) 이다. 1931년 이후 주 수상은 자유당이 8회, 보수당이 6회 하였다.

<뉴브런즈윅 주의 주 의회 건물>

뉴브런즈윅 주는 겨울철에 춥고 눈이 많이 내려 다리 위에 지붕을 씌운 커버드 브릿지 (Covered Bridge)를 가끔 볼 수 있다. 하트랜드 (Hartland) 지역에 있는 커버드 브릿지는 세계에서 제일 길며 지붕은 물론이고 다리의 기둥까지 모두 나무로 건설하였다.

<Covered Bridge>

380 Main St, Hartland, NB (Covered Bridge, Hwy 2 주변)

뉴브런즈윅 주에는 대표적인 스키장이 2개 있다.
- Crabbe Mountain (프레더릭턴 주변)
  27개 코스, 최장 2.0km, 3개 리프트, 적설량 3.3m, 87 Acres 면적
- Poly Mountain (세인트존과 몽턴 중간)
  슬로프 높이 200m, 30개 코스, 5개 리프트, 70 Acres 면적

<뉴브런즈윅 주의 주요 퍼블릭 골프장>

지역	골프장	설계자, 특징 및 위치
세인트 존 광역권	Algonquin Golf Course	- Thomas McBroom (1991년) 18홀 (파72) - 184 Adolphus St, Saint Andrews (세인트 존 서쪽 1시간 미국 국경)
프레더릭턴	Kingswood Park Golf Course	- Graham Cooke (2002년) 18홀 (파72), 9홀 (파3/홀) - 31 Kingswood Pk, Fredericton
베더스트	Gowan Brae Golf and Country Club	- CE Robinson (1962년) 18홀 (파72) - 150 Youghall Dr, Bathurst
몽턴	Fox Creek Golf Club	- Graham Cooke (2005년) 18홀 (파72) - 200 Rue du Golf St, Dieppe
	Royal Oaks Estates and Golf Club	- Rees Jones (2000년) 18홀 (파72) - 1746 Elmwood Dr, Moncton

4) 프랑스계 아카디안이 거주하는 동해안

펀디 만과 달리 동해 세인트로렌스 만 (Gulf of Saint Lawrence)은 미국으로부터 따듯한 물이 유입되지 않아서 겨울철 바다가 꽁꽁 얼어버린다. 또한 겨울철 습도가 높고 기온이 낮아서 체감 온도는 매우 낮다.

동해안 지역은 큰 산이 없고 평야와 작은 언덕으로 이루어져 있어서 농업, 어업, 목재 가공이 주요 산업이다. 이 지역의 도시는 남쪽에서부터 미라미치 (Miramichi), 베더스트 (Bathurst), 캠벨턴 (Campbellton) 이며, 인구가 2만 미만으로 모두 강과 대서양 바다와 만나는 해안가에 형성되어 있다.

동해 세인트로렌스 만 지역은 프랑스계 아카디안 (Acadian)들이 많이 거주한다. 식민지 개척시대에 프랑스 남부의 아카디아 지방에서 농민들이 캐나다로 대거 이주해 오면서 그들을 아카디안이라고 오늘날까지 부르고 있다.

<아카디안 기>

아카디안들은 과거 식민지 시대에 곳곳에서 영국과 충돌하였으나 패전하여 강제이주 되는 등 아픈 역사를 갖고 있다. 그들은 오늘날도 프랑스 국기에 별 하나를 추가하여 마을에 계양하고 있는 것을 볼 수 있다.

<미라미치 강가>

<그랑당스의 라이트 하우스>

뉴브런즈윅 주의 미라미치 (Miramichi)와 그랑당스 (Grande Anse) 지역을 연결하는 작은 반도를 둘러보면 아카디안 문화의 아

름다움을 느낄 수 있다. 그랑당스의 작은 라이트 하우스 (Light House)는 건물 전체를 그들의 국기로 페인트 하였다.
395 Rue Acadie, Grande-Anse, NB (Light House 근처 주소)

동부 해안의 마지막 작은 도시, 캠벨턴 (Campbellton)은 강을 사이에 두고 퀘벡 주의 가스페 (Gaspé) 반도와 접하고 있다.

<캠벨턴 관광안내소>

<퀘벡 들어가는 다리>

가장 작은 주 프린스에드워드아일랜드

1997년 프린스에드워드아일랜드 (PEI; Prince Edward Island)와 캐나다 대륙을 연결하는 세계에서 제일 긴 컨페더레이션(Confederation) 다리를 개통하여 섬을 찾는 관광들의 접근을 한층 더 쉽게 하였다.

주로 밀, 감자 등을 재배하여 먹고 사는 가난한 섬에서 이제는 전 세계에서 수많은 관광객이 찾아오는 북미에서 가장 아름다운 섬으로 소문이 나있다. 아직도 이 섬의 감자는 유명하고 캐나다 전역에 있는 식품점에서 판매하고 있다. 섬에는 산이 거의 없고 대부분 언덕으로 된 농장들이 있어서 섬 어디를 가든 좋다.

자동차 여행객들은 다리를 통해 PEI를 방문한 후 나올 때는 다른 기분을 느끼기 위하여 다리 대신 페리를 타고 육지로 나오기도 한다. PEI와 육지를 연결하는 컨페더레이션 다리는 PEI로 들어갈 때는 통행료가 없고 나올 때만 지불한다. 페리는 PEI의 Woodland Island와 Nova Scotia의 Caribou를 하루 3~9회 정도 운행하며 요금은 다리 통행료 보다 비싸다.

<전형적인 PEI 농촌 풍경>

Les Îles-de-la-Madeleine
(Qebec 주)
Cap-aux-Meules
Gulf of St. Lawrence
Tignish
Green Gable
(빨간머리 엔)
North Rustico
(고등어 낚시배)
Summerside
Springton
PEI
Souris
Georgetown
New Brunswick
Confederation Bridge
Information
Charlottetown
Wood Islands
Ferry
Nova Scotia
Pictou

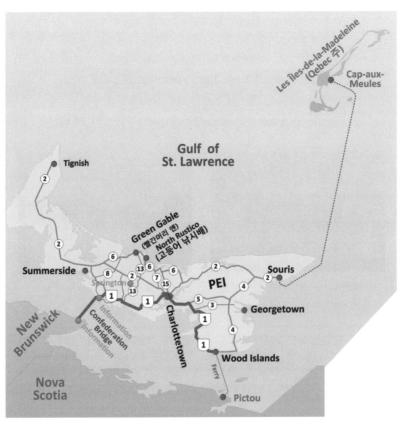

<프린스에드워드아일랜드 주요 지역 및 도로>

1) PEI 주의 주도 샬럿트타운

주 전체 인구의 약 절반이 주도인 샬럿트타운 (Charlottetown)에 모여 살고 있고 나머지는 농촌과 어촌으로 이루어져 있다. 주에서 가장 높은 퀸즈 카운티 (Qeens County)의 스프링턴 (Springton)이 해발 152m 밖에 안 될 정도로 산이 없다.

캐나다에서 면적과 인구가 가장 작고 경제적으로도 가장 어려운 주로 주정부 예산 자립도가 가장 취약 하다. 여름철에도 선선하고 습한 해양성 기후로 인해 주로 감자 농사를 짓고 있다. 감자 농사는 캐나다 전체 생산의 25%를 차기할 정도로 주에서 가장 중요한 산업이다.

샬럿트타운은 조그마한 시골 도시이지만 캐나다 연방이 처음 선포된 주의 의사당과 바로 옆에 오늘날 앤의 뮤직 컬 공연으로 유명해진 연방예술센터 (Confederation Centre of the Arts)가 있다.

145 Richmond St, Charlottetown, PE (공연장)
199 Queen St, Charlottetown, PE (시청)
165 Richmond St, Charlottetown, PE (주 의회)

<살럿트타운 연방예술센터>

<샬럿트타운 주 의사당>

2015년 프린스에드워드아일랜드 주 의회는 자유당 18석, 보수당 8석, 녹색당 1석이며, 주 수상은 웨이드 맥라클란 (Wade MacLauchlan) 이다. 1873년 이후 주 수상은 자유당이 21회, 보수당이 13회 하였다.

<프린스에드워드아일랜드 주의 주요 퍼블릭 골프장>

지역	골프장	설계자, 특징 및 위치
북부지역	(Rodd) The Links at Crowbush Cove	- Thomas McBroom (1993년) 18홀 (파72, 캐나다 14위) - 710 Canavoy Rd, West Saint Peters (Morell 지역)
	Green Gables Golf Course	- Thomas McBroom (1939년) 18홀 (파72) - 8727 Cavendish Rd, Hunter River
동부지역	(Rodd) Brudenell River Resort	- M. Hurdzan/Dana Fry (1999년) Dundarave 18홀 (파72 캐나다 54위) - C.E. Robinson 1969년 Brudenell River 18홀 (파72) - 82 Dewars Ln, Cardigan (샬럿트타운 동쪽 1시간)
서부지역	(Rodd) Mill River Resort	- C.E. Robinson (1971년) 18홀 (파72) - 180 Mill River Rd, O'Leary

PEI 섬에도 샬럿트타운 서쪽 40분 거리인 브룩베일 파크 (Brookvale Provincial Park)에 작은 스키장이 하나 있다.
2018 PE-13, North Wiltshire, PE

2) 빨간 머리 앤의 숨결이 살아있는 캐빈디시

PEI를 찾는 모든 관광객이 필수적으로 방문하는 곳이 캐빈디시 (Cavendish) 마을에 있는 "L.M. Montgomery's Cavendish National Historic Site of Canada" 이다. 이곳에 빨강머리 앤의 만화 영화에 나오는 초록색 지붕 집 (Green Gable), 마구간, 마차, 오솔길 등을 그대로 재현하였다.

8619 Cavendish Rd, Cavendish, PE (Green Gable 입구)

<초록색 지붕 집>

<소설 속 앤의 방>

빨간 머리 앤 소설의 작가인 몽고메리 여사가 살던 집은 오늘날 집터만 남아 있고 대신 근처에 몽고메리 여사의 할아버지가 운영하였던 그린 게이블 (Green Gable) 우체국은 아직도 운영하고 있다. 여행 중에 그린 게이블 우체국의 스탬프가 찍힌 엽서를 친구에게 보내는 것도 나름 의미가 있을 수 있다. 캐빈디시 마을 주변을 관광하면서 소설의 주인공 앤은 다름 아닌 몽고메리 여사의 어린시설을 묘사했다는 것을 느낄 수 있다. 몽고메리 여사도 어린 시절 일찍 부모를 여의고 조부모 밑에서 자랐다.

8555 Cavendish Rd, Green Gables, PE (우체국)

만화 영화에서 매트가 마차를 몰고 가서 처음 앤을 만나 데려온 역을 재현하여 놓은 곳이 바로 켄싱턴 (Kensington) 역으로 캐빈디시에서 다소 떨어진 서쪽 섬머사이드 (Summerside)로 가는 길 중간에 있다.

62 Broadway, Kensington, PE (켄싱턴 역)

몽고메리 여사가 태어난 곳은 켄싱턴 역과 캐빈디시 마을의 중간 지점인 뉴런던으로 관광객들이 잠시 멈추어 관람하기에 적당한 곳이다.

6461 Route 20, New London, PE
(Hwy 6 & Hwy 20 사거리)

<그린 게이블 우체국>

<켄싱턴 역>

PEI의 또 다른 특징은 땅이 붉은 색 흙이라는 것이다. 특히 캐빈디시 해안을 가면 온통 붉은색 지형으로 되어 있다. 그러나 이상하게도 해수욕장만은 흰모래로 되어 있다. 해수욕장은 아쉽게도 온도가 낮은 관계로 해파리가 많아 위험하여 발만 담그는 것으로 만족해야 한다.

<캐빈디시 해안>

<캐빈디시 비치>

PEI 주변 바다에서 랍스터가 많이 잡혀 곳곳에 랍스터 레스토랑이 있다. 그 중에서도 역사적으로 유래가 깊은 곳은 케빈디시 마을에서 그리 멀지 않은 곳에 있는 세인트 안스 가톨릭 성당의 구내식당 (Saint Ann's Lobster Suppers) 이다.

104 Saint Patricks Rd, Hunter River, PE (랍스터 요리)

PEI에서 고등어 (Mackerel) 낚시를 즐기려면 그린 게이블에서 멀지 않은 노스 러스티코 (North Rustico) 어촌에서 매일 출발하는 고등어 낚시배를 이용할 수 있다. 이곳을 이용하면 장점은 낚시도구를 준비할 필요 없으며 잡은 고기도 손질해 준다. 만약 배를 이용하지 않는다면 샬럿트 타운에서 동쪽 1 시간 거리에 위치한 소리스 (Souris) 항구 도시의 부두에서 낚시가 가능하다.

312 Harbourview Dr, North Rustico, PEI (고등어 낚시배)
75 Main St, Souris, PEI (부둣가 고등어 낚시)

추운 바다에서 자라는 고등어 (Mackerel)는 기름이 자연스럽게 생겨서 우수한 품질로 평가되고 있으며, 특징은 등에 줄무늬가 뚜렷하고 배는 흰색이다. 품질이 안 좋은 고등어는 요리를 했을 때 뻑뻑해서 맛이 하나도 없다.

여름철 피서지 마들린느 섬

세인트로렌스 만은 대서양 연안 주들의 중간에 있는 바다이다. 이 바다 중간에 가느다란 실을 길게 펼쳐 놓은 것 같은 작은 섬, 마들린느 아일랜드 (Les Îles-de-la-Madeleine)가 있다, 이 섬은 행정구상 퀘벡 주에 속해 있으며 여름철 피서를 즐기는 사람들이 즐겨 찾는 곳이다. 프린스에드워드아일랜드의 소리스 (Souris) 항구와 가스페 반도 샹들 (Chandler) 항구에서 출발하는 페리를 이용하여 갈 수 있다.

동쪽 끝 뉴펀들랜드 래브라도 주

1) 태고의 신비를 간직하고 있는 뉴펀들랜드 섬

뉴펀들랜드 섬은 캐나다에서 4 번째 세계에서 16번째로 큰 섬으로 남한면적 보다 약간 넓지만 주 전체의 인구는 겨우 50만 정도 이다. 특히 래브라도 (Labrador) 지역은 뉴펀들랜드와 같은 주에 속하지만 날씨가 너무 추워서 거주 인구가 거의 없다.

뉴펀들랜드 섬은 캐나다 전체에서 차지하는 면적은 작지만 그래도 대한민국 면적과 비슷하다. 태평양의 알라스카처럼, 지정학적으로 매우 중요한 곳에 위치하고 있다. 이는 영국 등 유럽에서 가장 가까운 거리로 북미 대륙으로 오면 뉴펀들랜드나 주변을 반드시 거치게 되어 있기 때문이다.

뉴펀들랜드 섬으로 가려면 비행기를 이용하거나 노바스코샤 최북단에 위치한 노스 시드니 (North Sydney)에서 페리를 이용해야 한다. 항로는 겨울철에도 얼음이 잘 얼지 않아서 보통 운행한다.

NS, North Sydney - NL, Argentia (14~16시간 소요)

NS, North Sydney - NL, Channel-Port aux Basques (5~7 시간 소요)

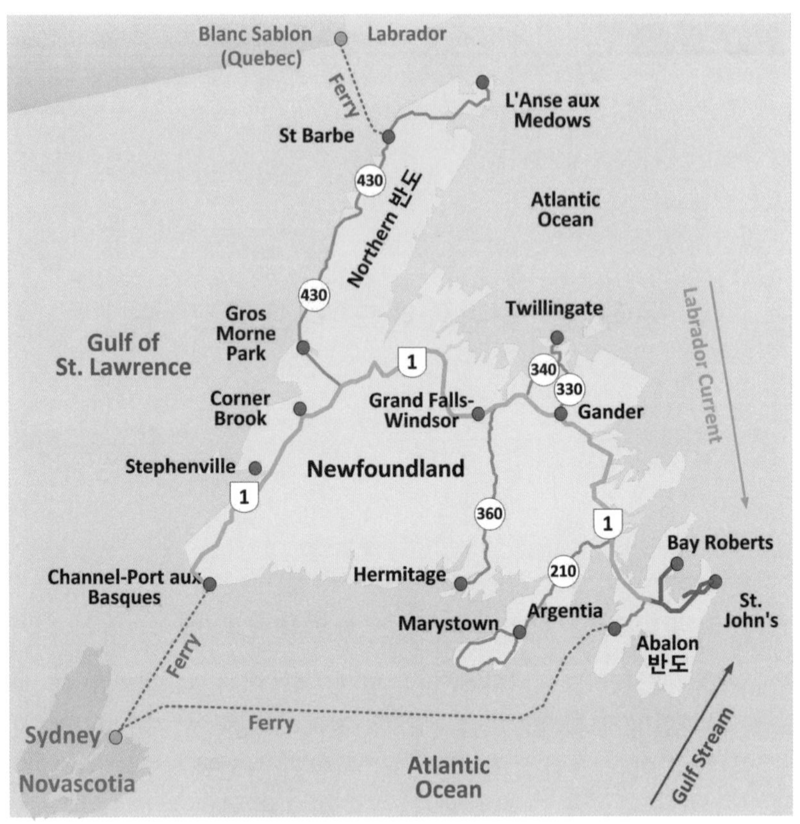

<뉴펀들랜드 주요 지역과 도로 및 항로>

뉴펀들랜드 섬은 지정학적으로 중요하기는 하나 북쪽에 위치하여 내부는 겨울철 폭설이 내릴 때 눈이 너무 많아 불도저를 동원해야 할 정도이다. 관광은 주로 여름철에 가지만 날씨가 싸늘하고 북극에서 거대한 빙하 (Iceberg)가 떠내려 오기도 한다.

트윌링게이트 (Twillingate)는 세인트존스에서 동해안을 따라 북쪽으로 450km, 6시간 거리에 위치하며 뉴펀들랜드에서 빙하 및 고래를 가장 잘 볼 수 있는 지역으로 투어 관광이 유명하다.

a. 동쪽 아발론 반도

주의 수도인 세인트존스 (Saint John's)가 위치한 아바론 반도 (Abalon Peninsula)는 불가사리 모양으로 된 섬이 본섬에 살짝 붙어 있다. 이 지역에는 깊숙이 들어온 바다의 만들이 있어서 선박들이 안전하게 정박할 수 있는 항구를 건설하기가 용이 하다. 더구나 아바론 반도 주변은 북극의 찬 해류 (Labrador Current)와 남쪽의 따뜻한 해류 (Gulf Stream)가 만나는 세계 3대 황금어장, 그랜드뱅크스 (Grand Banks)가 있다. 날씨와 황금 어장 때문에 아바론 반도에 주 전체 인구의 절반 이상이 살고 있다. 또한 앞바다는 하이버니아 오일 지대 (Hibernia Oil Field)로 21억 배럴의 원유가 수심 80m 아래 묻혀 있어서 오늘날 지역 경제를 선도하고 있다.

a) 세인트 존스

세인트존스 (Saint John's)는 뉴펀들랜드의 동남쪽 끝에 위치하고 있는 주도로 약 20만 인구의 항구도시 이다.

콜럼버스가 아메리카 신대륙을 발견하고 얼마 지나지 않은 1497년 이탈이아 항해사, 존 캐벗이 (John Cabot) 뉴펀들랜드 주변의 황금어장을 발견한 이후 아일랜드계 사람들이 뉴펀들랜드로 많이 이주하여 살면서 아일랜드 풍의 건물들이 많다.

다닥다닥 붙어있는 구시가지의 오래된 목조 건물들은 알록달록하게 페인트칠을 해서 아주 예뻐 보인다. 세인트존스의 역사적인 장소는 시그널 힐 (Signal Hill National Historic Site)로 이곳에 캐벗 타워 (John Cabot Tower)가 있다. 1901년 말코니 (Marconi)가 영국으로부터 전송되는 무선신호를 3,500km 이상 떨어진 이곳에서 수신하여 세계 최초로 장거리 통신에 성공하였다. 이곳에 오르면 세인트존스의 시가지 전체를 볼 수 있다.

시그널 힐 뒤쪽에 키디 비디 (Quidi Vidi) 호수가 있으며, 호수에서 바다로 연결되는 작은 강의 하구에 매우 아름답고 작은 키디 비디 빌리지가 있다. 이 빌리지는 아름다운 뉴펀들랜드를 소개하는 대표적인 장소 이다.

10 New Gower St, Saint John's, NL (세인트존스 시청)

100 Prince Philip Dr, St John's, NL (주 의회)

2015년 뉴펀들랜드 주 의회는 보수당 28석, 자유당 16석, 신민당 3석이며, 주수상은 폴 데이비스 (Paul Davis) 이다. 1949년 이후 주 수상은 보수당이 7회, 자유당이 6회 하였다.

<뉴펀들랜드의 대표적인 스키장>

화이트 힐 (White Hills)	마블 마운틴 (Marble Mountain)
· 세인트존스 동쪽 2시간 30분 · 19 코스, 2 리프트 · 최고 높은 지역 381m · 55 Acres 면적	· 코너브룩 근처 · 39 코스, 4 리프트 · 최장 코스 4.5km · 최고 높은 지역 536m · 연간 적설량 5m · 225 Acres 면적

b) 케이프 스피어 등대와 동부해안 트래킹

케이프 스피어 (Cape Spear)는 세인트존스에서 남쪽으로 11km 거리에 있으며, 북미 대륙에서 해가 가장 먼저 뜨는 곳으로, 종종 고래와 빙하를 구경할 수 있다. 이곳에서 케이프 레이스 (Cape Race)까지 이어지는 동부 해안 트레킹 (East Cost Trail, 160km, 자동차로 3시간) 코스는 험하지 않아 누구나 이용할 수 있으며, 절경이 너무 많아 하나도 지루하지 않다. 단점은 너무 길어서 걸어서 전 구간을 갈 수 없다는 것이다.

c) 케이프 세인트 마리스

케이프 세인트 마리스 (Cape St. Mary's)는 세인트존스에서 남쪽 200km 떨어진 해안가 조류 보호 구역이다. 이곳은 금빛 머리를 자랑하는 개닛 (Gannet) 바닷새가 엄청나게 많은 군락지이다.

<뉴펀들랜드 주의 주요 퍼블릭 골프장>

지역	골프장	설계자, 특징 및 위치
서부지역 (Corner Brook)	Humber Valley Resort	- Doug Carrick (2006년) River 18홀 (파72 캐나다 16위) - 1a Lakeside Dr, Humber Valley Resort, Little Rapids (Deer Lake 주변)
동부지역 (Saint John's)	Terra Nova Golf Resort	- Doug Carrick (2001년) Twin Rivers 18홀 (파71) Eagle Creek 9홀 - 9 Mddy Brook Rd, Port Blandford (세인트존스 동쪽 2시간 30분)
	The Wilds at Salmonier River Golf Club	- Robert Heaslip (1998년) 18홀 (파72) - 299 Salmonier Line, Holyrood (Hwy 1 Exit 35 W)
	Pippy Park Public Golf Course	- Graham Cook (1993년) Admiral's Green 18홀 (파71) Captain's Hill 9홀 (파35) - Saint John's에서 5분 고속도로 옆 (Hwy 1 Exit 46 E)
뉴펀들랜드 동서중간	Grand Falls Golf Club	- Bob Moote (1989년) 18홀 (파71) - Grand Falls-Windsor (Hwy 고속도로 옆)

b. 뉴펀들랜드 동서 횡단 고속도로 (Hwy 1) 주변

> 동서 횡단 고속도로는 섬의 동남쪽 끝 세인트존스에서 시작하여 섬의 서남쪽 끝 노바스코샤로 가는 페리 선착장이 있는 샤넬-포르또 바스크 (Channel-Port aux Basques)까지 약 900km, 9시간 이상 소요되는 길고 매우 중요한 도로이다.

a) 섬 중앙 광활한 지역

아바론 반도에서 비교적 가까운 메리스타운 (Marystown)에 약 5천명이 거주하고, 섬 중앙의 거대한 지역은 대륙 횡단 고속도로 (Hwy 1) 주변에 조그만 타운들이 곳곳에 있으며, 주요 타운은 그랜드 폴스 윈저 (Grand Falls Windsor, 약 1.4만)와 그랜더 (Grander, 약 1만) 이다.

b) 서부 해안의 뉴펀들랜드 제 2 도시 코너브룩

서부 해안의 제일 큰 도시는 코너브룩 (Corner Brook)으로 2011년 기준 약 2만 7천명의 주민이 살고 있어서 뉴펀들랜드에서 2번째로 큰 도시이다. 과거 이 도시의 주요 산업은 수산업과 종이를 만드는 펄스 공장이었으나, 오늘날은 이 도시의 항구 앞바다에 풍부한 지하자원 (세인트로렌스 만 유전)이 발견되면서 서부 뉴펀들랜드의 자원개발을 위한 중요한 기지 역할을 하고 있다.

코너브룩 남쪽에 인구 약 7천의 작은 타운 (Stephenville)이 이웃하고 이다.

c. 서부해안의 북쪽 지역 노던 반도

노던 반도 (Northern Peninsula)는 사람들이 많이 살고 있지 않지만 남쪽에 위치한 그로스 국립공원과 북쪽 끝 바이킹 거주지 그리고 래브라도로 가는 페리를 타러가는 사람들이 자주 있다.

a) 그로스 몬 (Gros Morne) 국립공원

12억 년 전의 지구 모습을 간직한 그로스 몬 국립공원은 제주도 만큼 넓은 면적이라서 현지 주민이 아닌 이상 관광객은 일부만 관광하는 것으로 만족해야 한다. 국립공원의 최대 하이라이트는 빙하가 만들어 놓은 거대 내륙 호수, 웨스턴 브룩 폰드 (Western Brook Pond) 이다. 어마 어마한 절벽으로 된 계곡과 산들로 이어지지만, 해발 806m인 산 정상은 의외로 칼로 잘라낸 듯 평평하다. 절벽 위에 있는 나무들은 겨울철 날씨가 매우 춥고 바람이 너무 거세서 나무들이 위로 못 자라고 누워서 자라고 있다.

웨스턴 브룩 폰드로 가는 길은 자연보호를 위하여 자동차 도로를 개설하지 않아서 호수까지 3km 정도를 걸어가야 한다. 호수에 도착하면 계곡을 왕래하는 보트를 이용해야 한다. 계곡은 샌드스톤 (Sandstone)으로 된 지형을 쪼개 놓은 것 같아 호수 수심이 600m 나 될 정도로 보통 바다보다도 훨씬 깊다.

b) 북미대륙 최초의 유럽인 바이킹 거주지

콜럼버스 보다 약 5백년 더 일찍 북유럽의 바이킹 족이 뉴펀들랜드 북쪽에 위치한 랑즈-오-메도우즈 (L'Anse aux Meadows) 지역에 일정기간 거주했었다. 이들은 그린란드 (Greenland)에서 나무를 구하러 뉴펀들랜드 섬까지 내려와서 살다가 돌아갔다. 바이킹들이 살던 유적지는 1963년 발견되어 오늘날 유네스코 세계문화유산으로 관리되고 있다. 이곳은 세인트존스에서 14시간 이상 자동차로 운전해야 갈 수 있는 섬의 가장 먼 북쪽 끝에 위치하고 있다.

2) 개발을 기다리고 있는 래브라도

래브라도 (Labrador)는 뉴펀들랜드 섬과 같은 주이지만 지형적으로 퀘벡 주 동쪽에 경계하고 있는 매우 추운 지역으로 사람이 거의 살지 않는다. 남한 면적에 3배 정도 되지만 전체 인구는 고작 3만 미만이다.

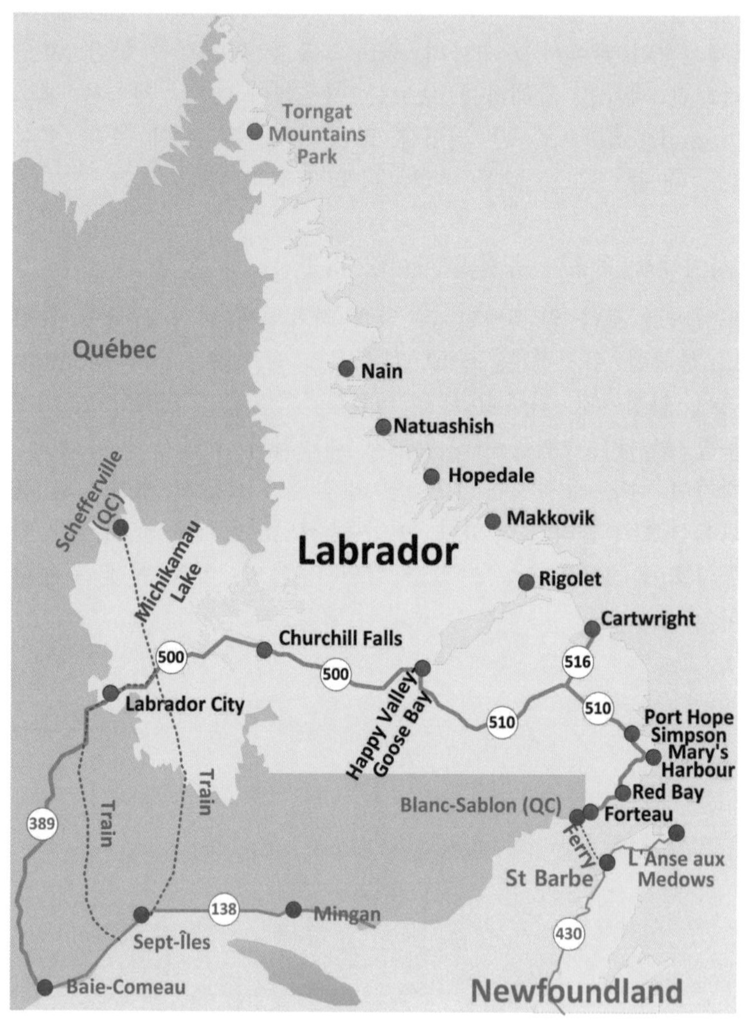

<래브라도의 주요 지역과 도로>

a. 래브라도를 관통하는 처칠 강 주변

a) 래브라도 시티 광역권

래브라도 시티 광역권은 래브라도 시티에 약 8천 명이 살고 이웃하는 와부쉬 (Wabush) 타운에 약 2천 명이 거주한다. 이 지역에 세계적인 규모의 철광석 광산들이 있으며 주요 기업은 Stelco, Dofasco, Wabush Iron Company Limited 등 이다. 생산된 철광석은 퀘벡 주의 소렐-트레이시 (Sorel-Tracy) 및 온타리오 주의 해밀턴 (Hamilton)으로 운송되어 철강제품으로 만들어 진다.

래브라도 시티는 대서양 연안까지 약 1,100km, 16시간 소요되는 내륙에 있기 때문에 자원 개발은 뉴펀들랜드 보다는 퀘벡 주에서 더 적극적이다. 따라서 산업 물동량이 많은 래브라도 시티와 퀘벡 주의 베이-코모 (Baie-Comeau) 사이는 389번 자동차도로가 있고, 셋틸 (Sept-Îles) 사이는 철도가 있다.

b) 처칠 폴스

래브라도 내륙의 물은 대부분 미치카모 호수 (Michikamau Lake)로 유입되어 처칠 강을 따라 대서양 바다로 빠져 나간다. 호수가 끝나고 강이 시작되는 곳에 처칠 폴스 (Churchill Falls)가 있다. 이곳에 캐나다에서 2번째로 전력생산을 많이 하는 수력발전소 (5,428 MW, 소양강 댐의 27배)가 있다. 날씨가 추운 지역에 위치하다 보니 호수나 강의 수위가 연중 거의 일정하고 낙차가 큰 지역이라서 댐 규모에 비하여 발전량이 매우 많다. 처칠 폴스에는 약 650명의 주민이 거주한다.

c) 해피밸리 구주베이

해피밸리 구주베이 (Happy Valley Goose Bay)는 처칠 강이 끝나고 내륙으로 깊숙이 들어온 만이 시작되는 곳에 위치한 타운이다. 인구가 약 8천명으로 래브라도 2대 도시이다. 래브라도 시티에서 해피밸리 구즈베이까지 강 주변을 따라 고속도로 (Hwy 500, 530km 7시간 20분)가 있다.

해피밸리 구즈베이 만은 대형 배가 들어 올 수 있을 정도 바다 같이 넓다. 따라서 해피밸리 구즈베이는 래브라도 내륙에서 개발한 자원을 배에 선적하여 세계 여러 나라로 보내는 항구 도시로 발달 하였다.

b. 해안 지역 조그만 타운

래브라도에서 뉴펀들랜드 섬으로 가는 경우 자동차도로나 철도가 없으므로 바다를 운행하는 페리를 이용해야 한다. 뉴펀들랜드 섬 북쪽에 위치한 세인트 바브 (St Barbe, NF)와 래브라도 근처 블랑 사블롱 (Blanc Sablon, QC) 구간에 페리를 운행한다. (약 40km, 2시간 이상)

블랑 사블롱은 래브라도 경계에 인접한 퀘벡 주 동쪽 끝에 위치하며 인구가 400명 조금 넘는 조그만 항구 타운이다.

래브라도의 해안 지역은 약 500명 내·외의 타운들이 여러 개 있고 대부분 원주민 들이 거주하고 있으면 관광객들이 배를 타고 해안을 따라 종종 방문한다. 남부지역은 해피밸리 구주베이에서 퀘벡 주 블랑 사블롱까지 고속도로 (Hwy 510, 620km 8시간 20분)가 있어서 자동차로 갈수 도 있다.

<래브라도의 해안 지역 주요 타운>

교통수단	타 운	인구 (명)	비 고
구주베이 남쪽지역 (자동차 접근 가능)	Forteau	약 450	가장 남쪽 위치
	Red Bay	약 360	
	Mary's Harbour	약 420	
	Port Hope Simpson	약 530	
	Cartwright	약 520	
구주베이 북쪽지역	Rigolet	약 310	구즈 베이 입구
	Makkovik	약 360	
	Hopedale	약 580	
	Natuashish	약 700	

제 7 장

사람의 흔적이 드문 극지방 준주

너무 춥고 너무 긴 캐나다의 겨울

캐나다의 북쪽은 서쪽부터 유콘 (Yukon), 노스웨스트 테리토리스 (Northwest Territories), 누나부트 (Nunavut) 등 3개의 준주가 있다. 3개 준주를 모두 합쳐야 인구가 고작 10만을 조금 넘는다. 그러나 준주가 북위 60도 이상부터 시작하는 점을 고려하면 꽤 많은 인구가 살고 있다.

남극은 세종기지 (남위 62° 13') 때문에 많이 알려 졌지만 과학자들 이외에 원주민이나 자원개발 종사자들이 없는 것은 물론이고 북극에 있는 곰, 순록, 산양, 여우, 들소 등의 동물은 아예 없고 바닷가에 펭귄만이 있다. 북극은 북극해 바다 때문에 겨울철 온도가 남극보다 높고, 여름철은 남쪽 따듯한 대륙의 더운 공기가 올라와 풀도 자라고 사람도 활동이 가능하기 때문이다.

아무리 그렇다 치더라도 겨울은 영하 50도 아래로 내려가고, 여름철은 평균 영상 15도 정도이지만 가끔은 영하로 내려가고 날씨가 매우 건조하다. 그나마 다행인 것은 겨울철 엄청 추운 날씨에 비하여 눈이 토론토, 몬트리올 수준으로 내리기 때문에 제한되지만 활동이 어느 정도 가능하고 여름철은 선선한 기후에도 자라는 채소 등 농작물 재배가 가능하다.

여러 가지로 사람이 살기 어렵지만 광활한 면적과 자원 등으로 캐나다의 소중한 가치를 지니고 있는 지역인 것은 분명하다. 연방정부의 각종 재정 지원을 받아 준주는 주정부 판매세가 없다

북쪽 준주는 여름철에만 거주하는 사람들이 많아 겨울철과 비교하여 인구가 3배까지도 차이가 날 수 있다.

북쪽 준주 지역은 비포장도로가 많다. 고속으로 주행하는 트럭이 지나갈 때 잔 돌이 튀어서 차량에 스크래치가 나거나 전면 유리가 파손될 수 있으므로 각별히 주의해서 운전해야 한다.

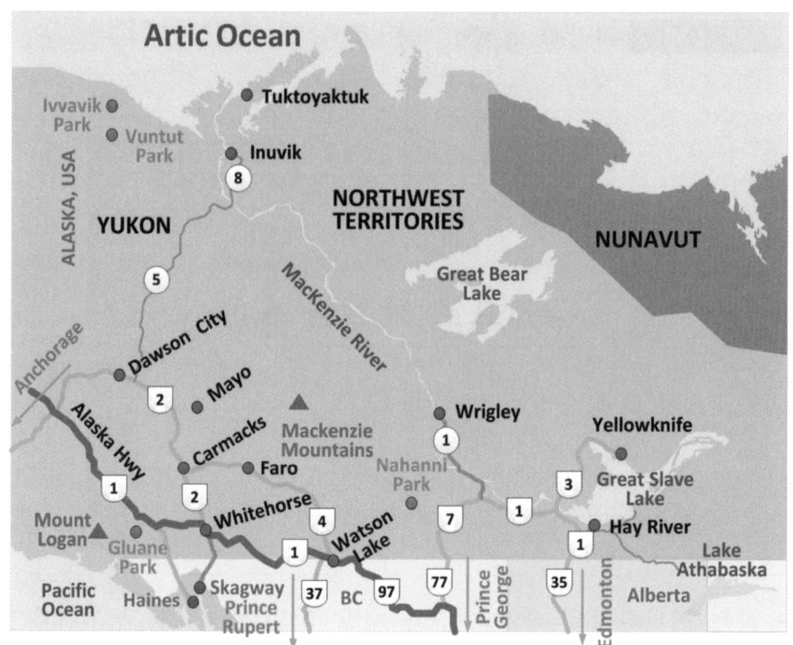

<유콘 및 노스웨스트 테리토리스의 주요 지역과 도로>

금광으로 발전한 유콘

유콘은 캐나다에서 산과 지진이 제일 많은 지역으로 서부지역은 미국 알라스카 주와 경계를 하고 있으며 캐나다에서 제일 높은 마운트 로간 산 (Mount Logan, 5,959m)이 있고, 동부지역은 노스웨스트 준주 경계 지역에 맥킨지 산 (MacKenzie Mountains, 2,952m)이 있다. 동서의 중간 지역이면서 남쪽에 위치한 화이트홀스 (Whitehorse)가 가장 큰 도시로 발달하였다. 따라서 유콘의 전체인구 3만 4천중 2만 3천 정도가 화이트홀스에 거주 한다.

금광이 활발할 때와 세계 2차 대전 때 도로를 많이 건설한 덕분에 유콘은 준주 중에서 도로망이 가장 잘 발달하였다.

세계 2차 대전 때는 일본이 미국 알라스카와 캐나다 북부를 공격할까봐 염려하여 브리티시컬럼비아 주의 도슨 크리크 (Dawson Creek)에서 시작하여 알라스카 주의 델타 정션 (Delta Junction) 까지 가는 알라스카 고속도로 (2,700km, 1942년 완공)를 8개월 만에 건설하였다.

2015년 의회는 유콘당 12석, 신민당 6석, 자유당 1석이며, 다수당의 대표인 데럴 파슬로스키 (Darrell Pasloski)이 수상이다. 1978년 이후 유콘당 3회, 신민당 2회, 보수당 2회, 자유당 1회 집권하였다.
2071 2nd Ave, Whitehorse, YT (의회 건물)

1) 아름다운 유콘 강 상류의 화이트홀스

화이트홀스를 흐르는 유콘 강은 마운트 로간 산을 북쪽으로 우회하고 알라스카를 관통하여 베링 해협으로 빠진다. BC주 북부에서 알라스카 주의 앵커리지로 가는 고속도로 (Hwy 1)는 산악지대를 우회하기 때문에 화이트홀스에서도 약 15시간이나 소요 된다.

a. 화이트홀스 다운타운

유콘 강변에 형성된 화이트홀스 다운타운은 길이가 2km 정도로 매우 작고 시청과 의회를 비롯하여 관공서가 있고, 지역 주민을 위한 작은 박물관 등 문화 시설이 있다.

2121 2nd Ave, Whitehorse, YT (시청)

<화이트홀스 다운타운의 주요 문화 시설>

구 분	특징 및 장소
맥브라드 박물관 (MacBride Museum)	- 유콘 역사 박물관 - 1124 1st Ave, Whitehorse, YT
SS 클론다이크 유적지 (SS Klondike Historic Site)	- 클론다이크 금광 루트를 운행했던 폐달 증기 수송선 (Sternwheel Steamer) 전시 - Schwatka Lake의 하류에 위치
르페이지 공원 (LePage Park)	- 여름철 지역 주민의 행사 장소 - 3128 3rd Ave, Whitehorse, YT
유콘 교통 박물관 (Yukon Transportation Museum)	- 유콘에서 사용하는 차량 및 건설 장비 - 30 Electra Crescent, Whitehorse, YT (비행장 입구 위치)
유콘 베리지아 센터 (Yukon Beringia Interpretive Centre)	- 베링 해협을 연결하는 사라진 대륙 조사 (비행장 입구 위치)
Yukon Arts Centre	- 유콘 칼리지의 아트 센터 - 300 College Dr, Whitehorse, YT
Copperbelt Railway & Mining Museum	- 다운타운 외각에 위치한 광산 박물관 - 91928 Alaska Highway, Whitehorse, YT
Takhini Hot Springs	- 다운타운 외각 10km 지점에 있는 온천

b. 마일스 캐논 협곡

원래 화이트홀스 지역의 강은 남쪽 태평양으로 흘러갔으나 지진으로 인해 산과 빙하가 이동하여 강 하류의 물길이 막히면서 역류하여 북쪽으로 우회하여 동쪽 베링 해협으로 빠지므로 전체 길이가 3,300 km나 된다.

강물의 방향이 바뀌면서 제법 큰 호수들이 여러 개 생기고 호수의 물이 빠져나가는 화이트홀스 주변은 강물이 거세지면서 마일스 캐논 (Miles Canyon) 협곡이 만들어졌다. 전혀 오염되지 않고 푸른색을 띠는 강물과 협곡이 어우러진 환상적인 풍경으로 화이트홀스를 여행한다면 반드시 거처야 하는 관광코스이다.

마일스 캐논 협곡은 다운타운에서 유콘 강을 따라 상류로 조금만 가면 나오며, "Mile Canyon Rd" 도로 끝에 있다. 협곡은 보트 또는 로버트 로 서스펜션 다리 (Robert Lowe Suspension Bridge)를 이용하여 관광할 수 있다. 단 1922년 건설된 서브펜션 다리는 노후화 되여 안전 문제 때문에 이용 못 할 수 도 있다.

유콘 강 주변에 농사가 가능한 약간의 땅 (12,400ha, 남한 농경지 면적의 0.7%)이 있다. 이중 23%는 농작물을 재배하고 40%는 목초지로 이용하고 있다.

화이트홀스의 오로라 (Aurora Borealis)는 노랑, 파랑, 보라, 빨강 등 무지개 색 대부분을 보여 주지만 여름철은 남쪽으로 내려가 볼 수 없고 늦은 여름부터 봄까지 가능하다.

2) 유콘 준주의 작은 타운

화이트홀스를 제외한 타운들은 천명 내외의 작은 규모이고, 광산 경기 상황에 따라 거주 인구가 급격히 변동 된다. 타운은 대부분 알라스카 하이웨이와 클론다이크 광산 지역으로 가는 고속도로를 따라 발달하였다.

<유콘 준주의 작은 타운>

구 분	타 운	2011년 인구 (명)	비 고
알라스카 하이웨이 (Hwy 1)	Watson Lake	802 (635 마일)	- BC주 경계 주변에 위치한 유콘 첫 번째 타운
	Teslin	122 (804 마일)	- 테슬린 호수 주변에 위치
	Haines Junction	593 (1,016마일)	- 미국의 하인즈와 앵커리지로 가는 교차로
클론다이크 고속도로 (Hwy 2)	Carmacks	503	- 고속도로 Hwy 4가 합류되는 지점
	Dawson	1,319	- 골드러시의 중심 타운
Hwy 11 주변	Mayo	226	- 북부 Hwy 2 주변 실버 트레일 첫 번째 타운
Hwy 4 주변	Faro	344	- Tintina Valley에 위치

a. 알라스카 하이웨이 주변 (Hwy 1)

알라스카 하이웨이의 유콘 구간은 약 900km, 약 12시간 이상이다. 고속도로를 따라 왓슨 레이크, 테슬린 (Teslin), 화이트홀스, 헤인즈 정션 등의 타운들이 발달하였다.

a) 왓슨 레이크

왓슨 레이크 (Watson Lake)는 알라스카 하이웨이를 이용하여 유콘으로 진입하는 경우 처음 만나는 작은 타운이다. 나무 기둥에 엄청난 양의 도로 표지판 및 자동차 번호판을 전시한 사인 포스트 (Sign Post Forest)와 노던 오로라 (Northern Lights or 'Aurora Borealis)에 관한 노던 라이트 스페이스 사이언스 센터 (Northern

Lights Space and Science Centre)가 있다.

b) 헤인즈 정션

헤인즈 정션 (Haines Junction)은 알라스카 하이웨이에서 태평양 연안의 헤인즈 (미) 항구로 가는 고속도로 Hwy 3가 분기되는 지점에 위치한 작은 타운이다. 헤인즈 정션에서 앵커리지까지 약 12시간 반 정도 소요되지만 고속도로 Hwy 3을 이용하면 헤인즈 (미) 항구로 3시간 반 정도 소요되어서, 헤인즈 정션은 지정학적으로 중요하다.

헤인즈 정션(캐)과 앵커리지(미) 사이는 캐나다에서 제일 높은 산인 마운트 로간 산을 비롯하여 양국에 수많은 험준한 산들로 많아서 알라스카 하이웨이는 북쪽으로 우회하기 때문에 많은 시간이 소요된다.

또한 헤인즈 정션은 아름답고 거대한 고봉들이 많은 클루아니 국립공원 (Kluane National Park)과 인접하고 있어서 산악인들이 많이 찾는 곳이다. 클루아니 국립공원은 면적이 22,013 km²으로 경기도 보다 2배나 넓어 등산은 특정한 일부 구간 만 골라서 하고 보통 Sifton Air에서 운영하는 경비행기를 이용한다.

b. 클론다이크 고속도로 주변 (Hwy 2)

옛날 골드러시가 한창일 때 태평양 연안 스캐그웨이 (Skagway, 미국)에서 금광으로 유명한 유콘 내륙의 클론다이크 (Klondike) 지역으로 가는 루트에 고속도로가 있다. (10시간, 710km)

a) 화이트 홀스와 태평양 연안 구간

화이트 홀스에서 태평양 바다까지 최단거리는 172km로 가까운 편이지만 산악구간이 있어서 약 3시간 소요된다. 캐나다 구간은 고속도로 Hwy 2이고 미국 알라스카 구간은 Hwy 98이다. 자동차 이외에 기차 (White Pass Train)로도 갈 수 있다.

231 2nd Ave, Skagway, AK (미국)

1109 Front St, Whitehorse, YT (캐나다)

태평양 연안 스캐그웨이(미)에서 높은 산 하나만 넘으면 유콘강을 이용하여 금광으로 유명한 도슨 시티가 있는 클론다이크 지역으로 갈 수 있다. 골드러시가 한창이던 1890년대 이 루트로 백만 명이 다녀갔다는 전설적인 이야기가 있다.

그 중 산악 구간인 칠쿠트 트레일 (Chilkoot Trail) 등산로는 골드러시 당시 수많은 사람들이 광산에 필요한 물건과 식량을 등짐으로 이동하였다. 오늘날 많은 등산객들이 찾아오는 등산로이며, 다이아 (Dyea, 미)에서 시작하여 베네트 호수 (Bennett, BC 주)까지 총 53km이고, 가장 높은 곳은 해발 939m이고, 중간에 4군데 휴게소가 있다.

베네트는 2016년 미국 공화당 대통령 후보 경선에서 많은 뉴스가 되었던 트럼프의 조부가 윤락 모텔을 운영 했던 지역이다.

b) 클론다이크 지역 광산타운

클론다이크 고속도로가 통과하는 루트에 칼맥스 (Carmacks)와 도슨 시티 (Dawson)가 있고, 다소 떨어진 곳에 매요 (Mayo), 패로 (Faro) 등의 광산 타운이 있다.

o 도슨 시티

유콘은 산이 많고 춥지만 1896년에 금광이 발견되면서 아주 조그만 도슨 시티에 인구가 2년 동안 4만 까지 늘어났었다. 그러나 골드러시 초기에 도착한 소수의 사람을 제외하고 나중에 도착한 엄청난 사람들까지 충족할 만큼 금은 충분하지 않았고 대부분 빈손으로 돌아가야 했다. 1900년대 초에 광산이 급격히 쇠퇴하고 도슨 시티는 천명 내·외로 인구가 줄어들어, 오늘날까지 (2011년 인구조사 1,319명) 큰 변화가 없다.

뎀스터 고속도로 (Hwy 5, Dempster, 734km, 15시간-페리시간 미포함)는 비록 비포장도로이지만 캐나다 도로 중에서 가장 북쪽으로 갈 수 있다. 이 고속도로는 도슨 시티 남쪽 40km 지점에서 시작하여 북극해로 흘러들어가는 맥킨지 강 하구에 위치한 맥킨지 델타 지역 (MacKenzie Delta)의 이누비크 (Inuvik) 타운까지 이어진다.

o 매요

매요는 인근 광산 (Elsa, Keno City)과 함께 은이 많이 생산되는 실버 트레일에 위치하며, 캐나다에서 가장 온도 차이가 가장 심한 곳으로 소개되고 있다. 이 타운의 최고 온도는 36.1°C (1969.06.14) 이였고. 최저 온도는 -62.2°C (1947.02.03) 이었으므로 무려 98.3°C의 온도 차이가 있다.

o 칼맥스

칼맥스는 고속도로 Hwy 4와 교차되는 지역에 위치한 광산 타운으로 석탄, 구리, 금 등의 광물 자원을 생산한다.

o 패로

패로는 칼맥스에서 고속도로 Hwy 4을 따라 남쪽으로 182km 떨어진 곳에 있는 세계 제일의 납-아연 광산 타운으로 인구가 많은 때는 2,000명 이상일 때도 있었다. 수백 명만 거주하는 매우 작은 타운이지만 9홀 골프장도 있다.

호수가 많은 노스웨스트 테리토리스

노스웨스트 테리토리스의 인구는 약 4만 2천 명이며 이중 약 1만 9천 정도가 주도인 옐로나이프 (Yellowknife)에 거주한다. 노스웨스트 테리토리스의 동서 중간에 온타리오 호수보다도 더 큰 호수들 (Great Bear Lake 및 Great Slave Lake)을 연결하며 북극해로 흐르는 거대한 맥킨지 강 (MacKenzie River)이 있다. 비교적 남쪽 지역에 위치한 그레이트 스레이브 호수 주변에 옐로나이프 도시가 발달하였다.

앨버타 주의 아타바스카 호수 (Lake Athabaska) 주변에 매장된 샌드 오일은 일반인에게 잘 알려져 있지만, 호수가 가장 많은 노스웨스트 테리토리스 (준)주의 엄청난 자원은 일반인에게 잘 알려지지 않았다. 아마도 미래에 고속도로 등 사회 간접자본이 많이 투자되어 자원 개발이 쉽다면 캐나다에서 가장 각광 받는 주가 될 수도 있다.

노스 테리토리스의 주 의회 (Legislative Assembly of The Northwest Territories)는 2015년 현재 소속 정당이 없는 19석으로 구성되어 있으며, 밥 맥레오드 (Bob McLeod)가 수상이며, 1897년 이후 13명의 수상이 있다.
4517 48th St, Yellowknife, NT (주 의회)

1) 환상적인 오로라의 도시 옐로나이프

금광 때문에 발전한 옐로나이프는 영어, 불어 이외에도 Dene Suline, Dogrib, South / North Slavey 등의 원주민 언어가 공식적으로 사용되는 아주 특별한 시티이다. 교통편은 2012년 완공된 맥킨지 강의 다리 덕분에 앨버타 주나 브리티시컬럼비아 주에서 고속도로 Hwy 3을 이용하여 자동차로 갈 수 있으며 (에드먼턴 북쪽 1,500km, 16시간), 연간 40만 명이나 이용하는 공항도 있다. 옐로나이프 시청은 주 의사당에서 걸어서 10분 정도면 도착할 수 있는 프레임 호수 (Frame Lake) 변에 있다.

4807 52nd St, Yellowknife, NT (옐로나이프 시청)

옐로나이프 시민들이 야외활동을 위해 많이 찾는 곳은 인그라함 트레일 (Ingraham Trail)로 작은 호수가 많은 강변으로 약 70km 구간이다. 또한 이 지역에 유명한 자이언트 광산 (Giant Mine) 등 금 광산들이 있다.

토론토나 밴쿠버 등 남쪽에 사는 많은 사람들이 관광으로 옐로나이프를 가는 경우 여름철 보다는 겨울철에 많이 간다. 겨울철은 날씨가 매우 춥지만 밤하늘의 환상적인 오로라, 축제 기간 볼 수 있는 하얀 눈과 투명한 얼음으로 만든 조각 및 성, 개썰매 등을 볼 수 있기 때문이다.

2) 북극해로 흐르는 거대한 맥킨지 강과 타운

옐로나이프에서 북극해로 빠지는 도로는 없고 화물선만 맥킨지 강을 따라 운행하며 16일 정도 소요된다. 화물선 운행구간은 그레이트 슬레이브 레이크 호수 (Great Slave Lake)를 중심으로 옐로나이프와 반대쪽 남쪽에 위치한 헤이 리버 (Hay River) 항구에서 시작하여 북극해 턱토약턱 (Tuktoyaktuk) 항구까지 이다. 헤이 리버는 앨버타 주의 에드먼턴에서 오는 화물열차가 마지막으로 정차하는 역이 있는 항구 타운이다. 그러나 맥킨지 강의 하구인 북극해가 여름철 10~12주 동안만 배가 다닐 수 있는 것이 가장 큰 단점이다.

노스웨스트 테리토리스의 주요 타운들은 대부분 옐로나이프가 위치한 슬레이브 호수 주변과 맥킨지 강을 따라 북극해까지 있다.

<노스웨스트 테리토리스의 작은 타운>

구 분	타 운	2011년 인구 (명)	비 고
슬레이브 호수남쪽	Hay River	3,606	철도 종착역이 있는 항구
	Fort Smith	2,093	앨버타 주 경계 Slave 강변
	Fort Liard	536	BC 주 경계 Liard 강변
슬레이브 호수북쪽	Behchoko	1,926	옐로나이프 서쪽 80km
	Fort Providence	734	옐로나이프 서쪽 315km
맥킨지 강 주변	Fort Simpson	1,238	옐로나이프 서쪽 630km
	Norman Wells	727	맥킨지 강의 중간 지점
	Fort Good Hope	515	Norman Wells의 서쪽
북극해 주변	Inuvik	3,463	유콘 고속도로의 마지막
	Tuktoyaktuk	854	북극해의 화물선 항구 타운
	Fort McPherson	792	유콘 고속도로의 주변
	Aklavik	633	북극해 하구에 위치

원주민 비율이 가장 높은 누나부트

누나부트는 이누이트 (Inuit) 원주민 언어로 "우리의 땅"이란 의미 이다. 누나부트는 원주민 비율도 캐나다 (준)주들 중에서 제일 높은 전체 인구의 86.3% 이다. 누나부트의 인구는 약 3만 2천 명이며 이중 약 7천 정도가 주도인 이콸루이트 (Iqaluit)에 거주한다. 원주민 언어인 이눅티투트 (Inuktitut)가 가장 우선이고 다음으로 영어, 불어를 공식 언어로 사용한다.

누나부트 주 의회 (Legislative Assembly of Nunavut)는 정당소속이 없는 22석으로 구성되고, 수상은 피터 텝튜나 (Peter Taptuna) 이다. 1999년 누나부트는 노스웨스트 테리토리스에서 분리하여 만든 준주로 현재까지 4명의 수상만 있었다.

926 Federal Rd, Iqaluit, NU (주 의회)

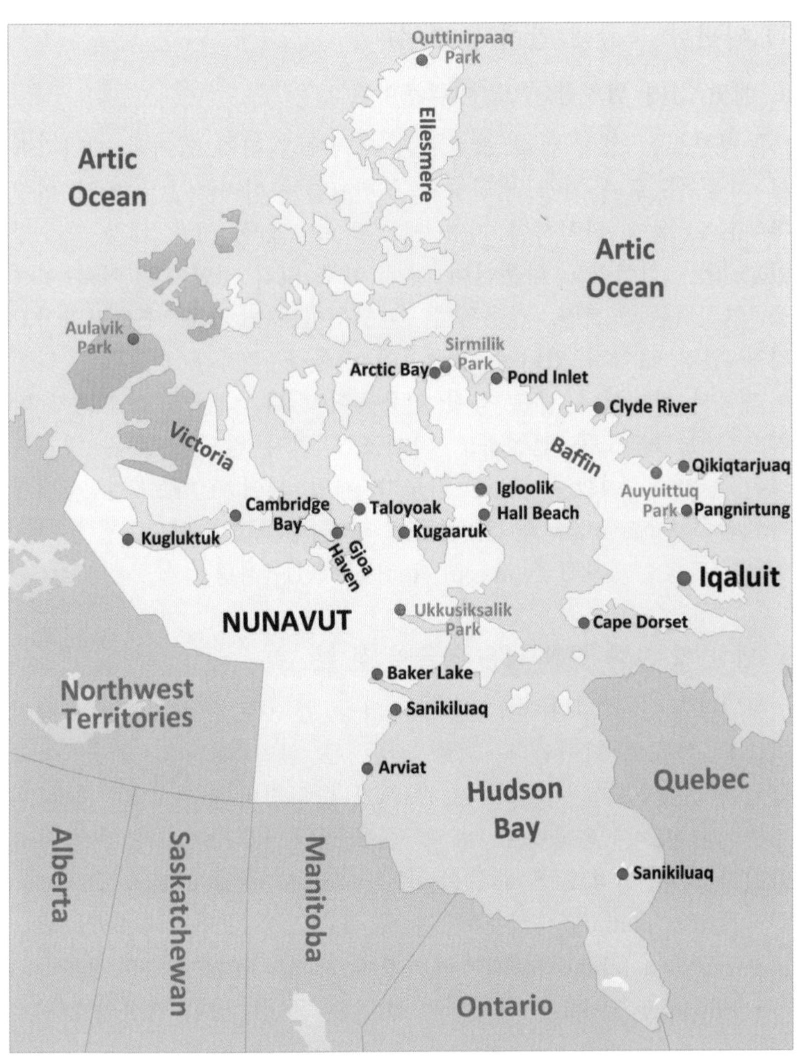

<누나부트 주요 원주민 타운과 주요 섬>

1) 완전한 북극해 안에 있는 섬

a. 배핀 섬에 위치한 주도 이콸루이트

누나부트는 섬이 많고 광범위한 지역에 흩어져 있어서 캐나다에서 자동차도로가 가장 발달하지 못한 (준)주이며, (준)주도인 이콸루이트도 섬에 위치하여 자동차로 갈 수 없다. 타운 내부 도로만 있고 같은 섬이라도 타운들이 서로 너무 멀리 떨어져 있어서 이들을 연결하는 도로도 전무하다. 이콸루이트는 매우 추운지역이고 너무 멀리 떨어져 있어서 영구적인 건물을 장기간 건설하는 것이 어려워서 컨테이너 같은 임시 건물들이 많다. 더구나 상수관이 땅밖으로 노출되도록 건설하고 파이프가 얼지 않도록 보온 덮개를 씌워 놓았다. 이콸루이트는 인구가 제법 되어 월마트 같은 대형 마트인 "North Mart"와 팀 홀튼스 커피 전문점도 있다.

901 Nunavut, Iqaluit, NU (시청)

b. 남한 땅 보다 훨씬 넓은 북극의 섬

누나부트는 캐나다에서 면적이 가장 큰 (준)주이며 절반이상이 거대한 섬들로 되어있다. 그중 제일 큰 섬인 배핀 (Baffin) 섬의 남쪽에 (준)주도인 이콸루이트 도시가 형성되어 있다. 또한 누나부트는 매니토바, 온타리오, 퀘벡 주의 북쪽 바다를 모두 포함하고 있어서 바다 면적도 캐나다 (준)주들 중에서 제일 넓다.

- Baffin Island (세계에서 5번째 큰 섬, 남한 면적의 5배)
- Victoria Island (세계에서 8번째 큰 섬, 남한 면적의 2배)
- Ellesmere Island (세계에서 10번째 큰 섬, 남한 면적의 2배)

누나부트의 대부분이 극지 서클 (Artic Circle, 66°33′46.0″) 안에 위치하여 피오르드 (Fjord) 지형이 캐나다에서 가장 잘 발달하여 경치가 매우 아름답다. 종종 배핀 아일랜드를 다녀 온 사람들이 피오르드 협곡의 절경 사진을 공개하기도 한다.

2) 누나부트의 작은 원주민 타운

주도를 제외한 누나부트의 나머지 타운들은 배핀 섬, 북미 대륙의 북쪽 해안, 허드슨 만 해안 지역에 대부분이 위치하고 있다. 캐나다 극지연구 기지 (Canadian High Arctic Research Station)가 빅토리아 아일랜드 남단의 캠브리지 만에 있는 것을 제외하고 대부분 원주민 타운이다.

16 Omingmak St, Cambridge Bay, NU (극지연구소)

<누나부트의 작은 원주민 타운>

구 분	타 운	2011년 인구 (명)	비 고
최북단 대륙 인접 섬	Cambridge Bay	1,608	대륙 인접 빅토리아 섬
	Igloolik	1,454	배핀 섬 인접 작은 섬
	Kugluktuk	1,450	빅토리아 섬 인접 대륙 해안
	Gjoa Haven	1,279	대륙인접 킹 윌리엄 섬
	Taloyoak	899	대륙 최북단 반도
	Kugaaruk	771	대륙 최북단 만
	Hall Beach	546	배핀 섬 인접 대륙 해안
배핀 아일랜드	Pond Inlet	1,549	배핀 섬 북해안
	Arctic Bay	823	배핀 섬 북해안
	Pangnirtung	1,425	배핀 섬 남해안
	Cape Dorset	1,363	배핀 섬 남해안 근접 작은 섬
	Clyde River	934	배핀 섬 동해안 중간
	Qikiqtarjuaq	520	배핀 섬 동해안 인접 작은 섬
허드슨 만	Arviat	2,318	처칠 북쪽 허드슨 만 해안
	Rankin Inlet	2,266	북부 허드슨 만 해안
	Baker Lake	1,872	허드슨 만에서 내륙 320km
	Sanikiluaq	812	허드슨 만 안의 섬

부 록

국경 넘어 자동차로 가는 미국

캐나다인 들은 종종 자동차로 미국 여행

미국 여행 일반 정보

캐나다에서 가까운 미국의 도시들은 이웃하는 캐나다의 다른 주보다 더 가까운 경우가 많아 캐나다인들은 주말이면 1박 2일 또는 2박 3일 정도로 미국 여행을 많이 다녀온다. 연휴가 되면 국경 검문소에 차량들이 길게 늘어서서 평소 30분이면 통과하는 곳이 심한 경우 2시간 이상 걸리기도 한다.

몬트리올에서 가까운 버몬트 (Vermont) 주 및 뉴햄프셔 주, 토론토에서 가까운 뉴저지 및 펜실베이니아 주, 위니펙에서 가까운 미네소타 주, 캘거리에서 가까운 몬태나 주, 밴쿠버에서 먼 남쪽의 오리건 주들은 옷에 대한 세금이 없다.

미국 여행을 하고 24 시간 이내에 캐나다다로 돌아오면 구입한 물품이 아주 작은 금액이라도 관세 대상이어서 세금이 부과될 수 있다.

<캐나다에서 자동차로 당일 갈 수 있는 미국의 대도시>

캐나다 도시	미국 도시	소요시간	비고
토론토	워싱턴 뉴욕 피츠버그 시카고 디트로이트 클리블랜드	10시간 9시간 6시간 9시간 5시간 5시간 반	
몬트리올	뉴욕 보스턴	6시간 반 5시간 반	
밴쿠버	시애틀 포틀랜드	3시간 반 6시간	
캘거리	글레이셔 옐로스톤	3시간 반 9시간	몬태나 주 와이오밍 주
리자이나	큰 바위 얼굴 (러시모어)	9시간 반	사우스다코타 주의 레피드 시티 근교
뉴브런즈윅	보스턴	7시간	Fredericton 또는 Saint John에서 출발할 경우

미국 여행 중 갑자기 아파서 병원을 이용하면 의료비가 엄청 비싸서 가끔씩 애를 먹는 것을 뉴스로 듣곤 한다. 따라서 문제가 될 것 같으면 여행을 자제하거나 불가피하게 가야하는 경우는 여행자 보험 구입을 고려해야 한다.
2014년 임산부가 미국 여행 중에 출산 예정일보다 2주 전에 양수가 터져서 병원에서 6주 동안 신세를 졌는데 비용이 무려 95만 달러가 청구되어 전국적인 뉴스가 되었다.

대도시가 많은 동부 해안 지역

1) 세계의 중심에 있는 뉴욕

뉴욕은 세계 모든 지역으로 항공 노선이 연결되고 돈, 사람, 문화가 유입되는 세계의 중심 도시이다. 뉴욕 광역권은 뉴욕, 뉴저지 (New Jersey), 코네티컷 (Connecticut) 등 3개 주에 걸쳐 형성되어 있으며, 2012년 광역권 인구가 2,300만 이상으로 미국에서 가장 큰 대도시이다.

a. 자유의 여신상이 있는 리버티 아일랜드

자유의 여신상 (The Statue of Liberty)은 높이가 46m 이지만 받침대 및 건물까지 포함하면 높이가 93m 이다. 1884년 프랑스가 제작하여 미국에 준 선물로 1886년 뉴욕 항구 입구에 있는 리버티 (Liberty) 섬에 위치하고 있다.

리버티 섬으로 가는 페리는 맨해튼 (Manhattan)의 제일 남쪽에 있는 조그만 배터리 공원 (Battery Park)과 뉴저지의 리버티 주립 공원 (Liberty State Park)에서 각각 출발하며 자유의 여신상이 있는 섬까지 약 20분 정도 소요 된다.

17 Battery Pl, New York City, NY (Battery Park)

200 Morris Pesin Dr, Jersey City, NJ (Liberty State Park)

자유의 여신상 내부는 나선형 계단이 있어서 꼭대기 까지 올라갈 수 있으나, 맨 꼭대기 전망대의 공간이 너무 좁아서 앞 사람 관람이 끝난 후 다음 사람이 차례로 올라가 볼 수 있으므로 약 3시간 정도 소요된다. 따라서 관광객들은 주로 동상 아래의 건물까지만 올라가고 여신상을 한 바퀴 돌면서 섬 주변을 관광한다.

시간이 허락한다면 자유의 여신상 옆 섬에 있는 엘리스 아일랜드 이민국 박물관 (Ellis Island Immigration Museum)을 방문하는 것도 권하고 싶다. 이 섬은 과거 자유를 찾아 또는 아메리칸 드림을 꿈꾸며 오는 이민자들을 강제 수용하였던 곳으로 악명이 높다. 오늘날 이민국은 폐쇄하고 대신 박물관으로 운영하고 있다.

b. 거대한 빌딩 숲 맨해튼 도심

페리 선착장이 있는 배터리 공원에서 조금만 걸으면 가끔 TV나 영화에 등장하는 맨해튼의 상징물인 황소 동상이 있다. 또한 2001년 9.11로 인해 무너진 세계무역센터 자리에 새로운 1WTC (1 World Trade Center, 104층, 541m) 건물과 월 스트리트 (Wall St.)의 증권거래소를 중심으로 세계 각국의 금융기관이 몰려 있다.

26 Broadway, New York, NY (황소 동상)

11 Wall St, New York, NY (뉴욕 증권거래소)

260 Broadway, New York, NY (뉴욕 시청)

1 World Trade Center, New York, NY (1WTC)

맨해튼 다운타운은 남쪽 카날 스트리트 (Canal St)에서 북쪽 E 14th Ave. 사이에 형성되어 있으며, 이곳에 예술가들의 활동 무대인 소호 (Canal St. 주변), 그리니치빌리지 (Greenwich Village)가 있고 뉴욕대학, 이태리 타운 (Canal St. 북쪽), 차이나타운 (Canal St. 주변) 등도 있다.

20 Greene St, SoHo, New York, NY (Cast-Iron Architecture)

657 Broadway, New York, NY (Broadway 건축물)
70 Washington Square S, New York, NY (뉴욕 대학, 워싱턴 광장)
425 Ave. of the Americas, New York, NY (제퍼슨 마켓도서관)

타임스퀘어 (Time Square)는 수십 개의 뮤지컬 공연 극장이 있는 곳으로 영화나 드라마에 등장하는 뉴욕 맨해튼의 명소 중에 하나이다. 광장 주변 건물들은 화려한 네온사인 간판들로 꽉 차 있다.

1560 Broadway, New York, NY (Time Square)

맨해튼을 대표하는 것은 아마도 높은 고층 건물 숲이 아닐까 생각 된다. 그 중에서도 엠파이어 빌딩 (Empire State Building, 102층 443m)과 록펠러 센터 (Rockefeller Center, 70층, 266m)로 전망대에 올라가면 맨해튼 전경을 볼 수 있는 곳이다.

350 5th Ave, New York, NY (엠파이어 빌딩)
45 Rockefeller Plaza, New York, NY (록펠러 센터)

c. 센트럴 파크 공원

센트럴 파크 (Central Park) 공원은 맨해튼 중심에 위치한 여의도 보다 넓은 843에이커의 땅에 1856년 도시공원으로 조성한 곳으로 세계 최대 규모이다. 볼만한 곳은 공원 중간에 있는 더 레이크 (The Lake) 호수를 중심으로 한 바퀴 돌면 가장 짧은 시간에 중요한 곳을 볼 수 있다.

스트로베리 필즈 (Strawberry Fields)는 존 레논 가수를 기념하는 곳으로 산책로 바닥에 비틀즈 음반 조형물 (Imagine)을 설치하여 놓았다. 이 조형물 근처에 존 레논의 아파트인 더 다코타 (The Dakota)가 있다.

Terrace Dr, New York, NY (Strawberry Fields)
1 West 72nd St, New York, NY (The Dakota)

베데스다 분수대 (Bethesda Fountain Terrace)는 커다란 분수대와 유럽풍의 고급스러운 테라스가 자리 잡고 있는 공원의 중앙으로 관광객을 위한 공연장이 있다.

Terrace Dr, New York, NY (Bethesda Fountain Terrace)

벨비디어 캐슬 (Belvedere Castle) 성은 센트럴파크에서 가장 높은 곳으로 넓은 풍경을 볼 수 있는 전망대와 같은 곳이다. 성에서 내려다보면 호수와 일광욕 장소로 유명한 넓은 잔디 (The Great Lawn) 밭이 도시와 어우러진 모습을 볼 수 있다.

79th St, New York, NY (Belvedere Castle)

d. 세계 최대 규모의 박물관

세계 최대 규모의 박물관들이 대부분 센트럴 파크 주변에 있으므로 공원을 방문할 때 함께 둘러볼 수 있다.

미국 자연사 박물관 (American Museum of Natural History)은 세계 최대 규모의 과학박물관으로 영화 '박물관은 살아있다'의 촬영장소 이다. 지리학, 인류학, 동물학, 생물학, 자연 과학의 모든 분야에서 3,500만점 이상을 전시하고 있으며, 가장 인기 있는 곳은 공룡에 관하여 전시하는 4층 이다.

Central Park W, New York, NY (자연사 박물관)

메트로폴리탄 미술관 (Metropolitan Museum of Art)은 330만점 이상의 예술품을 소장하고 있는 세계적인 미술관으로, 유럽 뿐만 아니라 이집트, 아시아 등의 여러 지역의 예술품을 전시하고 있다. 특히 고려와 조선 시대의 예술품도 전시하고 있다.

1000 5th Ave, New York, NY (메트로폴리탄 미술관)

솔로몬 구겐하임 미술관 (Solomon R. Guggenheim Museum)은 건물 외관을 예술품 같이 독특하게 디자인 하였으며, 피카소의 초기 작품, 클레, 샤갈 그리고 현대 작가들의 작품을 소장하고 있다. 내부는 나선형의 구조로 동선을 따라 작품을 감상하면 자연스럽게 전체적으로 돌아 볼 수 있다.

1071 5th Ave, Manhattan, New York City, NY (솔로몬 미술관)

e. 거대한 규모의 쇼핑시설과 유명 브랜드 백화점

세계 최대 규모를 자랑하는 우드버리 (Woodbury) 아울렛은 뉴욕에서 북쪽으로 1시간 정도 떨어진 산악지대에 있어서 스키, 골프 등 야외 활동과 쇼핑을 함께 할 수 있다.

우드버리 아울렛에서 그리 멀지 않은 곳에 동굴이 있는 경치 좋은 모혼크 레이크 (Mohonk Lake) 호수가 있다.

1000 Mountain Rest Rd, New Paltz, NY (모혼크 레이크 주차장)

뉴욕 광역권의 쇼핑몰은 세계 제일의 도시답게 여러 곳에 유명한 아울렛 매장들이 있다.

- Woodbury Common Premium Outlet (세계 제일, 뉴욕 북쪽 1시간)
  495 Red Apple Court, Central Valley, NY (Hwy 87 Exit 16)
- The Outlet Collection / Jersey gardens (뉴저지 공항 근처)
  651 kapkowski Rd, Elizabeth, NJ (Hwy 95 Turnpike Exit 13A)
- Tanger Factory Outlet Center (롱아일랜드 고속도로 끝)
  1770 West Main St, Riverhead, NY (I-495 Exit 73)
- Jersey Shore Premium Outlets (뉴욕 남쪽 1 시간)
  1 Premium Outlets Blvd, Tinton Falls, NJ
  (Garden State Pkwy Exit 100A)
- The Crossing Premium Outlets (뉴욕 서쪽 1시간, 주변 경관 우수)
  1000 Premium Outlets Dr, Tannersville, PA (Hwy 80 Exit 299)

뉴욕 광역권에서 아울렛 이외의 유명한 쇼핑몰은 다음과 같다.

- WestField Garden State Plaza (한인 많이 이용)
  1 Garden State Plaza, Paramus, NJ
  (뉴욕 서쪽 30분, Garden State Pkwy Exit 161)
- American Dream Meadowlands Mall (세계 최대 쇼핑몰)
  50 NJ-120, East Rutherford, NJ (스포츠 센터 건물 주소)
  (Hwy 95 Exit 17 & Hwy 3)
- Riverside Square (주로 명품 취급, 뉴욕 서쪽 30분)
  70 Riverside Square Mall, Hackensack, NJ (Hwy 4 & Hackensack)

뉴욕에서 동쪽 해안을 따라 예일 대학 (Yale University, 1시간 40분), 아쿠아리움 (2시간 20분), 로드아일랜드 (Rhode Island, 3시간 반) 해안의 저택들을 (The Breakers, Marble House, The Elms) 관광 할 수 있다.

149 Elm Street New Haven, CT (예일 대학)
55 Coogan Blvd, Mystic, CT (아쿠아리움)
117 Memorial Blvd, Newport RI (로드아일랜드 해안 산책로)
44 Ochre Point Ave, Newport, RI (The Breakers)
596 Bellevue Ave, Newport, RI (Marble House)
367 Bellevue Ave, Newport, RI (The Elms)

2) 세계의 박물관이 모여 있는 워싱턴 DC

a. 국회 의사당 앞 길게 뻗은 워싱턴 광장

워싱턴 DC의 관광명소는 국회의사당과 링컨 기념관 (백악관 근처) 사이에 집중적으로 모여 있다. 그러나 너무 넓은 면적에 박물관들이 있어서 걸어서 관람하기 어렵고 자동차로 이동해야 하는 것이 가장 불편한 점이다.

국회 의사당 건물은 세계 최강 미국을 대표하는 건물답게 대단히 크게 (높이 94m, 길이 250m) 건축하여 상원과 하원이 함께 사용한다. 오전 8시부터 입장권을 배포하여 내부를 관람할 수 있다. 별도의 건물인 국회 도서관에서 무료 음악회도 개최 한다.

100 Maryland Ave. SW, Washington, DC (의사당 앞)
101 Independence Ave. SE, Washington, DC (의사당 뒤 도서관)

의사당 앞에 길게 뻗은 워싱턴 광장 양쪽으로 있는 더 내셔널 몰 (The National Mall)은 세계 최대 규모의 스미스소니언 박물관 및 연구소 (Smithsonian Institution) 이다. 1836년 영국인 제임스 스미트슨 (James Smithson)의 유언에 따라 기부 설립된 스미스소니언 재단에 의해 이 모든 것이 건축 되었다. 오늘날 이 재단은 미국 정부 소속으로 되어 있어서 공무원들이 박물관을 운영하고 입장료가 없는 것이 특징이다. 박물관 들이 너무 많아 모두 돌아보는데 시간도 많이 걸리고 다리도 엄청 아파서 몇 곳을 선정해서 관람해야 한다. 대표적으로 많이 가는 곳은 본부 건물, 미술관, 항공 우주 박물관, 자연사 박물관, 동물원 등이다.

국회 의사당에서 박물관이 있는 긴 워싱턴 광장을 지나 정 반대편에 링컨 기념관 (Lincoln Memorial)이 있다. 기념관 앞에 워싱턴 기념비와 한국전쟁기념비 (Korean War Veterans Memorial)가 있다. 워싱턴 기념비 (Washington Monument)에서 엘리베이터를 타고 올라가 워싱턴 시내를 조망할 수 있다.

West Potomac Park at 23rd St. NW (링컨 기념관)
15th St. NW and Constitution Ave. NW (워싱턴 기념비)

백악관은 (White House)은 링컨 기념관에서 걸어 갈 정도의 거리에 떨어져 있으며, 미국을 상징하는 건물로 관광객이 많이 온다.

1600 Pennsylvania Ave. NW (백악관)

<워싱턴 광장 주변 스미스소니언 박물관>

구분	특징 및 위치
Smithsonian Information Center (본부 건물, The Castle)	- 재단 소속 여러 박물관을 안내하는 곳 1000 Jefferson Dr. SW
Air and Space Museum	- 항공 및 우주 박물관으로 세계 최대 규모 7th & 600 Independence Ave. SW
Natural History Museum	- 세계 최대 규모의 자연사 박물관 (45.5 캐럿의 다이아몬드) 10th St. and Constitution Ave. NW
National Gallery of Art	- 국립 미술관으로 예술 작품 전시와 함께 무료음악회도 개최 4th & Constitution Ave. NW
Hirshhorn Museum and Sculpture Garden	- 사업가 허시혼이 기증한 1만점 이상의 현대 미술작품 Independence Ave. and 7th St. SW
American Indian Museum	- 미국 원주민 박물관 4th St. & Jefferson Dr. SW
Ripley Center International Gallery	- 아주 작은 귀여운 갤러리 1100 Jefferson Dr. SW
African Art Museum	- 아프리카 전통 예술 및 현대 미술 작품 전시 박물관 950 Independence Ave. SW
Sackler Gallery & Freer Gallery	- 동양 예술 작품 전시 (중동 포함) 갤러리 1050 Independence Ave. SW

워싱턴 광장에서 다소 떨어진 곳에 위치한 박물관 및 갤러리	
Postal Museum	- 우표 및 우편 서비스 관련 박물관 2 Massachusetts Ave. NE (유니언 역)
American Art Museum Portrait Gallery	- 미국 예술 박물관 및 유명한 미국인 초상화 전시 (대규모 시설) 8th and F Sts, NW (광장 약간 떨어짐)
Renwick Gallery	- 상설전시장으로 주기적으로 전시 작품 변경 1661 Pennsylvania Ave. NW (백악관 근처)

b. DC 시내 관광명소

조지타운 (George Town)은 백악관에서 조지타운 대학과 조지 워싱턴 대학 주변까지 형성된 타운이다. 워싱턴 광장에서 순환 시티 투어 버스를 이용하여 조지타운의 중요한 여러 곳을 편리하게 관광할 수 있다.

<워싱턴 DC 시내의 조지타운 명소>

구분	특징 및 위치
Washington National Cathedral	- 100년 동안 엄청난 예술 작품으로 건축된 성당 3101 Wisconsin Ave. NW
Basilica of the National Shrine of the Immaculate Conception	- 미국 가톨릭의 본부 건물 400 Michigan Ave. NE
International Spy Museum	- 스파이 첩보 장치 관련 유료 박물관 800 F St. NW
The John F. Kenney Center	- 무료 음악회 2700 F St. NW
National Zoological Park	- 무료 입장 동물원 3001 Connecticut Ave. NW
C & O Canal	- 조지타운을 지나는 운하와 산책로 1057 Thomas Jefferson St. NW
Georgetown University	- 고풍스러운 교정, 클린턴의 모교 3700 O St. NW (운하 옆에 위치)
George Washington University	- 캠퍼스가 따로 없음 2121 I St. NW
The Watergate Hotel	- 닉슨 대통령 낙마 사건으로 유명한 호텔 700 New Hampshire Ave. NW (강변)

워싱턴 시내는 아니지만 비교적 근거리의 강 건너 편에 있는 펜타곤 국방성 (The Pentagon)과 알링톤 국립묘지 공원 (Arlington National Cemetery)도 많이 찾아가는 곳 중에 하나이다.

1 Memorial Dr, Arlington, VA (거대한 국립묘지)

1400 Pentagon Pedestrian Tunnel, Washington, DC (펜타곤)

c. 워싱턴 광역권 관광 명소

루레이 동굴 (Luray Cavern)은 버지니아 주에 위치한 종유석 오르간 동굴로 관람하는데 약 1시간이 소요되며 유료이다.

101 Cave Hill Rd, Luray, VA (루레이 동굴)
(DC 서쪽 2시간 45분, Hwy 81 Exit 264 E)

체사피크 베이 다리 (Chesapeake Bay Bridge)는 총 길이가 38km로 세계에서 제일 긴 다리이며 일부 구간은 터널로 되어 있다. 32386 Charles M Lankford Jr Memorial Hwy. Cape Charles, VA (다리 입구, DC 동남쪽 3시간)

워싱턴 DC는 2012년 6백만 인구의 7대 도시로 쇼핑몰이 발달하였다.

- Potomac Mills Mall (매장 220개 이상, 아웃렛 몰, High End 상품)
  2700 Potomac Mills Cir, Woodbridge, VA (DC 남서쪽 48분)
- Leesburg Corner Premium Outlets (매장 120개 이상)
  241 Fort Evans Rd. NE, Leesburg, VA (DC 북서쪽 46분)
- Arundell Mills Mall (매장 200개 이상, 아웃렛 몰)
  7000 Arundel Mills Circle, Hanover, MD (DC 북동쪽 1시간 Baltimore)
- Tanger Outlets National Harbor (2013년 Open)
  137 National Plaza, National Harbor, MD (DC 동남쪽 20분, Hwy 495 2B)
- Tysons Corner Center (워싱턴 DC에서 제일 큰 쇼핑몰)
  1961 Chain Bridge Rd, Tysons Corner, VA (DC 서쪽 30분)
- Westfield Montgomery (순환 고속도로 주변에 위치)
  7101 Democracy Blvd, Bethesda, MD (DC 북서쪽 30분, Rockville)

3) 제조업으로 번성한 필라델피아와 볼티모어

필라델피아 (Philadelphia)와 볼티모어 (Baltimore)는 대서양에서 바다 같이 잔잔한 강을 따라 깊숙이 들어온 곳에 발달한 산업도시였다. 그러나 오늘날은 제조업이 쇠퇴하고 금융, 관광, 서비스 산업을 바꿔면서 도심은 빈민가로 변해버린 도시이다. 워싱턴 DC와 뉴욕시가 너무 유명하여 캐나다인들이 많이 방문하지는 않지만 시청 주변 다운타운은 관광으로 방문해 볼 만하다.

a. 독립전쟁과 남북전쟁을 주도한 필라델피아

개척시대 영국인 윌리엄 펜 (William Penn)이 종교적 탄압을 받던 잉글랜드 및 웨일스 출신 퀘이커 (Quaker) 교도들을 인솔하여 이주 정착한 것이 필라델피아 (Philadelphia)의 시작이다.

> 퀘이커 종교는 교회, 성직자, 제도 보다는 하나님을 두려워하고 하나님을 직접 체험하는 신앙을 중요하게 여긴다. 보통 때는 일반인과 같이 사회생활을 정상적으로 하고 정기적으로 매주 함께 모여 체험하고 간증한다.

필라델피아가 미국 역사에서 중요한 도시였던 관계로 자유의 종 (Liberty Bell) 등 유적이 많이 남아 있다. 다운타운에서 관광할 만한 곳은 시청 앞에서 항구까지 가는 거리 그리고 시청에서 필라델피아 미술관 (Philadelphia Museum of Art) 까지 가는 벤저민 프랭클린 도로 (Benjamin Franklin Pkwy) 주변에 대부분 있고, 시청 주변은 가장 번화한 거리이다.

1401 John F Kennedy Blvd, Philadelphia, PA (시청)
1 N Independence Mall W, Philadelphia, PA (Visitor Center)
6th St & Market St, Philadelphia, PA (자유의 종)
2600 Benjamin Franklin Pkwy, Philadelphia, PA (미술관)

필라델피아 다운타운 관광할 만 한 곳

1. 인디펜던스 광장과 홀 (Independence Hall, 독립선언문 채택)
   520 Chestnut St, Philadelphia, PA
2. Walnut Street Theatre (미국에서 가장 오래된 극장)
   825 Walnut St, Philadelphia, PA
3. Betsy Ross House (최초 성조기 제작)
   239 Arch St, Philadelphia, PA
4. Independence Seaport Museum (Penn's Landing, 항구)
   211 South Christopher Columbus Boulevard, Philadelphia, PA
5. National Constitution Center (헌법 제정)
   525 Arch St, Philadelphia, PA
6. Chinatown
   N 7th St & Arch St에서 컨벤션센터까지 형성
7. 컨벤션센터 (Pennsylvania Convention Center)
   1101 Arch St, Philadelphia, PA
8. Reading Terminal Market (재래시장)
   51 N 12th St, Philadelphia, PA
9. City Hall (9층 높이 건물)
10. Rittenhouse Square (광장)
11. Reading Terminal Market (재래시장, 시장음식)
    51 N 12th St, Philadelphia, PA
12. Academy of Music (2,509석 공연장)
    240 S Broad St, Philadelphia, PA
13. Cathedral Basilica of Saints Peter & Paul (성당)
    1723 Race St, Philadelphia, PA
14. 프랭클린 과학관 (The Franklin Institute)
    222 N 20th St, Philadelphia, PA
15. 로댕 박물관 (Rodin Museum)
    2151 Benjamin Franklin Pkwy, Philadelphia, PA
16. Philadelphia Museum of Art (미술관, 로키 영화 촬영)

다운타운 남쪽 경계인 South St에 타일, 빈병 등의 재활용품으로 14년 동안 꾸며 놓은 매직 정원 (Philadelphia's Magic Gardens)과 약 800석 규모의 리빙아트 공연장 (Theatre of The Living Arts)이 있다.

1020 South St, Philadelphia, PA (매직 가든)
334 South St, Philadelphia, PA (리빙아트 공연장)

b. 이너하버의 항구도시 볼티모어

다운타운 중심에 위치한 시청을 중심으로 앞쪽은 관광으로 유명한 이너하버 (Inner Harbor) 항구가 있다. 이너하버 항구에는 메릴랜드과학관 (Maryland Science Center), 27층 오각형 건물인 월드 트레이드 센터 전망대 (World Trade Center Institute), 1779년 건조된 미국 최초 군함 등 역사적인 군함들이 정박해 있는 볼티모어 해양박물관 (Baltimore Maritime Museum), 바다 속에 꾸민 국립수족관 (National Aquarium), 등이 있다.

100 Holliday St, Baltimore, MD (시청)
601 Light St, Baltimore, MD (메릴랜드 과학관)
27, 401 E Pratt St, Baltimore, MD (전망대)
301 E Pratt St, Baltimore, MD (해양박물관)
501 East Pratt St, Baltimore, MD (국립수족관)

이너하버 서남쪽 입구 쪽에 위치한 페더럴 힐 파크 (Federal Hill Park)는 고지대로 다운타운을 전체적으로 조망할 수 있는 공원이다.
300 Warren Ave, Baltimore, MD (페더럴 힐 파크)

더 갤러리 (The Gallery) 쇼핑몰이 이너하버 항구와 시청 사이에 있다.
200 E Pratt St, Baltimore, MD (더 갤러리 쇼핑몰)

시청에서 서쪽으로 약간 떨어진 곳에 렉싱턴 마켓 (Lexington Market), 시인 애드가 알렌포우 박물관 (Edgar Allan Poe House and Museum), 볼티모어 & 오하이오 철도박물관 (B & O Railroad Museum), 전설적 야구선수 베이브 루스 박물관 (Babe Ruth Birthplace and Museum) 등도 있다. 그러나 주변은 마약을 많이 하고 여전히 안전하지 않은 것으로 알려지고 있다.

400 W Lexington St, Baltimore, MD (렉싱턴 마켓)
203 N Amity St, Baltimore, MD (애드가 알렌포우 박물관)
901 W Pratt St, Baltimore, MD (철도 박물관)
216 Emory St, Baltimore, MD (베이브 룻, 박물관)

남쪽으로 좀 떨어진 반도 끝에 위치한 별모양의 포트 맥헨리

(Fort McHenry) 요새는 1812년 발발한 영국과 전쟁 중 25시간 포격을 맞고도 다음날 멀쩡하게 펄럭이는 성조기를 보고 미국 애국가를 작사한 것으로 유명하다.

2400 E Fort Ave, Baltimore, MD (포트 맥헨리)

이너하버 항구 동쪽은 리틀 이태리 (Little Italy)로 불리며 식당들이 많은 지역이다.

볼티모어 시청에서 북쪽으로 올라가며 여러 대학이 산재해 있으며, 그 중 존 홉킨스 대학 (Johns Hopkins University)에는 미국 최고의 의대가 있다. 존 홉킨스 대학 캠퍼스에 예술작품 약 9만 점을 보유하고 있는 볼티모어 미술관 (Baltimore Museum of Art)이 있다.

10 Art Museum Dr, Baltimore, MD (볼티모어 미술관)

c. 먼 외각 지역 가볼만한 곳

a) 해리스버그

해리스버그 (Harrisburg)는 펜실베이니아 주의 주도이며, 필라델피아, 볼티모어를 연결하면 거의 정삼각형이 되는 지점에 위치하고 있다. 해리스버그에 세계적인 초콜릿 회사인 허쉬스 본사가 위치하고 있으며, 잘 가꾸어 놓은 정원과 놀이공원인 허쉬스 초콜렛 월드 (Hersey's Chocolate World)가 있다.

251 Park Blvd, Hershey, PA (허쉬스 초콜렛 월드)

필라델피아 주에는 종교적인 이유로 문명을 멀리하는 아미시 (Amish) 들이 많이 거주하고 있으며, 미국의 청학동 마을로 알려진 아미시 빌리지 (The Amish Village)가 해리스버그 동쪽 30분 거리의 랭카스터 (Lancaster) 지역에 있다.

199 Hartman Bridge Rd, Ronks, PA (아미시 빌리지)

b) 트랜턴

트랜턴 (Trenton)은 필라델피아 동쪽 광역권에 위치하며, 워싱턴 DC에서 뉴욕을 갈 때 옆으로 스쳐 지나가는 도시이다. 사람들의 민망한 모습을 조각으로 표현한 것을 모아 놓은 훌륭한 공원이 있다. (Grounds For Sculpture)

80 Sculptors Way, Hamilton Township, NJ (조각공원)

외각에 아인스타인이 강의를 했던 대학으로 알려진 아이비리그 명문 프린스턴 대학교 (Princeton University)이 있다. 112 Mercer St, Princeton, NJ (프린스턴 대학 아인스타인 하우스)

뉴욕 광역권 및 필라델피아 광역권에서 최고의 놀이동산 (Six Flags Great Adventure)이 Trenton에서 서쪽 30분 거리에 위치하고 있다. 1 Six Flags Blvd, Jackson, NJ (Hwy 195 Exit 16)

4) 미국 독립의 역사적인 도시 보스턴

a. 하버드 대학과 MIT 공대

보스턴 관광의 필수 코스는 세계 최고의 명문 하버드 (Harvard) 대학이다. 대학 설립자인 하버드 동상의 발을 만지면 자손이 이 대학에 입학 한다는 전설이 있어서 동상의 발은 항상 매끈하다. 건물들이 주로 붉은 색 계통의 벽돌로 건축된 것이 특징이다.

45 Quincy St. Cambridge, MA (하버드 대학)

MIT (Massachusetts Institute of Technology) 공대는 공대라서 그런지 건물은 그다지 예술적이지 못 하고 별로 볼 것이 없다. 그러나 유명한 대학이라서 언제 가더라도 관광객을 만날 수 있을 정도로 많은 사람들이 찾는 곳이다.

77 Massachusetts Ave, Cambridge, MA (MIT 공대)

b. 보스턴 시내 관광

커먼 파크 (Common Park)는 미국에서 제일 먼저 생긴 공원으로 독립을 위해 사람들이 모이던 장소로 유명하다. 미국의 독립 선언문은 공원에서 약간 떨어진 시청 옆에 있는 작은 건물인 올드 스테이트 하우스 (Old State House)에서 낭독하였다. 오늘날 새로 건축된 주 의회 (State House) 건물은 커먼 파크 바로 옆에 있다.

206 Washington St, Boston, MA (Old State House)
24 Beacon St, Boston, MA (New State House)

시청 근처 페뉴얼 홀 (Faneuil Hall) 주변은 구시가지 분위기를 느낄 수 있는 곳으로 광장에서 야외공연을 볼 수 있고, 바로 뒤편에 있는 퀸시 마켓 (Quincy Market)은 170년의 전통을 자랑하는 재래시장으로 다양한 시장 음식을 즐길 수 있다.

1 Faneuil Hall Sq, Boston, MA (Faneuil Hall)
220 N Market St, Boston, MA (퀸시 마켓)

카플리 스퀘어 (Copley Square)는 커먼 파크를 중심으로 시청과 반대쪽에 있으며 보스턴 마라톤의 마지막 코스로 주변 건물들이 아름답다. 특히 트리니티 교회 (Trinity Church)는 보스턴에서 가장 오래된 건물이다.

206 Clarendon St, Boston, MA (Trinity Church)

보스턴 미술관 (Museum of Fine Arts)은 미국에서 3번째로 크며 1870년 개관한 이후 세계 각국으로부터 수집한 소장품이 오늘날 50만점이나 된다.

465 Huntington Ave, Boston, MA (보스턴 미술관)

c. 보스턴 남부지역 관광

플리마우스 (Plymouth)는 보스턴 남쪽 약 1시간 거리에 있는 조그마한 해안가 타운으로 영국의 청교도들이 처음 도착하여 미국의 역사가 시작된 곳이다. 오늘날은 유명한 관광지가 되어서 당시 타고 온 메이플라워호와 동일한 배를 새로 제작하여 전시하고 있다.

72 Water St, Plymouth, MA (플리마우스)

> 플리마우스는 1620년 9월 6일 종교의 자유를 찾아 메이플라워 (May Flower) 호를 타고 청교도들이 영국을 출발하여 중간에 2명이 죽고 2명이 새로 태어나 최종 102명이 도착하여 정착한 곳이다.
>
> 청교도들이 도착한 첫해 겨울 약 50명이 죽고 이듬해 원주민들의 도움으로 씨앗을 얻어 정착에 성공하였다. 가을에 추수를 거두어서 감사를 드린 것이 오늘날 추수 감사절의 기원이다. 처음에는 원주민과 마찰이 없었지만 시간이 지나면서 원주민 도움이 필요하지 않자 이들은 본색을 들어 내 원주민을 탄압하는 등 부끄러운 미국의 역사를 만들었다.

케이프 코드 베이 (Cape Cod Bay)는 플리마우스 남쪽에 위치한 곳으로 꼬부라진 동물의 꼬리모양으로 형성된 가늘고 긴 해안반도로 해수욕장 및 리조트들이 가득 찬 곳이다.

보스턴 광역권은 인구가 2012년 450만 정도로 미국에서 10번째로 큰 도시이며, 유명한 아울렛과 백화점도 함께 발달하였다.
- Wrentham Village Premium Outlets (보스턴에 제일 큰 아울렛)
  1 Premium Outlet Blvd, Wrentham, MA (Hwy 495 exit 15)
- Natick Mall (뉴잉글랜드 지역에서 제일 큰 백화점)
  1245 Worcester St, Natick, MA (Hwy 90 Exit 13)
- Copley Place (명품 및 앤티크 몰)
  100 Huntington Ave, Boston, MA (보스턴 마라톤 도착지 주변)

d. 캐나다에서 보스턴 가는 도중 관광지

몬트리올에서 보스턴을 갈 때 지나가는 버몬트 (Vermont) 주의 산악 고속도로 Hwy 91은 아마도 캐나다에서 미국으로 가는 가장 아름다운 드라이브 코스 중에 하나일 것이다.

버몬튼 주를 지나 뉴햄프셔 (New Hampshire) 주에 들어서면 고속도로 Hwy 93이 시작되고 설악산 보다 더 높은 화이트 마운틴 (White Mountain)을 만나게 된다. 과거 한국의 중학교 교과서에 나오는 큰 바위 얼굴 (Old Man of the Mountain)이 있다. 오늘날은 바위가 많은 떨어져 나가 그 모습을 제대로 볼 수 는 없지만 고속도로 옆 (Hwy 93 Exit 93B) 호숫가에 작은 휴식 공간을 만들어 놓아서 잠시 휴식을 취하고 갈 수 있다.

버몬튼 주의 Stowe Mountain Ski Resort (코스 116개, 최장 7km, 해발 1,134m, 리프트 5개)와 뉴햄프셔 주의 Attitash Mountain Ski Resort (코스 49개, 최장 4.43km, 해발 1,238m, 리프트 5개)는 미국 동북부지역의 대표적인 스키 리조트이다.

미국 동북부 끝에 위치한 메인 (Maine) 주의 아카디아 국립공원 (Acadia National Park)은 동부 캐나다 사람들이 즐겨 가는 곳 중에 하나이다. 이곳 공원은 바닷가에 위치하고 있는 섬이지만 육지와 살짝 가늘게 붙어 있어 차량으로 접근이 용이하고, 파도와 풍랑으로 인해 아름다운 모습을 하고 있어 밋밋한 지형만 보던 캐나다 사람에게는 신기해 보일 수 있다.

바다 같이 거대한 오대호 주변

1) 스파이더맨의 도시 시카고

시카고는 지리적인 위치로 인하여 대륙의 한가운데 있지만 뉴욕과 로스앤젤레스에 이어 미국에서 3번째로 큰 대도시이다. 북미 대륙 중앙에 대한민국 땅 만큼 넓은 5개의 호수가 있으며, 시카고는 이들 호수의 제일 남쪽 대륙 가장 깊숙한 곳에 위치하여 자동차가 발달하기 전 배들이 정박하는 교통의 요충지였다. 이러한 이유로 주변에 있는 세계적인 곡창지대에서 생산된 각종 농산물들이 시카고 항구에서 선적되어 유럽으로 수출되면서 대도시가 되었다.

시카고는 정치적으로도 매우 중요한 역사를 가지고 있다. 과거 노예해방과 남북전쟁으로 유명한 링컨 대통령의 정치적 고향이 시카고이고, 미국 첫 번째 흑인인 오바마 대통령의 정치적 고향도 시카고 이다.

전 세계인들이 즐겨 보던 영화, 악당들을 물리치고 위험에 빠진 사람을 구출하는 스파이더맨 영화의 배경도시가 시카고 이다. 시카고는 윌리스 (Willis, 옛 Sears, 108층, 442 / 527m) 타워와 존 행콕 (John Hancock, 100층, 344 / 459m) 센터를 비롯하여 초고층 빌딩 들이 매우 많아서 이를 배경으로 스파이더맨 영화가 만들어졌다. 오늘날은 초고층 빌딩 숲 사이로 흐르는 강을 따라 유람선을 타고 관광하는 아키텍처 투어 (Architecture Tour)가 시카고에서 가장 인기 있는 관광 상품이 되었다. 유람선은 네비 피어 (Navy Pier) 부두에서 출발하고 1시간부터 3시간 까지 다양한 코스가 있다.

600 East Grand Ave, Chicago, IL (유람선 출발지)

233 South Wacker Dr, Chicago, IL (윌리스 타워)

875 North Michigan Ave, Chicago, IL (존 행콕 타워)

다운타운의 미시간 도로 옆에 위치한 엄청 넓은 그랜트 (Grant) 공원의 한쪽 귀퉁이에 위치한 밀레니엄 공원 (Millenium Park)이 있다. 이곳에 있는 구름 모양의 대형 거울 같은 클라우드 게이트 (Cloud Gate)는 엄청 많은 사람이 있는 것처럼 느낄 수 있는 신비한 조형물로 시카고를 대표하는 상징물이다.

11 North Michigan Ave, Chicago, IL (클라우드 게이트)

클라우드 게이트 옆에 예술적이고 현대적으로 건축된 대형 오페라 야외극장 (Opera Theater)이 있다. 공연 관람을 좋아한다면 인터넷을 통해 미리 공연 스케줄을 확인하는 것이 중요하다.

시카고는 세계 3대 수족관 (Shedd Aquarium)이 있어서 다양한 바다 생물을 관람할 수 있다. 단점은 너무 많은 사람들이 찾아와서 입장권을 구입하려면 땡볕에 적어도 1 시간 이상 줄을 서서 기다려야 하는 어려움이 있다.

1200 South Lake Shore Dr, Chicago, IL (시카고 수족관)

수족관 근처에 있는 애들러 천문대 (Adler Planetarium & Astronomy Museum)는 비교적 한산한 편이어서 여유롭게 관람할 수 있다. 천문대 입구에 있는 호숫가에서 호수와 어우러진 시카고의 전체적인 사진을 촬영을 할 수 있다.

1300 South Lake Shore Dr, Chicago, IL (애들러 천문대)

오로라 (Aurora) 지역은 다운타운 서쪽 40분 거리에 있지만, 호텔 또는 모델이 다운타운에 비하여 저렴하고 깨끗하다. 주변에 가장 최근 오픈한 시카고 아울렛 (Chicago Premium Outlets)도 있고, 할인을 많이 해주는 웨스트필드 쇼핑센터 (Westfield Shopping Center)가 있어서 종종 유명 브랜드 옷을 저렴한 가격에 구입할 수 있다.

시카고 동쪽 1시간 20분 거리에 위치한 미시간 시티는 토론토나 디트로이트에서 오가는 길목에 있다. 이 도시의 라이트하우스 플레이스 아울렛 (Lighthouse Place Premium Outlets)에 관광객이 많이 찾아온다. 그러나 매장이 플라자 형태나 독립적인 건물로 되어 있어, 시카고 아울렛보다 더 많이 걸어야하고 더 많은 쇼핑 시간이 필요하다.

여행 일정이 여유가 없으면 다운타운에 위치한 74층의 워터 타워 플레이스 (Water Tower Place) 쇼핑몰을 이용할 수 도 있다.

시카고 광역권 아웃렛 매장

- Chicago Premium Outlets (다운타운 서쪽 40분)
  1650 Premium Outlet Blvd, Aurora, IL (Hwy 88 Exit N. Farnsworth)
- Lighthouse Place Premium Outlets (시카고 동쪽 1시간 반)
  601 Wabash St, Michigan City, IN (Hwy 94 Exit 34 or 40)

시카고 광역권 일반 쇼핑몰

- Wood Field Mall (시카고 최대 규모, 다운타운 서북쪽 40분,)
  5 Woodfield Mall, Schaumburg, IL (Hwy 290 Exit 1)
- Westfield Fox Valley Shopping Center (할인율 좋은 작은 몰)
  195 Fox Valley Center Dr, Aurora, IL (시카고 서쪽 40분)
- Louis Joliet Mall (할인율 좋은 작은 몰, 다운타운 남서쪽 50분)
  3340 Mall Loop Dr, Joliet IL (Hwy 55 Exit 257)
- Water Tower Place (다운타운 74층 쇼핑몰)
  835 North Michigan Ave, Chicago, IL (클라우드 게이트에서 2km))

2) 자동차의 도시 디트로이트와 음악의 도시 클리블랜드

a. 자동차 산업의 메카 디트로이트

디트로이트는 한국의 울산과 같은 자동차 산업도시로, 세계에서 가장 큰 자동차 회사인 GM과 포드의 본사가 이 도시에 모두 있다. 디트로이트는 관광을 하기에 그다지 좋은 도시는 못 되지만 한번쯤은 꼭 방문해 볼만한 특징 있는 도시이다. GM 르네상스 센터는 신도시에 위치하며, 쇼핑과 호텔을 겸한 매우 큰 본사 건물로 강 건너편 캐나다 윈저 (Windsor)에서 보아야 잘 보인다.

400 West Renaissnace Dr, Detroit, MI (GM 본사)

디트로이트에서 가장 볼 만한 곳은 북미 대륙 전역에서 수많은 사람들이 찾아오는 포드 박물관 (The Henny Ford Museum) 이다. 엄청 많은 방문 차량을 수용하기 위하여 초대형 주차장을 마련하고 무료로 순환 버스를 박물관 입구까지 운행한다. 박물관은 자동차, 기차, 비행기 그리고 농업용 트랙터까지 포드가 생산 해온 다양한 제품을 전시하고 있다. 그리고 박물관 옆에 미국 역사를 파노라마로 볼 수 있는 민속촌 같은 그린 필드 빌리지 (Greenfield Village)가 있으며, 야외 전시장, iMAX 영화관 등도 함께 있어서 다양한 볼거리 및 즐길 거리를 제공한다.

20900 Oakwood Blvd, Dearborn, MI (포드 자동차 박물관)

디트로이트 근교에 있는 미시간 대학교 (University of Michigan) 는 기계공학에서 세계적인 명성이 있는 주립대학이지만 등록금이 사립대학 수준이고 건물이 고풍스럽다.

500 South State St, Ann Arbor, MI (미시간 대학)

미시간 주에서 가장 아름답게 꾸며놓은 곳은 미시간의 리틀 바바리아 (Little Bavaria)로 불리는 프랑캔무스 독일 마을 (Frankenmuth German Village) 이다. 디트로이트에서 북쪽 150km, 1시간 30분 정도 떨어져 있지만, 캐나다 토론토와 시카고의 중간에 위치하여 시카고를 여행하는 많은 캐나다인들이 휴식을 겸하여 방문하는 작은 마을이다. 이 마을은 1845년~1850년 사이 독일로부터 이주한 이민자들에 의하여 개척되어 아름다운 마을로 발전하였다.

730 South Main St, Frankenmuth, MI (독일 마을)

미시간 주는 미국에서 가난한 주 중에 하나이지만, 디트로이트 광역권은 인구가 약 500만 정도로 대도시이고, 유명한 대형 아웃렛과 고급 백화점이 각각 2개씩 있다.
버치 런 (Birch Run) 아울렛은 독일마을 근처에 있고 고급은 아니지만 다소 가격이 높은 브랜드의 상품을 판매한다. 그레이트 레이크 크로싱 (Great Lake Crossing) 아울렛은 유명 고급 상품에서 약하지만, 거대한 하나의 건물 안에 있는 몰로 쇼핑이 편리하다. 또한 매장도 많고 상품도 다양하고 할인율도 높아서 디트로이트 시민이 가장 애용한다.
소머셋 컬렉션 (Somerset Collection) 백화점과 트웰브 옥스 (Twelve Oaks) 백화점은 할인도 거의 안 되고 수백 달러 이상 하는 제품을 많이 취급한다. 소머셋 컬렉션은 트로이 (Troy)에 위치한 전통적으로 오래된 백화점이고, 트웰브 옥스는 파밍톤 힐스 (Farmington Hills)에 위치한 새로 생긴 백화점이다.

- Birch Run Premium Outlets (매장 145개 이상, 대형 아울렛)
  12240 S Beyer Rd, Birch Run, MI (Hwy 75 136W, 독일마을 근처)
- Great Lakes Crossing Outlet (매장 185개 이상, 지역 최대 아울렛)
  4000 Baldwin Rd, Auburn Hills, Michigan (Hwy 75 Exit 84B)
- Somerset Collection (전통적인 지역 대형 백화점)
  2800 W Big Beaver Rd, Troy, Michigan (Hwy 75 Exit 69A)
- Twelve Oaks Mall (신규 대형 백화점)
  27500 Novi Rd, Novi, MI (Hwy 96 Exit 162N, 부촌에 위치)

캐나다 시민들이 많이 가는 곳은 아니지만 디트로이트 시민들이 휴가철 많이 가는 곳으로 고속도로 I75를 따라 북쪽으로 480km, 4시간 30분 거리 (페리 시간 제외)에 아름답게 꾸며 놓은 맥키낙 (Mackinac) 아일랜드가 있다. 섬으로 가는 페리 선착장은 Lower 반도와 Upper 반도를 연결하는 약 8km의 맥키낙 다리 양쪽에 모두 있다.

556 East Central Ave, Mackinaw City, MI (Lower 반도 선착장)
587 North State St, Saint Ignace, MI (Upper 반도 선착장)

맥키낙 다리를 1시간 정도 못 미친, 고속도로 I75에서 서쪽으로 2시간 정도 가면 트래버스 시티 (Traverse City)를 지나 미시간 호수 주변에 모래 언덕 (The Dune Climb)으로 유명한 스리핑 베어 던스 내셔널 레이크 쇼 (Sleeping Bear Dunes National Lakeshore) 공원이 있다.

6748 M-109, Glen Arbor, MI (모래 언덕 주차장)

b. 록 음악의 고장 클리블랜드

클리블랜드 (Cleveland)는 디트로이트에서 260km, 2시간 50분 동쪽으로 떨어진 레이크 이어리 호수(Lake Erie)에 접하고 있는 도시로 2010년 인구센서스에서 약 40만 (광역권은 207만)으로 조사되었다.

클리블랜드는 관광할 만한 도시는 아니지만 록 음악 행사 때 가면 미국 전역에서 애호가들이 몰리고 다양한 공연을 볼 수 있다. 호숫가에 삼각형 유리 건물로 건축된 록엔롤 명예의 전당 (Rock 'n Roll Hall of Fame and Museum)에 1960년대와 70년대를 화려하게 수놓았던 록 음악에 관한 모든 것을 모아놓았다.

1100 East 9th St, Cleveland, OH (록엔롤 명예의 전당)

> 블라썸 뮤직 센터 (Blossom Music Center)는 클리블랜드 남쪽 50km, 40분 거리에 위치한 야외 공연장이다. 이곳은 뮤지션들이 부르는 노래를 무료로 들을 수 있는 좋은 장소이다.
> 1145 West Steels Corners Rd, Cuyahoga Falls, OH

클리블랜드는 대도시 아니지만 아주 유명한 인디언스 (Indians) 야구팀과 브라운스 (Browns) 미식축구팀이 있다. 또한 클리블랜드 남쪽 95km, 1시간 거리에 위치한 캔턴 (Canton)에 미식축구 명예의 전당 (Pro Football Hall of Fame)도 있다.

2401 Ontario St, Cleveland, OH (야구장)

100 Alfred Lerner Way, Cleveland, OH (미식축구장)

2121 George Halas Dr. NW, Canton, OH (미식축구 명예전당)

가볼만한 주변의 대표적인 문화시설은 제법 잘 갖추어진 글리브랜드 예술박물관 (Cleveland Museum of Art)과 디트로이트 방향으로 1시간 정도 떨어진 곳에 중부지역 최대의 놀이공원인 세다 포인트 (Cedar Point) 이다.

11150 East Blvd, Cleveland, OH (예술박물관)

1 Cedar Point Dr, Sandusky, OH (놀이공원)

클리블랜드 주민들이 즐겨 찾는 농수산물시장은 웨스트사이드마켓 (West Side Market)과 아미시 재래시장 (Hartville Marketplace & Flea Market) 이다.

1979 West 25th St, Cleveland, OH (웨스트사이드마켓)

1289 Edison St. NW, Hartville, OH (아미시 시장)

클리블랜드는 인구가 많은 대도시가 아니기 때문에 대규모 쇼핑몰이나 아울렛 몰은 발달하지 않았지만, 그래도 도시 규모에 비하여 큰 편인 중형 쇼핑몰이 있다.

- Chaple Hill Mall (매장 100개 이상)
  2000 Brittain Rd, #830 Akron, OH (Hwy 8, Exit 4)
- Summit Mall (매장 100개 이상)
  3265 West Market St, Fairlawn, OH (Hwy 77, Exit 137A)
- Aurora Farms Premium Outlets (매장 70개 이상)
  549 South Chillicothe Rd, Aurora, OH (Hwy 480, Exit 36 East)

3) 뉴욕 주 북부 핑거 레이크 주변

나이아가라 폭포에서 2시간 30분 거리에 사람 손가락 모양의 핑거레이크 호수와 협곡이 있는 주립공원이 여러 개 있다.

a. 레치워스주립공원과 유리 박물관

레치워스주립공원 (Letchworth State Park)은 북쪽 (하류) 마운트 모리스 (Mount Morris)에 댐이 있고, 남쪽 (상류) 포테지 캐논 (Portage Canyon) 계곡에 3개의 폭포 (Upper Falls, Middle Falls, Lower Falls)가 있다.

1 Letchworth State Pk, Castile, NY (레치워스주립공원)

코닝 유리박물관 (Corning Museum of Glass)은 레치워스주립공원에서 남쪽으로 1시간 거리에 위치하며, 미국 최대 규모의 유리 박물관으로 엄청나게 많은 유리 제품과 예술품이 있다.

1 Museum Way, Corning, NY 14830 (유리박물관)

b. 핑거 레이크와 코넬 대학

세네카 (Seneca) 호수는 핑거레이크 호수들 중에서 가장 수심이 가장 깊으며 유람선 (Seneca Harbor Station)을 운행한다. 호수의 남쪽 끝에 있는 왓킨스 글렌 (Watkins Glen) 타운은 코닝에서 동쪽 25분 거리이며, 절경인 협곡을 통과하는 800개의 계단이 있는 유명한 왓킨스 글렌 주립공원이 있다.

3 North Franklin St, Watkins Glen, NY (유람선 선착장)
1009 North Franklin St, Watkins Glen, NY (왓킨스 글렌 공원)

왓킨스 글렌 타운에서 동쪽 40분 거리에 있는 카유가 레이크 (Cayuga Lake)는 핑거레이크 호수들 중에서 가장 긴 호수이다. 호수 남쪽 끝에 위치한 아이타카 (Ithaca) 타운에 아이비 명문대학인 코넬대학 (Cornell University)이 있다. 타운 남쪽 10분 거리에 계곡과 폭포가 있는 로버트 트리맨 (Robert H. Treman) 주립

공원이 있고, 북쪽 15분 거리에 지역에서 가장 큰 폭포가 있는 토가녹 폴스 (Trumansburg Falls) 주립공원이 있다.

144 East Ave, Ithaca, NY (코넬대학)

105 Enfield Falls Rd, Ithaca, NY (로버트 트리맨 주립공원)

2221 Taughannock Park Rd, Trumansburg, NY (토가녹 폭포)

작은 규모이지만 카난다이구아 (Canandaigua) 호수 주변에 브리스톨 (Bristol) 마운틴 스키장과 로즈랜드 (Roseland) 워터파크가 있다.

다른 지역 아울렛에 비하여 규모가 크지는 않지만 핑거레이크 호수 북쪽에 워터루 프리미엄 아울렛 (Waterloo Premium Outlets)이 있다.

655 NY-318, Waterloo, NY (Hwy 90 Exit 42)

4) 철강의 도시 피츠버그

피츠버그 (Pittsburgh)는 애팔래치아 산맥 (Appalachian Mountains)의 산중에 있는 아름다운 도시이다. 토론토에서 워싱턴 DC를 갈 때 들리거나 스포츠 경기가 있을 때 방문하는 도시이다.

평지에만 살던 캐나다 사람들이 급격한 비탈에 건설된 도로를 따라 드라이브하면서 산 아래로 펼쳐진 강가의 풍경을 보면 충격적인 감탄을 할 수 있다. 이는 마치 놀이 공원에서 롤러코스터를 타고 높은 곳에 올라가 아래로 펼쳐지는 풍경을 보는 것 같은 느낌을 가질 수 있다.

이 지역은 세계 최대의 석탄지대이자, 동시에 철강도 풍부하여 과거 상당히 발달한 큰 도시였으나 제철과 석탄 산업이 쇠퇴하면서 도시도 쇠퇴하기 시작하였다. 다행히 철강 산업으로 세계 최대 갑부가 되었던 카네기가 자신의 재산을 기부하면서 도시를 정비하고 서비스 및 금융 산업을 육성하여 자원 위주의 다른 도시와는 확연히 다른 모습을 하고 있는 도시이다.

a. 스포츠 도시의 시내 관광

부유한 도시답게 NFL 스틸러스 (Steelers) 미식 축구팀, 파이어리츠 (Pirates) 야구팀, NHL 펭귄스 (Penguins) 아이스하키 팀 등 북미에서 매우 강한 프로 스포츠 팀들이 있다.

미식축구 홈구장 (Heinz Field)과 야구 홈구장 (PNC Park), 카네기 사이언스 센터 (Carnegie Science Center), 앤디 워홀 아트 박물관 (The Andy Warhol Museum)은 다운타운 강 건너편 서로 가까운 거리에 있어 산책로를 따라 걸어서 관광할 수 있다.

115 Federal St, Pittsburgh, PA (야구 경기장)
100 Art Rooney Ave, Pittsburgh, PA (풋볼 경기장)
1 Allegheny Ave, Pittsburgh, PA (카네기 과학 센터)
117 Sandusky St, Pittsburgh, PA (앤디 워홀 아트 박물관)

다운타운에 아이스하키 홈경기장 (Consol Energy Center), 스포츠 박물관 (Western Pennsylvania Sports Museum), 앨러게니 카운티 법원 (Allegheny County Courthouse), 강가 분수대 등이 있으며 잘 걷는 사람이면 걸어서 모두 구경할 정도로 가까운 거리에 있다.

1001 Fifth Ave, Pittsburgh, PA (아이스하키 경기장)

1212 Smallman St, Pittsburgh, PA (스포츠 박물관)

436 Grant St, Pittsburgh, PA (법원)

미식축구팀에 한국계 어머니를 둔 흑인 선수, 하인즈 워드 (Hines Ward) 선수가 있었고, 아이스하키 팀에 캐나다 출신으로 매우 유명한 시드니 크로스비 (Sidney Crosby) 선수가 있다. 피츠버그 야구팀은 강정호 선수가 소속되어 한국에 많이 알려졌다.

다운타운 강 건너편에 있는 스테이션 스퀘어 (Station Square)는 과거 철강의 도시 흔적을 찾아 볼 수 있는 곳으로 철강을 미국 전역으로 보내기 위한 중요한 곳 이었다. 오늘날은 쇼핑 시설로 사용하고 있으며, 듀케인 인클라인 (Duquesne Incline) 톱니 카가 피츠버그 전역을 볼 수 있는 언덕 위의 전망대와 연결되어 있다. 전망대는 주변에 주택이 있는 지역으로 자동차로도 갈 수 있다.

1220 Grandview Ave, Pittsburgh, PA (전망대)

125 West Station Square Dr, Pittsburgh, PA (스테이션 광장)

b. 피츠버그 대학 및 카네기 대학

다운타운에서 약 15분 정도 떨어진 곳에 피츠버그 대학 (University of Pittsburgh)과 노벨상 수상자를 18명이나 배출한 세계적인 명문대학 카네기 멜론 대학 (Carnegie Mellon University)이 있다.

피츠버그 대학은 중앙에 피츠버그에서 가장 높은 (Cathedral of Learning) 빌딩이 있으며, 대학 내의 건물들 대부분이 고풍스럽고 예술적으로 건축되어 캠퍼스를 자동차로 한 바퀴 도는 것 자체가 관광이 될 수 있다. 카네기 멜론 대학은 피츠버그 대학으로부터 가까운 거리에 있는 현대식 건물이다. 두 대학 사이에 관광객들이 많이 찾아오는 카네기 예술 박물관 (Carnegie Museum-History, Art)이 있다.

4200 5th Ave, Pittsburgh, PA (피츠버그 대학)

5000 Forbes Ave, Pittsburgh, PA (카네기 멜론 대학)

4400 Forbes Ave, Pittsburgh, PA (카네기 예술 박물관)

피츠버그 광역시는 미국 내에서 약 22 위권 도시로 쇼핑이 다른 대도시와 같이 그다지 발달하지는 않았다. 그러나 필라델피아 주는 옷에 대한 세금을 면제 해주고 있어서 가격적인 측면서 장점이 있다.

- Grove City Premium Outlet (피츠버그 최대 아울렛, 북쪽 1시간)
  1911 Leesburg Grove City Rd, Grove City, PA (Hwy 79 Exit 113 W)
- The Mall at Robinson (피츠버그 빅 2 쇼핑몰, 서쪽 20분)
  100 Robinson Centre Dr, Pittsburgh, PA
- Ross Park Mall (피츠버그 빅 2 쇼핑몰, 북쪽 20분)
  1000 Ross Park Mall Dr, Pittsburgh, PA

태평양 연안의 북부 해안 지역

1) 미국 서북부 지역의 최대 도시 시애틀

시애틀 광역권은 인구가 2012년 350만 정도 되는 미국 북서부 최대의 도시이다. 시애틀이 속해 있는 워싱턴 주가 미국 수도와 같은 지명인 워싱턴으로 많은 사람들이 혼란스러워 한다.

시애틀은 캐나다 밴쿠버에서 그리 멀지 않아서 왕래가 많다. 캐나다인들은 저렴한 가격에 쇼핑하러 미국으로 가고, 미국인들은 아름다운 캐나다로 관광 하러 온다.

시애틀은 미국의 서북쪽 끝에 위치하여 1800년대 말에야 철도가 개통되면서 도시가 본격으로 발달 하였다. 오늘날은 비행기를 제작하는 보잉 회사와 빌게이츠의 마이크로소프트웨어 회사가 있고 철강, 조선 등의 분야에 기업들이 있는 산업 도시 이다.

태평양 연안에 있어서 겨울에도 따뜻하지만, 올림픽 산(2,427m)과 레이니어 산 (Rainier, 4,392m)이 높고 주변에 많은 호수와 바다가 있어서 흐린 날씨와 안개가 상당히 심한 도시이다.

a. 다운타운 관광

파이어니어 광장 (Pioneer Square)은 옛날 시애틀의 다운타운으로 옛날 건물들이 거리에 늘어서 있는 관광의 중심지이다. 이 광장에서 걸어서 수상 택시 및 크루즈를 이용할 수 있는 워터 프론트 공원으로 갈수 있고, 관공서가 몰려있는 시티 홀 공원 (City Hall Park)으로 갈 수 있다.

101 Wesler Way, Seattle, WA (Poineer Square 주변 주소)

450 3rd Ave, Seattle, WA (City Hall Park)

파이어니어 광장에서 북쪽으로 약 1km 정도 떨어진 곳에 100년이 넘는 오래된 수산물 재래시장인 파이크 플레이스 마켓 (Pike Place Market)이 있다. 재래시장 입구에 1971년 처음 생긴 스타벅스 1호점도 있어서, "Original Starbucks" 커피 잔을 구입할 수 있다. 또한 시애틀의 잠 못 이루는 밤 (Sleepless in Seattle)" 영화에 등장하는 아테니안 레스토랑 (Athenian Inn Seafood Restaurant and Bar)도 시장 안에 있다.

102 Pike St, Seattle, WA (스타벅스 1호 점)

1517 Pike Pl, Seattle, WA (Athenian Inn 레스토랑)

1531 Western Ave, Seattle, WA (주차장)

파이어니어 광장에서 북쪽으로 8분 정도 (약 3km) 떨어진 곳에 시애틀의 상징물이고 도시에서 가장 높은 스페이스 니들 (Space Needle)이 있다. 1962년 세계 박람회를 기념해 만든 것으로, "It Happend at The World Fair" 영화를 촬영한 곳으로 유명하다. 전망대 꼭대기는 회전하는 유명한 식당이 있고 꼭대기에서 시내의 어느 곳이나 볼 수 있다. 전망대 옆에 태평양 과학관 (Pacific Science Center), iMAX 영화관 등도 함께 있다.

400 Broad St, Seattle, WA (Space Needle)

200 2nd Ave. N, Seattle, WA (Pacific Science Center)

수륙 양용 차 (Ride The Ducks)를 타고 육지와 바다 양쪽에서 주요 관광지를 1시간 반 동안 돌아 볼 수 있다. 또한 저렴한 모노레일을 이용하여 주요 관광지를 돌아 볼 수도 있다.

b. 다운타운 외각 지역 관광

다운타운에서 북쪽 15분 (약 10km) 거리에 있는 우들랜드 동물원 (Woodland Park Zoo)은 울타리가 없어서 생생한 느낌으로 동물을 구경할 수 있다.

601 North 59th St, Seattle, WA

다운타운에서 20분 정도 (약 11km) 북쪽 해안가로 가면 워싱턴 호수 (Lake Washington)로 들어오는 운하의 관문 (Hiram M. Chittenden Locks)이 있다. 운하 주변주택가는 발라드 디스트릭트 (Ballard District) 으로 불리며 북유럽 스칸디나비아 반도에서 이주해온 사람들이 많이 살고 있다.

3015 NW 54th St, Seattle, WA

다운타운에서 북쪽으로 30분 정도 가면 대형 비행기를 제작하는 보잉사 공장을 견학 (Boeing Factory Everett Tour) 할 수 있다. 세계에서 가장 큰 단일 건물 내부에서 거대한 대형 비행기를 만드는 과정을 약 90분 동안 볼 수 있다. 단점은 보안상 사진 촬영이 금지 된다.

8415 Paine Field Blvd, Mukilteo, WA (Hwy 5 Exit 189)

"시애틀의 잠 못 이루는 밤" 영화 촬영지인 알카이 비치 (Alki Beach)는 다운타운에서 서쪽 15분 (약 10km) 거리에 위치한 태평양 연안의 해변이다. 수영, 낚시는 물론 가능하고 비치발리볼 대회가 열리는 곳 이다. 이 해변에서 바다위에 떠 있는 시애틀 도시 전경을 한 장의 사진으로 담을 수 있는 곳이다.

시애틀 광역권에 있는 쇼핑몰은 밴쿠버에서 가까운 거리에 있어서 캐나다인들이 많이 이용한다.
아울렛
- Seattle Premium Outlets (시애틀 북쪽 45분)
  10600 Quil Ceda Blvd, Tulalip, WA (Hwy 5 Exit 202)
- The Outlet Collection (시애틀 남쪽 30분)
  1101 Outlet Collection Way, Auburn, WA (Hwy 5 Exit 142)

쇼핑몰
- Westfield Southcenter Mall (시애틀 시내, 할인 많은 대형 몰)
  2800 Southcenter Mall Seattle, WA (Hwy 5 Exit 154)
- Bellevue Square Mall (시애틀 시내, 대형 몰)
  575 Bellevue Sq, Bellevue, WA (Hwy 405 Exit 13)

시애틀에서 동쪽으로 2시간 30분에서 4시간 30분 거리에 비누 호수 (Soap Lake), 드라이 폴스 (Dry Falls), 쿨리 댐 (Coulee Dam)이 있다. 비누 호수는 미네랄이 풍부한 머드 마사지를 하는 곳이고, 드라이 폴스는 아주 옛날 나이아가라 폭포 보다 더 큰 폭포였지만 지금은 마르고 절벽만 보이는 거대한 협곡이며, 발원지가 캐나다인 컬럼비아 (Columbia) 강 유역에 발전량이 2,000 MW 이상인 미국 수력발전소 7개 중 4개가 있으며 그 중 쿨리 댐은 미국 최대 발전량 (6,809 MW)을 자랑한다.

c. 스캐짓 밸리 튤립 페스티벌

스캐짓 밸리 튤립 페스티벌 (Skagit Valley Tulip Festival)은 밴쿠버에서 시애틀로 가는 중간에 위치하고 있는 세계적인 튤립 재배 단지에서 하는 축제이다. 1984년부터 매년 4월 내내 일반 관광객에게 튤립 농장을 보여 준다. 대표적인 곳은 루젠 가드 (Roozen Gaarde) 으로 네덜란드에서 이민 온 윌리엄 로제 가드가 시작한 농장으로 튤립, 수선화, 아이리스 등을 재배한다.
15867 Beaver Marsh Rd, Mt Vernon, WA (Hwy 5, Exit 226)

2) 컬럼비아 강 하류의 포틀랜드

포들랜드 (Portland)는 시애틀에서 3시간 정도 남쪽에 위치하고 있어서, 시애틀과 연계하여 관광 한다.

아스토리아 (The Astoria Column) 전망대는 포틀랜드를 도착하기 전에 있는 롱뷰 (Longview)에서 30번 도로를 따라 서쪽 해안으로 가면 나타나는 컬럼비아 리버 (Columbia River) 강의 하구에 있다. 164개의 좁은 나선형 전망대를 올라가면 태평양 연안 지역을 멀리까지 볼 수 있다.

1 Coxcomb Dr, Astoria, OR 97103

캐논비치 (Cannon Beach)는 전망대에서 환상적인 101번 해안도로 따라 남쪽 40분 거리에 위치하며, 바다에 작은 산들이 불쑥불쑥 올라와 있는 특이한 모습을 볼 수 있다. 이곳에서 영화 "구니스 (Goonies)"를 촬영 하였다.

멀트노마 폭포 (Multnomah Falls)는 포틀랜드 다운타운에서 동쪽으로 별로 멀지 않은 곳에 있다. 컬럼비아 강의 지류인 협곡에 있으며, 182m의 매우 높은 2단 폭포로 되어 있고, 관광객을 위해 2단 폭포의 중간에 다리가 놓여 있다. 멀트노마 폭포 가는 도중 절벽 위 절경에 비스타 (Vista) 하우스가 있어 관광객이 잠시 들린다.

우드번 아울렛 (Woodburn Premium Outlet)은 포틀랜드 남쪽 40분 거리에 위치하며 세금 없는 쇼핑몰로 유명하다. 1001 North Arney Rd, Woodburn, OR (Hwy 5, Exit 271)

미국 중부 대평원의 서북부 지역

1) 야생동물의 천국, 클레이셔 국립공원

미국 몬태나 (Montana)주의 이름은 스페인어로 "산" 이란 뜻에서 유래되었을 정도로 산이 많다. 가장 특징 있는 곳은 캐나다 워터튼 (Waterton) 국립공원과 접해 있는 글레이셔 (Glacier) 국립공원으로 캐나다 공원 보다 훨씬 더 넓고 더 많은 사람들이 찾아오지만 자연이 잘 보존되어 야생동물의 낙원으로 불리고 있다.

국립공원 동부에 세인트 마리 호수 (Saint Mary Lake)가 있고 서부에 맥도널드 호수 (Lake McDonald)가 있으며, 두 호수를 연결하는 산악도로는 고잉-투-더-썬-로드 (Going-To-The-Sun Road, 80km, 1시간 반)로 불리며 미국에서 가장 험한 도로로 일부 구간은 한국의 옛날 태백산맥을 넘어가는 도로 같이 아찔하다.

화이트피시 마운틴 스키장 (Whitefish Mountain, 코스 93개, 최장 5.3km, 리프트 12개)은 클레이셔 국립공원의 서부지역에 위치하는 유명한 스키 리조트이다.

2) 미국 최초의 국립공원 옐로스톤

와이오밍 (Wyoming) 주는 미국에서 가장 아름다운 주로 꼽힐 정도로 자연경관이 우수한 곳으로 소문 난 곳이다. 옐로스톤 (Yellowstone)은 지하 용암으로 인해 간헐천이 솟구치고 유황 냄새와 뜨거운 열기로 인해 금방이라도 화산이 폭발할 것 같은 느낌을 가질 수 있는 스릴 있는 공원으로 다음의 장소가 유명하다.

- 옐로스톤의 심벌인 간헐천 올드 페이스풀 (Old Faithful)
- 그랜드 캐논으로 불리는 아티스트 포인트 (Artist Point),
  로어 폭포 (Lower Falls)와 업퍼 폭포 (Upper Falls)
- 드레곤스 마우스 스프링 (Dragon's Mouth Spring)
  머드 볼케이노 (Mud Volcano)
- 산중호수 옐로스톤 레이크 (Yellowstone Lake)
- 컬러풀하여 아름다운 웨스트 썸 (West Thumb)

문라이트 스키장 (Moonlight, 코스 93개, 최장 5.3km, 해발 2,078m, 리프트 12개)과 빅 스카이 스키장 (Big Sky, 코스 250개, 최장 10km, 해발 3,403m, 리프트 30개)은 옐로스톤 국립공원의 북쪽에 동일한 장소에 위치하며 미국을 대표하는 스키장이다.

옐로스톤 동쪽 50분 (70km) 거리의 쇼숀 강 (Shoshone River) 협곡에 버펄로 빌 댐 (Buffalo Bill Dam)이 있다.

그랜드 티톤 (Grand Teton) 국립공원은 조용한 캠핑을 하기에 아름다운 공원으로, 잭스 호수 (Jackson Lake) 주변의 시그널 마운틴 (Signal Mountain)은 경치가 훌륭하다. 산 정상까지 자동차도로가 있지만 자주 막아 놓는다. 이 국립공원은 옐로스톤 보다 더 멀어서 캘거리에 1,100km, 11시간 정도 소요된다.

3) 건조한 대평원의 농촌지역 레피드 시티 주변

캐나다 대평원과 접한 미국지역은 서부 산악지대를 제외하고 대부분 건조한 기후의 황량한 농촌지역이지만 레피드 시티 (Rapid City) 주변은 그래도 관광할 만 곳이 몇 곳 있다.

a. 러시모어 큰 바위 얼굴

한국에서도 가끔은 TV나 잡지를 통해서 볼 수 있는 큰 바위 얼굴은 러시모어 (Mount Rushmore National Memorial) 산에 미국의 역대 대통령 (조지 워싱턴, 토머스 제퍼슨, 시어도어 루스벨트, 에이브러햄 링컨) 들의 얼굴을 조각한 것이다.

큰 바위 얼굴은 레피드 시티에서는 서남쪽으로 약 30분 거리이고 데빌스 타워에서 동쪽으로 220km, 2시간 20분 정도 떨어져 있다.

13000 South Dakota 244, Keystone, SD

> 크레이지 홀스 메모리얼 (Crazy Horse Memorial)
> 러시모어에서 약 25분 정도 떨어진 거대한 바위산에 1948년부터 말을 타는 인디언을 조각하고 있으며 아직 완성되지 않았지만 세계 최대 규모이다.
> 12151 Avenue of the Chiefs, Crazy Horse, SD

b. 배들랜드 국립공원

배들랜드 국립공원 (Badland National Park)은 레피드 시티에서 동쪽으로 100km, 1시간 거리에 위치하며, 우주 영화에서나 볼 수 있는 황량한 별의 이상한 산, 언덕, 협곡들이 있다.

c. 데빌스 타워

데빌스 타워 (Devils Tower National Monument)는 와이오밍 (Wyoming) 주의 북동쪽 끝에 있어서 몬태나 (Montana) 주와 사우스다코타 (South Dakota)주와 경계를 하고 있다. 레피드 시티에서 서쪽으로 180km, 1시간 50분 정도 떨어져 있다.

데빌스 타워는 평원에 홀로 우뚝 선 수백 미터의 바위 산성으로 암벽 등반을 하는 사람들이 좋아하는 곳이다. 바위 산성 주위는 360도가 모두 절벽으로 여러 방향에서 암벽 등반이 가능하지만 꼭대기는 의외로 평평한 평지이다.

Wyoming 110, Devils Tower, WY 82714

법적책임면제 고지

이 책은 독자의 캐나다 생활을 돕기 위한 일반적인 내용으로, 실제 벌어지는 상황에 따라 많은 차이가 발생할 수 있으므로 작성된 내용에 대한 법적 책임을 포함하여 어떠한 책임도 지지 않습니다.

법적 또는 전문적인 내용은 변호사, 회계사, 공증인 등 관련 전문가에게 직접 문의하시기 바랍니다.